北京理工大学"双一流"建设精品出版工程

Principles of Internal Combustion Engines

内燃机原理

赵振峰 ◎ 编著

北京理工大学出版社
BEIJING INSTITUTE OF TECHNOLOGY PRESS

内 容 简 介

本书系统阐述了车用内燃机的基础理论与技术应用，内容涵盖发动机工作原理、核心系统结构与现代技术发展。第一章从内燃机的优缺点、分类切入，对比分析四冲程与二冲程发动机的工作原理，并详解发动机的组成结构和型号命名规则。第二章聚焦热力学循环过程，分述燃料特性、换气、压缩、燃烧、膨胀等工作过程的热力学机制，结合示功图与功率、油耗等性能指标，讲解发动机工作过程的理论基础。第三至四章深入核心机械结构即曲柄连杆机构和配气机构，讲解两大机构的构造与工作原理。第五至六章对比讲解汽油机与柴油机燃油供给系统的工作原理与差异。第七章解析汽油机点火系统等关键子系统。第八至十章覆盖辅助系统，即冷却、润滑、起动三大辅助系统的组成与功能。第十一至十三章提升至综合应用层面，分析发动机特性曲线、增压技术及排放污染控制策略，呼应现代环保与高效能需求。

本书适合高等院校车辆工程、装甲车辆工程、能源与动力工程专业本科生系统学习，同时为汽车维修工程师、内燃机研发人员提供理论与实践结合的参考。

版权专有　侵权必究

图书在版编目（CIP）数据

内燃机原理 / 赵振峰编著. -- 北京：北京理工大学出版社，2025.6.
ISBN 978-7-5763-5464-5

Ⅰ. TK401

中国国家版本馆 CIP 数据核字第 2025QS0633 号

责任编辑：陈莉华	文案编辑：陈莉华
责任校对：刘亚男	责任印制：李志强

出版发行 / 北京理工大学出版社有限责任公司
社　　址 / 北京市丰台区四合庄路6号
邮　　编 / 100070
电　　话 / (010) 68944439（学术售后服务热线）
网　　址 / http://www.bitpress.com.cn
版 印 次 / 2025年6月第1版第1次印刷
印　　刷 / 保定市中画美凯印刷有限公司
开　　本 / 787 mm×1092 mm　1/16
印　　张 / 14.75
字　　数 / 345千字
定　　价 / 78.00元

图书出现印装质量问题，请拨打售后服务热线，负责调换

前 言

随着全球汽车工业的飞速发展和环境保护要求的日益严格，作为现代交通工具核心动力源的内燃机，正经历着前所未有的技术革新与挑战。从传统燃油效率的持续优化到混合动力系统的深度集成，从排放控制技术的重大突破到智能化控制策略的广泛应用，车用内燃机领域不断涌现出新的研究方向与技术成果。

本书结合编者多年面向本科专业的授课经验与科研实践，主要面向车辆工程、装甲车辆工程、能源与动力工程专业的本科教学，同时兼顾汽车行业工程技术人员知识更新的需求。

随着汽车智能化、电动化进程加速，车辆与大众生活的联系日益紧密，对其性能的要求也不断提高。这有力地推动了车用内燃机技术的快速发展，特别是对其智能化技术、可调/可变技术等提出了更高要求。另外，在日趋严格的排放法规和"双碳"目标的驱动下，内燃机排放控制技术、高效燃烧控制技术等领域的发展日新月异。因此，本书基于车用内燃机领域的最新研究成果与技术进展，对内容进行了全面更新与补充，力求更贴近当前技术前沿，同时在体系编排和章节内容组织上，更契合本科生对知识的认知规律。

全书共分十三章。其中，第一章至第七章、第十一章由赵振峰撰写，第八章至第十章及第十二章由韩恺撰写，第十三章由谭建伟撰写。全书由赵振峰统稿。

限于编者水平，书中难免存在疏漏之处，恳请同行专家和广大读者不吝指正。

作 者

目录 CONTENTS

第一章　发动机的工作原理和总体构造 ………………………………………… 001

第一节　车用发动机概述 ……………………………………………………… 001
一、内燃机的主要优缺点 …………………………………………………… 002
二、内燃机的分类 …………………………………………………………… 002

第二节　发动机的基本术语 …………………………………………………… 003

第三节　发动机的基本工作原理 ……………………………………………… 005
一、四冲程发动机的工作原理 ……………………………………………… 005
二、二冲程发动机的工作原理 ……………………………………………… 007

第四节　发动机的总体构造 …………………………………………………… 009
一、发动机的基本组成 ……………………………………………………… 009
二、内燃机产品名称和型号编制规则 ……………………………………… 011

思考题 …………………………………………………………………………… 014

第二章　发动机工作过程与性能指标 …………………………………………… 015

第一节　燃料及其性能 ………………………………………………………… 015
一、汽油 ……………………………………………………………………… 015
二、柴油 ……………………………………………………………………… 017

第二节　发动机的换气过程 …………………………………………………… 017
一、排气过程 ………………………………………………………………… 018
二、进气过程 ………………………………………………………………… 018

第三节　发动机的压缩过程 …………………………………………………… 020

第四节　发动机的燃烧过程 …………………………………………………… 020
一、汽油机的燃烧过程 ……………………………………………………… 020
二、柴油机的燃烧过程 ……………………………………………………… 023

第五节　发动机的膨胀过程 025
第六节　发动机的示功图与性能指标 025
　一、发动机的示功图 025
　二、发动机的性能指标 027
思考题 032

第三章　曲柄连杆机构 033

第一节　曲柄连杆机构概述 033
　一、曲柄连杆机构的工作条件 033
　二、曲柄连杆机构的受力 033
第二节　机体组 036
　一、气缸体 036
　二、气缸盖和气缸垫 039
　三、风冷发动机的气缸盖与气缸体 040
　四、油底壳 040
　五、发动机支承 041
第三节　活塞组 042
　一、活塞 042
　二、活塞环 047
　三、活塞销 050
第四节　连杆组 051
第五节　曲轴飞轮组 053
　一、曲轴 053
　二、飞轮 057
思考题 057

第四章　配气机构 058

第一节　配气机构的组成 058
　一、凸轮轴的布置形式 058
　二、凸轮轴的驱动方式 060
　三、每缸气门数及其排列形式 061
第二节　配气机构的主要零部件 062
　一、气门组 062
　二、气门传动组 065
第三节　配气相位和气门间隙 069
　一、配气相位 069
　二、充量系数 070
　三、气门间隙 072

第四节　可变配气相位控制机构 ……………………………………… 072
第五节　二冲程发动机的换气过程 ……………………………………… 074
思考题 …………………………………………………………………… 076

第五章　汽油机燃油供给系统 …………………………………………… 077

第一节　汽油机燃油供给系统的功用与组成 …………………………… 077
第二节　可燃混合气成分与汽油机性能的关系 ………………………… 077
　一、混合气浓度与汽油机性能的关系 ………………………………… 078
　二、车用汽油机各工况对混合气浓度的要求 ………………………… 079
第三节　电子控制汽油喷射系统及其可燃混合气的控制 ……………… 079
　一、概述 ………………………………………………………………… 079
　二、电子控制汽油喷射的基本概念 …………………………………… 080
　三、电子控制汽油喷射系统的工作原理 ……………………………… 083
第四节　主要零部件的结构及工作原理 ………………………………… 087
　一、电动燃油泵 ………………………………………………………… 087
　二、压力调节器 ………………………………………………………… 089
　三、喷油器 ……………………………………………………………… 090
　四、急速执行器 ………………………………………………………… 091
第五节　进、排气装置 …………………………………………………… 092
　一、空气滤清器 ………………………………………………………… 092
　二、进气管 ……………………………………………………………… 093
　三、排气管系统 ………………………………………………………… 093
思考题 …………………………………………………………………… 095

第六章　柴油机燃油供给系统 …………………………………………… 096

第一节　柴油机燃油供给系统的功用与组成 …………………………… 096
　一、柴油机进排气系统 ………………………………………………… 097
　二、柴油机传统燃油供给装置 ………………………………………… 097
第二节　混合气的形成与燃烧室和喷油器 ……………………………… 098
　一、柴油机混合气形成的特点 ………………………………………… 098
　二、柴油机燃烧室 ……………………………………………………… 098
　三、喷油器 ……………………………………………………………… 100
第三节　直列式喷油泵 …………………………………………………… 101
　一、直列柱塞泵 ………………………………………………………… 102
　二、调速器 ……………………………………………………………… 105
　三、喷油泵喷油提前角调节装置 ……………………………………… 109
第四节　柴油机电子控制燃油喷射系统 ………………………………… 110
　一、位置控制式电控燃油喷射系统 …………………………………… 111

二、时间控制式电控燃油喷射系统 ……………………………………………… 112
　　三、共轨燃油喷射系统 …………………………………………………………… 114
　思考题 ………………………………………………………………………………… 120

第七章　汽油机的点火系统 ………………………………………………………… 121

　第一节　点火系统与汽油机性能 …………………………………………………… 121
　第二节　点火系统的类型与性能要求 ……………………………………………… 122
　　一、汽油机点火系统的类型 ……………………………………………………… 122
　　二、点火系统的性能要求 ………………………………………………………… 122
　　三、蓄电池点火系统的组成与工作原理 ………………………………………… 123
　第三节　蓄电池点火系统的主要部件 ……………………………………………… 125
　　一、分电器 ………………………………………………………………………… 125
　　二、火花塞 ………………………………………………………………………… 126
　第四节　电子点火系统 ……………………………………………………………… 128
　第五节　磁电机电容放电式点火系统 ……………………………………………… 130
　第六节　汽车电源 …………………………………………………………………… 132
　　一、蓄电池 ………………………………………………………………………… 132
　　二、发电机和电压调节器 ………………………………………………………… 133
　思考题 ………………………………………………………………………………… 134

第八章　冷却系统 …………………………………………………………………… 135

　第一节　冷却系统的功用及分类 …………………………………………………… 135
　　一、冷却系统的功用 ……………………………………………………………… 135
　　二、冷却系统的分类 ……………………………………………………………… 135
　　三、冷却液 ………………………………………………………………………… 136
　第二节　水冷系统的组成及主要部件 ……………………………………………… 137
　　一、水冷系统的组成 ……………………………………………………………… 137
　　二、风扇与散热器 ………………………………………………………………… 138
　　三、水泵 …………………………………………………………………………… 140
　　四、节温器 ………………………………………………………………………… 141
　第三节　冷却强度的调节 …………………………………………………………… 142
　　一、改变通过散热器的空气流量 ………………………………………………… 142
　　二、改变冷却液流量流速 ………………………………………………………… 143
　第四节　风冷系统 …………………………………………………………………… 143
　第五节　机油冷却器 ………………………………………………………………… 145
　思考题 ………………………………………………………………………………… 146

第九章　润滑系统 …………………………………………………………………… 147

　第一节　润滑系统的功用与分类 …………………………………………………… 147

一、润滑系统的功用 ··· 147
　　二、润滑系统的分类 ··· 147
　　三、润滑剂 ·· 148
第二节　润滑系统的组成与工作原理 ····································· 149
　　一、润滑系统的组成 ··· 149
　　二、润滑系统的工作原理 ··· 149
第三节　润滑系统的主要部件 ·· 150
　　一、机油泵 ·· 150
　　二、机油滤清器 ·· 152
　　三、集滤器 ·· 153
第四节　曲轴箱通风 ·· 154
思考题 ·· 155

第十章　起动系统 ·· 156

第一节　起动系统概述 ··· 156
　　一、起动系统的功用 ··· 156
　　二、起动方式 ··· 156
第二节　电动机起动 ·· 157
　　一、起动操纵机构 ··· 158
　　二、起动离合机构 ··· 159
第三节　改善冷起动性能的措施 ··· 160
　　一、进气预热塞 ·· 161
　　二、燃烧室内的电热塞 ·· 161
　　三、喷液起动装置 ··· 162
　　四、减压起动装置 ··· 162
思考题 ·· 163

第十一章　发动机特性与调节 ··· 164

第一节　发动机工况 ·· 164
第二节　速度特性 ··· 166
　　一、柴油机的速度特性 ·· 166
　　二、汽油机的速度特性 ·· 168
　　三、发动机的工作稳定性 ··· 170
第三节　负荷特性 ··· 171
　　一、柴油机的负荷特性 ·· 172
　　二、汽油机的负荷特性 ·· 173
第四节　万有特性 ··· 174
　　一、万有特性曲线的绘制方法 ··· 175

005

  二、万有特性的应用 ……………………………………………………………… 176
 第五节 发动机与车辆的匹配 …………………………………………………… 180
  一、发动机功率的选择 …………………………………………………………… 180
  二、经济性匹配 …………………………………………………………………… 182
 思考题 …………………………………………………………………………………… 183

第十二章 发动机增压 …………………………………………………………… 185

 第一节 概述 ………………………………………………………………………… 185
 第二节 发动机增压 …………………………………………………………………… 186
  一、增压度与压比 ………………………………………………………………… 186
  二、增压的基本类型 ……………………………………………………………… 186
 第三节 废气涡轮增压器 ……………………………………………………………… 187
  一、废气涡轮增压器的结构及工作原理 ………………………………………… 187
  二、废气涡轮增压类型 …………………………………………………………… 189
  三、增压空气中冷技术 …………………………………………………………… 190
 第四节 增压器与发动机的匹配 ……………………………………………………… 190
 第五节 增压发动机的特点 …………………………………………………………… 192
  一、柴油机增压 …………………………………………………………………… 192
  二、汽油机增压 …………………………………………………………………… 192
 思考题 …………………………………………………………………………………… 193

第十三章 发动机的污染与控制 ………………………………………………… 194

 第一节 汽油机主要污染物及生成机理 …………………………………………… 194
 第二节 柴油机主要污染物及生成机理 …………………………………………… 197
 第三节 发动机瞬态工况排放特性 ………………………………………………… 199
  一、汽油机瞬态工况排放 ………………………………………………………… 199
  二、柴油机瞬态工况排放 ………………………………………………………… 199
  三、汽油机与柴油机的排放特性及其耐久特性的比较 ………………………… 200
 第四节 汽油机排放控制技术 ………………………………………………………… 201
  一、三效催化转换技术 …………………………………………………………… 201
  二、废气再循环技术 ……………………………………………………………… 202
  三、汽油蒸发控制技术 …………………………………………………………… 203
 第五节 柴油机排放控制技术 ………………………………………………………… 204
  一、燃烧方式和燃烧室形状 ……………………………………………………… 204
  二、喷油系统 ……………………………………………………………………… 206
  三、气流组织和多气门技术 ……………………………………………………… 208
  四、柴油机的废气再循环技术 …………………………………………………… 208
  五、增压技术 ……………………………………………………………………… 209

六、柴油机排气后处理 209
第六节 排放测量与排放法规 212
一、发动机排气污染物的测量 212
二、道路车辆排放法规 213
第七节 在用车的排放测量技术 216
一、在用车的 I/M 制度 216
二、我国在用汽油车的排放检测方法 216
三、在用柴油车的烟度测量 219
思考题 220

参考文献 222

第一章
发动机的工作原理和总体构造

第一节　车用发动机概述

广义的发动机是指能将某种形式的能量转化为机械能的装置。热力发动机简称热机，是将燃料中的化学能转变为机械能的装置。区别于外燃机，发动机是燃料在动力装置内部燃烧而将能量释放做功，工质在燃烧前是燃料与空气的混合气，在燃烧后则是燃烧产物。热力发动机按其能量转换形式及运动规律的不同可以分成若干种类型。

按能量转换形式的不同，发动机可以分为内燃机与外燃机。凡是燃料燃烧后的产物直接推动机械装置做功的发动机称为内燃机，如活塞式内燃机、燃气轮机属于这一类；另一类是利用燃料对某一中间物质进行加热，再利用中间物质所产生的气体推动机械装置做功，这一类发动机称为外燃机，如蒸汽机、汽轮机、热气机都属于这一类。在内燃机中，按活塞运动形式的不同可分为往复活塞式和旋转活塞式两大类；按燃烧方式可分为点燃式发动机和压燃式发动机等类型。本书介绍的主要是往复活塞式内燃机，该类型发动机具有热效率高、结构简单、功重比高、便于移动、起动性好等优点，因而被广泛应用于汽车、拖拉机、坦克等各种交通运输工具和机动武器的主要动力。

自 1860 年莱诺依尔（J. J. E. Lenoir）发明了煤气内燃机以来，至今已有一百六十多年的历史。在这个过程中先后于 1876 年德国人奥托（N. A. Otto）发明了四冲程内燃机，1897 年德国人狄塞尔（R. Diesel）发明了柴油机，以及 1905 年由瑞士人研制成功的二冲程柴油机。在这个过程中内燃机的热效率由最初的 5% 一直提升至今天 40%~50% 的水平。

但是，内燃机一般要求使用石油燃料，同时排出的废气中所含有害气体成分较多。在当前人类面临的能源危机和环境污染两大压力的背景下，作为能源消耗和环境污染主体的内燃机行业也面临新的挑战与机遇。为解决能源与大气污染的问题，一方面人类在积极勘探新的石油资源的同时，也在探索各种代用燃料，目前可以用于内燃机的代用燃料主要有合成液体燃料、天然气、液化石油气、醇类、氢气等燃料；另一方面，内燃机行业的科技工作者们在积极探索高效清洁的内燃机燃烧技术、缸内净化技术、先进的尾气后处理技术等提高发动机经济性和排放特性的新技术，主要有高效清洁的燃烧技术（HCCI）、汽油机增压缸内直喷分层燃烧技术（FSI、TSI、TFSI）、柴油机高压燃油喷射技术、可变气门正时技术（VVT）等。此外，国内外还推出多种新能源汽车，包括电动汽车、混合动力汽车、太阳能汽车、燃料电池等新型能源动力，为汽车工业的可持续发展开辟了广阔的天地。

往复活塞式内燃机（本文统称为发动机）从产生到现在已有一百多年的历史，经过不断的改进和发展，已经达到相当完善的程度，在工作可靠性和经济性上与其他几种热机相比具有很大的优越性。

一、内燃机的主要优缺点

内燃机与其他热机相比，主要优点表现在以下几个方面：

（1）经济性好。它是热效率最高的热机，现有各种热机的热效率 η_i 如下：

蒸汽机　　　$\eta_i = 4\% \sim 8\%$

汽轮机　　　$\eta_i = 14\% \sim 38\%$

燃气轮机　　$\eta_i = 18\% \sim 32\%$

内燃机　　　$\eta_i = 20\% \sim 51\%$

（2）外形尺寸小、质量轻，便于移动。

（3）功率范围广。单机功率可从零点几千瓦到上万千瓦，适用范围广。

（4）起动迅速。正常起动只需几秒钟，并能很快地达到全负荷。

（5）水的消耗量少，特别是风冷机，不需要水，这在缺水地区使用具有绝对优势。

（6）维护简单，操作方便。

内燃机存在的缺点主要包括：

（1）燃料限制。在内燃机中只能直接使用液体燃料或气体燃料。

（2）废气中的有害成分是大气污染的主要来源。

（3）运转时噪声大。

（4）低速时难以获得大转矩。而且当内燃机转速低于标定转速的 1/3～1/4 时就不能保证正常工作。因此以内燃机为动力的车辆，必须设置变速机构才能满足要求。

内燃机的应用范围极其广泛，交通运输、工程机械、农业机械、矿山、船舶等国民经济重要部门与军用领域所需动力，绝大多数来自内燃机。

内燃机作为车辆的动力，它的性能好坏，对车辆使用性能有着极大影响。为此，作为车用动力的内燃机必须满足以下基本要求：

（1）经济性好，即燃油消耗率低。

（2）外廓尺寸小、质量轻。

（3）工作可靠。

（4）起动性与加速性好。

（5）废气污染少、噪声低。

（6）使用、维修、保养简便。

（7）成本低、寿命长。

二、内燃机的分类

车用内燃机的形式很多，可以按如下不同的方式分类：

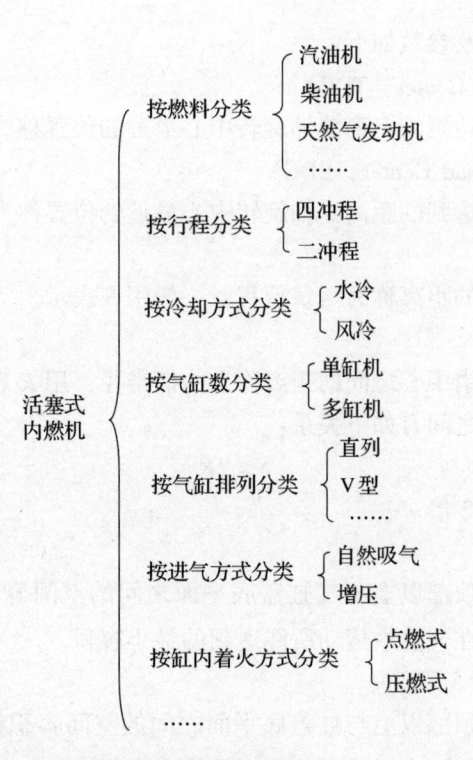

$$\text{活塞式内燃机}\begin{cases}\text{按燃料分类}\begin{cases}\text{汽油机}\\\text{柴油机}\\\text{天然气发动机}\\\cdots\cdots\end{cases}\\\text{按行程分类}\begin{cases}\text{四冲程}\\\text{二冲程}\end{cases}\\\text{按冷却方式分类}\begin{cases}\text{水冷}\\\text{风冷}\end{cases}\\\text{按气缸数分类}\begin{cases}\text{单缸机}\\\text{多缸机}\end{cases}\\\text{按气缸排列分类}\begin{cases}\text{直列}\\\text{V型}\\\cdots\cdots\end{cases}\\\text{按进气方式分类}\begin{cases}\text{自然吸气}\\\text{增压}\end{cases}\\\text{按缸内着火方式分类}\begin{cases}\text{点燃式}\\\text{压燃式}\end{cases}\\\cdots\cdots\end{cases}$$

本书中讲述的车用发动机仅指往复活塞式内燃机。

第二节 发动机的基本术语

发动机结构简图如图 1-1 所示。气缸盖上安装有进气凸轮轴和排气凸轮轴、进气门和排气门以及火花塞等零件，气缸体内安装有活塞，活塞通过活塞销、连杆与曲轴相连接，活塞在气缸内做往复直线运动，通过连杆推动曲轴做旋转运动，并对外输出机械能。

发动机常用的基本术语和参数见图 1-2。

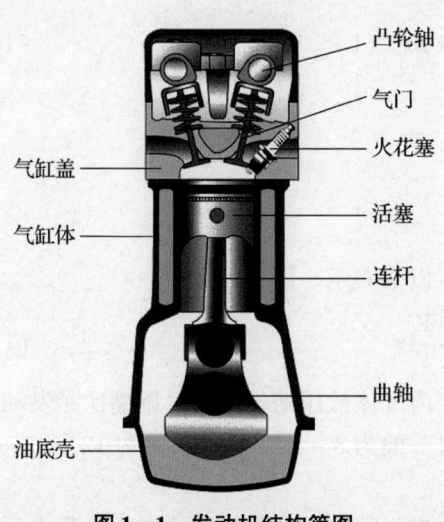

图 1-1 发动机结构简图

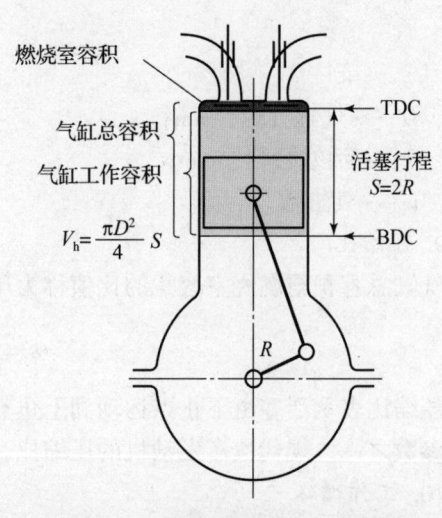

图 1-2 发动机基本术语示意图

基本术语、基本概念及参数如下：

1. 上止点（Top Dead Center，TDC）

活塞在气缸中运动所达到的距离曲轴旋转中心最远的位置称为上止点。

2. 下止点（Bottom Dead Center，BDC）

活塞在气缸中运动所达到的距离曲轴旋转中心最近的位置称为下止点。

3. 活塞行程

活塞上、下止点之间的距离称为活塞行程，一般用 S 表示。

4. 曲柄半径

曲轴旋转中心到曲柄销中心之间的距离称为曲柄半径，用 R 表示。

活塞行程与曲柄半径之间有如下关系：

$$S = 2R \tag{1-1}$$

即活塞行程为曲柄半径的 2 倍。

5. 燃烧室容积

活塞在上止点时，其顶部以上与气缸盖底平面之间的空间容积称为燃烧室容积，用 V_c 表示。燃烧室容积是活塞在气缸中运动所能达到的最小容积。

6. 气缸总容积

活塞在下止点时，其顶部以上与缸盖底平面之间的空间容积称为气缸总容积，用 V_a 表示。气缸总容积是活塞在气缸中运动所能达到的最大容积。

7. 气缸工作容积

活塞从上止点运动到下止点（或由下止点运动到上止点）所扫过的容积称为气缸工作容积，用 V_h 表示。

燃烧室容积 V_c、气缸总容积 V_a 和气缸工作容积 V_h 存在如下关系：

$$V_h = V_a - V_c \tag{1-2}$$

8. 发动机排量

气缸工作容积与气缸数的乘积就是发动机排量，以 V_H 表示。即

$$V_H = V_h i = \frac{\pi D^2}{4} S i \times 10^{-6} (\text{L}) \tag{1-3}$$

式中：D——气缸直径，mm；

S——活塞行程，mm；

i——气缸数。

9. 压缩比

气缸总容积与燃烧室容积的比值称为压缩比，以 ε 表示。即

$$\varepsilon = \frac{V_a}{V_c} = 1 + \frac{V_h}{V_c} \tag{1-4}$$

压缩比表示活塞由下止点运动到上止点时气缸内气体被压缩的程度，压缩比是发动机的重要参数之一。现代汽车发动机的压缩比，汽油机一般为 8~12，柴油机则为 12~22。

10. 工作循环

活塞式四冲程发动机包括进气、压缩、做功、排气等四个行程，在这四个行程中，气缸

内的气体经历进气、压缩、燃烧、膨胀及排气等一系列连续的过程,这一系列连续过程组成了一个完整的发动机工作循环。

第三节 发动机的基本工作原理

一、四冲程发动机的工作原理

1. 四冲程汽油机的工作原理

四冲程汽油机的工作循环由进气、压缩、做功和排气四个活塞行程组成,如图1-3所示,分述如下。

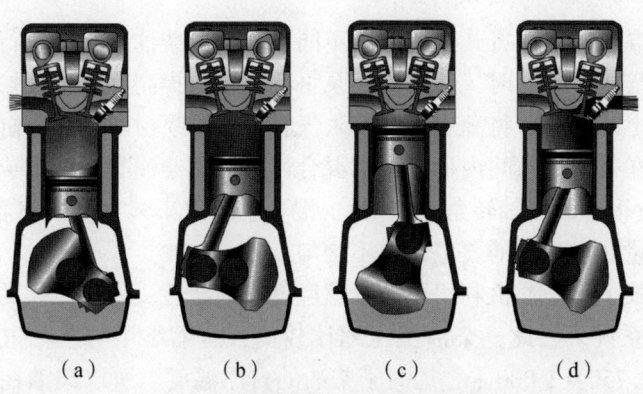

图1-3 四冲程汽油机工作循环
(a) 进气行程;(b) 压缩行程;(c) 做功行程;(d) 排气行程

(1) 进气行程。进气行程中,进气门开启,排气门关闭,活塞在曲轴带动下,由上止点向下止点运动,活塞上方的气缸容积增大,产生真空度,气缸内压力降到进气压力以下,将事先混合好的可燃混合气吸入气缸。当活塞到达下止点时,进气门关闭,进气行程结束。

(2) 压缩行程。在曲轴的带动下,通过连杆推动活塞由下止点向上止点运动,此时进、排气门都关闭。随着活塞上行,活塞上部的气缸容积逐渐减小,缸内气体被压缩,压力和温度升高。当活塞到达上止点时,缸内气体被压缩到燃烧室,压力和温度达到压缩过程中最大值,压缩行程结束。

(3) 做功行程。在压缩行程接近上止点时,火花塞点火,点燃缸内可燃混合气,燃料燃烧后释放出大量的热能,缸内燃气压力和温度迅速升高,推动活塞快速向下止点运动,并通过连杆驱动曲轴旋转,在此过程中,燃料燃烧的热能通过曲柄连杆结构转化为机械能并对外输出。

(4) 排气行程。做功行程接近终了时,排气门打开,曲轴推动活塞由下止点向上止点运动,活塞将气缸中的废气通过排气门推出气缸,活塞到达上止点,排气门关闭,排气过程结束。

四冲程汽油机经过进气、压缩、做功、排气四个行程完成一个工作循环,在这个过程中,活塞上下往复运动四个行程,相应地曲轴旋转两圈。

2. 四冲程柴油机的工作原理

四冲程柴油机的工作循环与四冲程汽油机的工作循环基本类似,也是由进气、压缩、做功和排气四个行程组成，如图1-4所示。但由于它们所使用的燃料（汽油与柴油）的物理、化学性质（如黏度、蒸发性、燃点等）的差别，因此在燃料雾化、混合气形成方式、着火方式等方面都有所区别。

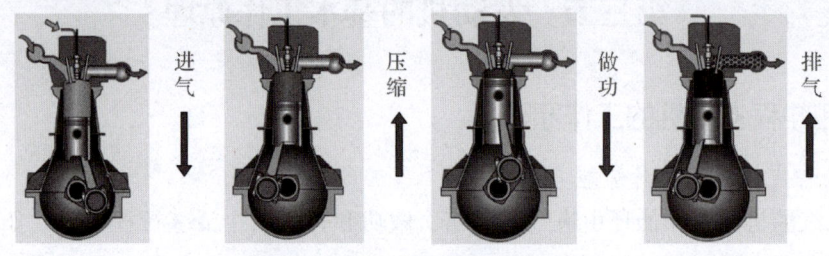

图1-4 四冲程柴油机工作循环

在燃料雾化、混合气形成方式上的主要不同表现在：柴油机在进气行程中吸入气缸的是纯空气，在压缩行程接近终了时，通过高压泵将柴油压力提高到几十兆帕甚至几百兆帕，再通过安装在气缸盖上的喷油器将高压柴油喷入气缸，通过喷射的油雾与缸内气流运动以及燃烧室形状的配合，在很短的时间内形成可燃混合气。由于柴油与空气形成混合气的时间很短（在压缩上止点附近很小的曲轴转角范围内），混合空间很小（在燃烧室容积内），因此柴油机混合气的混合质量比汽油机的要差，很不均匀。

在燃料着火方式上，柴油机利用燃油自燃温度低的特性，采用压燃的方式着火，与汽油机相比没有了点火系统。因此，柴油机压缩比较高，压缩终了时缸内气体压力可达3.5~4.5 MPa，温度高达750~1 000 K，远高于柴油的自燃温度。所以柴油在喷入气缸后，经过短暂的物理、化学过程准备后即着火燃烧。由于柴油机是压缩后自行着火的，因此柴油机又称为压燃式发动机。

柴油机与汽油机对比表如表1-1所示。

表1-1 柴油机与汽油机对比表

比较参数	汽油机	柴油机
燃料	汽油	柴油
着火方式	火花塞点燃	压燃
混合气形成方式	缸外混合	缸内混合
压缩比	8~11	16~22
最大爆发压力/MPa	3~5	6~9
转速/(r·min^{-1})	5 000~6 000	2 200~3 000
优点	质量轻、工作噪声小、起动容易、制造维修费用低	燃油经济性好
缺点	燃油消耗高、经济性差	质量大、制造维修费用高
使用范围	轿车、轻型货车	大型货车、客车

3. 汽油机与柴油机的特点及应用范围

汽油机相对于柴油机来说，其主要优点是：

（1）在相同功率条件下，其尺寸与质量都较小，转速较高。

（2）转矩特性好，起动、加速性能较好。

（3）运转平稳，振动噪声小，工作较柔和。

（4）制造成本较低。

而柴油机相对于汽油机来说，其主要优点是：

（1）燃油消耗率低，而且在变工况的条件下燃油消耗率的变化较小，可以在较大的负荷变化范围内取得较低的燃油消耗率。

（2）柴油的闪点较高，在运输、储存过程中较为安全。

由于汽油机与柴油机各具优点，因此在现代车辆中，汽油机与柴油机都获得了广泛的应用。

一般地说，中型/重型载重汽车、拖拉机、工程机械及农用发动机出于经济性的考虑，绝大多数都采用柴油机；轿车由于考虑到要求尺寸、质量小，起动、加速性能好，舒适性好等条件，广泛地采用了汽油机。

如今，现代柴油汽车已在重中型车中基本取得了垄断地位，柴油机在轻型汽车中占有30%~40%的比例，且占有的比例正在逐步上升。在能源紧张的欧洲大陆和日本，柴油机轿车占有一定的比例。世界轿车的柴油化程度正在不断提高。

二、二冲程发动机的工作原理

1. 二冲程汽油机的工作原理

与四冲程发动机不同，二冲程发动机在两个行程内完成一个工作循环，即曲轴旋转一圈，发动机对外做功一次。

二冲程汽油机工作循环示意图如图1-5所示，发动机气缸上有三个气口，通过活塞控制完成充量更换。

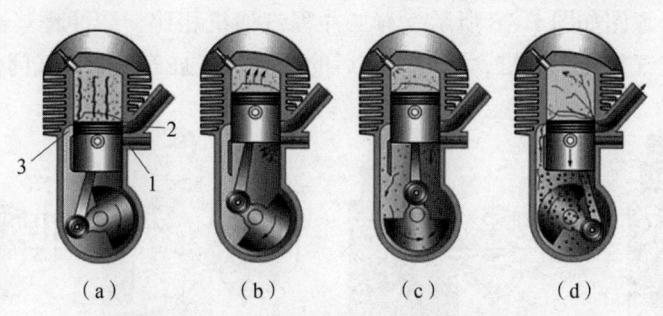

图1-5 二冲程汽油机工作循环示意图
(a) 压缩过程；(b) 进气过程；(c) 燃烧过程；(d) 排气过程
1—进气口；2—排气口；3—扫气口

二冲程发动机的工作循环由第一行程和第二行程两个行程组成。其中图1-5(a)、(b)为第一行程；图1-5(c)、(d)为第二行程。

第一行程时活塞自下止点向上移动，依次关闭扫气口和排气口（见图1-5(a)），开始压缩活塞上方的可燃混合气。随着活塞的上行，封闭的曲轴箱内形成真空度，直到活塞的下沿将进气口打开,在大气压力和曲轴箱真空度的作用下,事先混合好的可燃混合气通过进气口被吸入曲轴箱(见图1-5(b)),该过程一直延续到活塞越过上止点。

第二行程在活塞上行到接近上止点附近时,火花塞跳火,点燃缸内可燃混合气(见图1-5(c)),燃烧气体产生的高温、高压推动活塞由上止点向下运动,可燃气体膨胀做功。随着活塞下移,活塞裙部逐渐关闭进气口,同时,活塞下移过程中压缩上一行程吸入曲轴箱内的混合气。活塞继续下移,直到接近下止点时,活塞头部依次打开排气口和扫气口,缸内废气在自身残余压力作用下经由排气口排出,而新鲜混合气则由扫气口压入气缸,扫除缸内残余废气(见图1-5(d))。

在上述过程中,自活塞打开排气口到活塞越过下止点后再次关闭排气口为止,这是二冲程汽油机缸内废气被新鲜混合气扫除并充满气缸的过程,称为二冲程汽油机的换气过程。

与四冲程汽油机相比,二冲程汽油机具有以下优点:

(1) 曲轴转一圈便完成一个工作循环,因此二冲程汽油机升功率比四冲程汽油机高。
(2) 没有专门的配气机构,因此二冲程汽油机结构简单,成本低。

由于二冲程汽油机换气过程中扫气口和排气口同时处于开启状态,不可避免地有一部分可燃混合气随同废气排出,因此导致传统二冲程汽油机排放产物中 HC 含量较高,发动机燃油消耗率高;另外,由于二冲程汽油机曲轴每转一圈均有一次做功,发动机的热负荷较高,工作噪声较大。

由于以上原因,二冲程汽油机广泛应用于摩托车、摩托艇、植保机械等对动力装置体积密度要求较高的领域,而在汽车等车辆领域采用较少。随着发动机技术、电子控制技术的不断进步,尤其是汽油机缸内直接喷射技术的飞速发展,通过电子控制缸内直喷技术可以有效解决二冲程汽油机的排放差和油耗高的缺点,充分发挥二冲程汽油机的特点同时,可避免上述缺点。

2. 二冲程柴油机的工作原理

二冲程柴油机的工作循环同样由第一行程和第二行程两个行程组成,所不同的是进入气缸内的是纯空气。二冲程柴油机往往带有专门的扫气泵,采用进气口-排气门方式进行换气,其工作循环示意图如图1-6所示。与二冲程汽油机相比,二冲程柴油机的新鲜空气由扫气泵增压后经进气口送入气缸,缸内燃烧后的废气由气缸盖上的排气门排出。

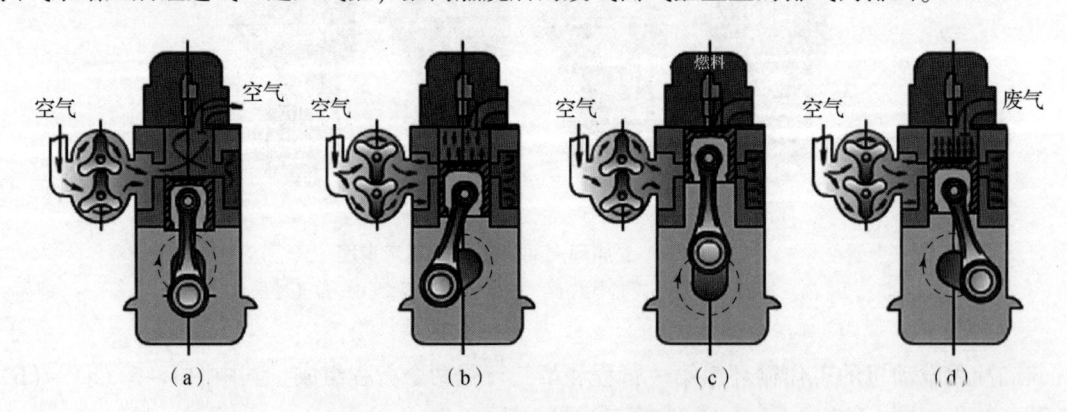

图 1-6 二冲程柴油机工作循环示意图
(a) 换气过程;(b) 压缩过程;(c) 燃烧过程;(d) 排气过程

第一行程时活塞自下止点向上止点运动，活塞在下止点附近时，进气口和排气门均处于开启状态，缸内残余废气自排气门排出，扫气泵将空气增压到 0.12~0.14 MPa 通过进气口送入气缸，进一步扫除废气并充满气缸，该过程为换气过程（见图 1-6(a)）。当活塞继续上移，依次关闭排气门和进气口，开始压缩缸内空气（见图 1-6(b)）。活塞接近上止点时，缸内压力达到 3 MPa，温度达 800~1 000 K，高压柴油通过喷油器喷入气缸内，雾化柴油在高温高压环境下自行着火燃烧，气缸内压力、温度急剧升高（见图 1-6(c)）。

第二行程中，活塞受高温、高压气体作用自上止点向下运动，对外做功（见图 1-6(d)）。当活塞下行到接近下止点时，排气门开启，缸内废气在自身压力下排出气缸，之后，进气口开启，新鲜空气在扫气泵作用下压入气缸，进一步扫除废气，并充满气缸，完成换气过程，换气过程一直延续到进气口完全被活塞关闭为止，这段时间活塞约向上移动 1/3 行程的距离。

与二冲程汽油机相比，二冲程柴油机用纯空气扫除废气，不存在燃油短路损失，因此经济性和排放特性均比二冲程汽油机好。

第四节　发动机的总体构造

一、发动机的基本组成

发动机是一部复杂的动力机械，作为车用动力，目前仍然以往复活塞式发动机为主流动力，现代汽车发动机虽然其基本工作原理大致相同，但是不同类型的发动机，其结构形式、具体构造等也是不同的。车用发动机的工作过程包括进气、压缩、燃烧、膨胀和排气等过程，发动机要完成上述一系列过程，并且要保证工作可靠，需要具备以下机构和系统。

（1）曲柄连杆机构：该机构是发动机的主要运动机构，也是将热能转化为机械能的核心机构，在曲柄连杆机构运行过程中将燃料燃烧的热能转换为活塞的机械能，同时，将活塞的直线运动转换为曲轴的旋转运动，并对外输出机械能。曲柄连杆机构包括固定件与运动件两大部分，主要包括气缸体、气缸盖、活塞、连杆、曲轴等主要零件，是发动机中零件数最多的机构。

（2）配气机构：该机构是保证发动机能够连续稳定运行的运动机构，其作用是按照发动机的工作顺序，按时开启和关闭各缸进、排气门（或气口），使发动机进气充分、排气彻底，主要包括气门、凸轮轴、正时机构等零部件。

（3）供给系统：汽油机燃料供给系统是将汽油和空气加以混合，并将组成的可燃混合气供入气缸；柴油机燃料供给系统是将柴油加压后按要求喷入气缸，并将燃烧之后的废气排出气缸，主要包括油箱、油泵、喷油器、燃油滤清器、进排气管等零部件。

（4）润滑系统：该系统是保证不间断地将机油输送到发动机所有需要润滑的部位，以减少机件的磨损，降低摩擦功率的损耗，并对零件表面进行清洗和冷却，主要包括机油泵、机油滤清器、润滑油道等零部件。

（5）冷却系统：该系统是将受热机件的热量散发到大气中去，以保证发动机在最佳温度状况下工作，主要包括水泵、散热器、风扇、冷却水套等零部件。

（6）起动系统：该系统是将发动机由静止状态起动到自行运转状态，包括起动电机、离合器等部件。

(7) 点火系统：该系统是保证按规定时刻点燃气缸中被压缩的可燃混合气，是点燃式发动机特有的系统，主要包括点火线圈、火花塞、蓄电池等零部件。

一般车用发动机（柴油机没有点火系统）都是由以上两大机构和五大系统组成的。图1-7所示为典型直列四缸汽油机总体结构剖视图，该汽油机采用顶置单凸轮轴、每缸两气门结构，供给系统采用传统化油器供给系统，点火系统采用分电器点火方式，进气方式为自然吸气。图1-8所示为典型V型六缸汽油机总体结构剖视图，该汽油机采用顶置双凸轮轴、每缸四气门配气机构，电子控制独立点火系统，V型结构。

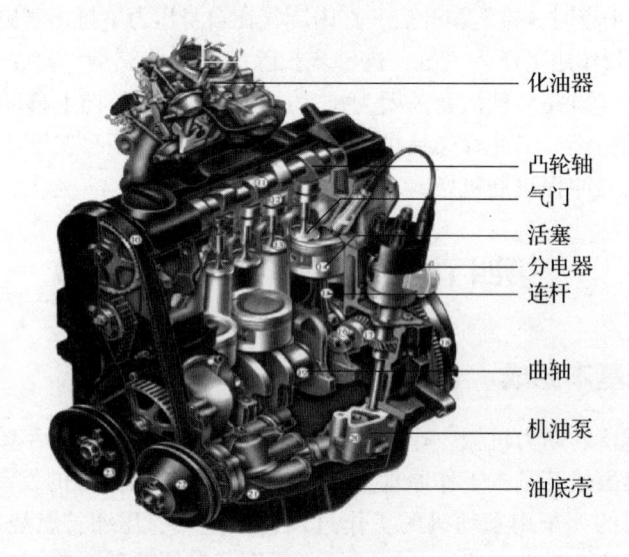

图1-7 直列四缸汽油机总体结构

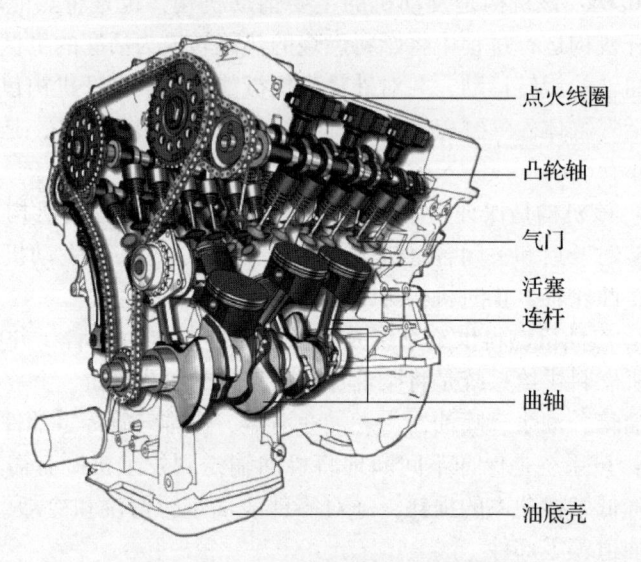

图1-8 V型六缸汽油机总体结构

图1-9为某汽油喷射增压中冷型汽油机横剖视图。该发动机采用顶置双凸轮轴、每缸五气门及液压挺柱配气机构，电子控制汽油喷射系统，同时，带废气涡轮增压系统，并采用增压中冷系统。该发动机还设置了平衡系统，以提高发动机的总体平衡性能。

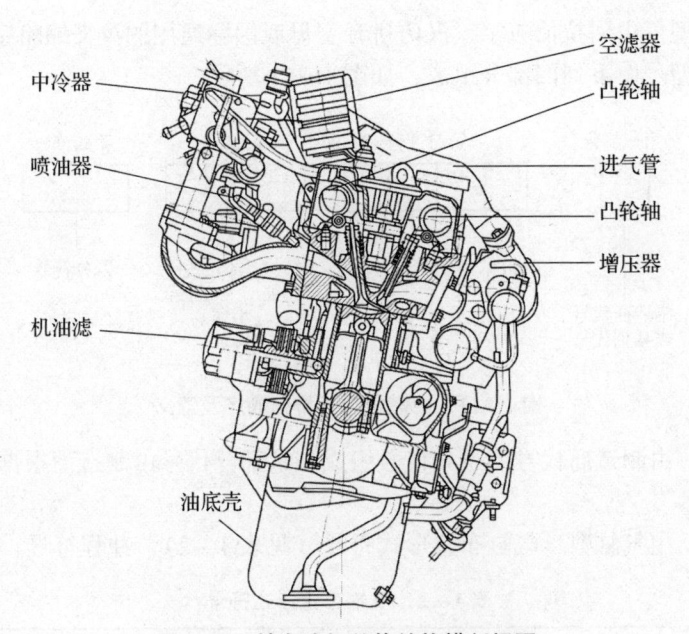

图1-9　某汽油机总体结构横剖视图

图1-10所示为一汽集团开发的CA4GA系列汽油机的横剖视图和纵剖视图。该发动机采用顶置凸轮轴、单缸四气门、可变气门正时的配气机构，采用多点燃油电子喷射、电子节气门技术，以及废气涡轮增加技术，缓啮合强制起动电机实现怠速停机，以降低城市道路工况条件下的交通堵塞时发动机的燃油消耗率和废气排放。

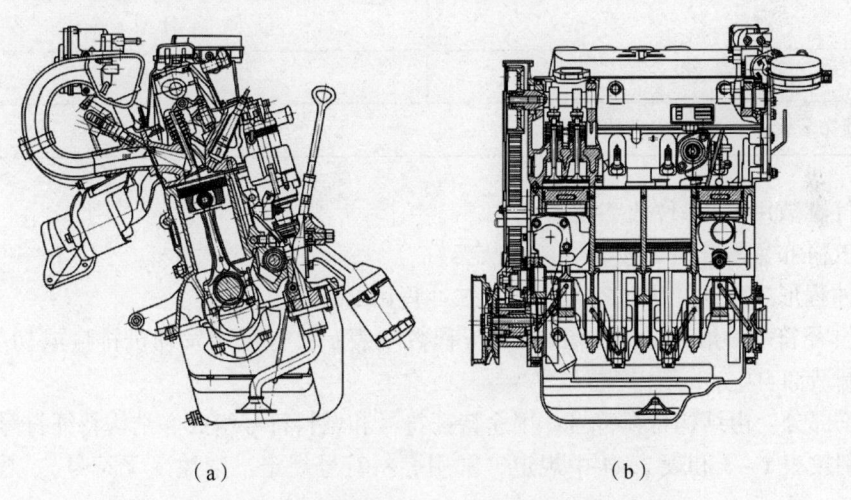

图1-10　一汽集团的CA4GA四缸汽油机剖视图

(a) 横剖视图；(b) 纵剖视图

二、内燃机产品名称和型号编制规则

为了便于内燃机的生产管理和使用，我国对《内燃机产品名称和型号编制规则》（GB/T 725—2008）做了统一规定。该标准的主要内容如下：

(1) 内燃机名称均按所采用的燃料命名，例如柴油机、汽油机、天然气机。

(2) 内燃机型号由阿拉伯数字、汉语拼音字母或国际通用的英文缩略字母组成。

(3) 内燃机型号由下列四部分组成，如图 1-11 所示。

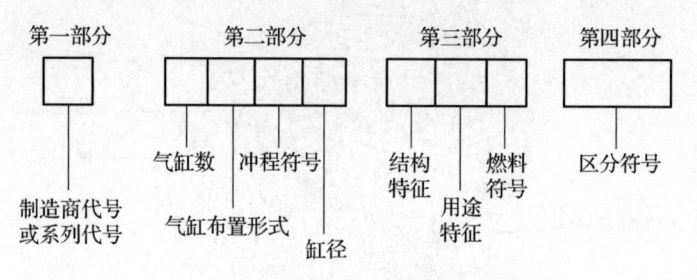

图 1-11 内燃机型号排列顺序及意义

①第一部分：由制造商代号或系列代号组成。本部分代号由制造商根据需要选择相应的 1~3 位字母表示。

②第二部分：由气缸数、气缸布置形式符号（见表 1-2）、冲程符号、缸径符号组成。

表 1-2 气缸布置形式符号

符号	含义
无符号	直列
V	V 型
P	卧式
H	H 型
X	X 型

注：其他布置形式符号见 GB/T 1883.1。

(a) 气缸数用 1~2 位数字表示；

(b) 气缸布置形式符号按表 1-2 规定；

(c) 冲程形式为四冲程时符号省略，二冲程用 E 表示；

(d) 缸径符号一般用缸径或者缸径/行程数字表示，也可用发动机排量或功率数表示。其单位由制造商自定。

③第三部分：由结构特征符号、用途特征符号和燃料符号组成。结构特征符号、用途特征符号分别按表 1-3 和表 1-4 中规定。常用燃料符号规定：柴油（无符号）、汽油（P）、天然气（T）等。

表 1-3 结构特征符号

符号	结构特征
无符号	液冷
F	风冷
N	凝气冷却

续表

符号	结构特征
S	十字头式
Z	增压
ZL	增压中冷
DZ	可倒转

表 1-4 用途特征符号

符号	用途
无符号	通用型/固定动力
T	拖拉机
M	摩托车
G	工程机械
Q	汽车
J	铁路机车
D	发电机组
C	船用主机、右机基本型
CZ	船用主机、左机基本型
Y	农用三轮车
L	林业机械

注：内燃机左机和右机定义按 GB/T 726 规定。

④第四部分：区分符号。同系列产品需要区分时，允许制造商选用适当符号表示。第三部分与第四部分可用"-"分隔。

型号编制示例：

（1）柴油机：

①G12V190ZLD——12缸、V型、四冲程、缸径190 mm、冷却液冷却、增压中冷、发电用（G为系列代号）；

②R175A——单缸、四冲程、缸径75 mm、冷却液冷却（R为系列代号、A为区分符号）；

③YZ6102Q——6缸、直列、四冲程、缸径102 mm、冷却液冷却、车用（YZ为扬州柴油机厂代号）；

④8E150C-1——8缸、直列、二冲程、缸径150 mm、冷却液冷却、船用主机、右机基本型（1为区分符号）；

⑤JC12V26/32ZLC——12缸、V型、缸径260 mm、行程320 mm、冷却液冷却、增压中

冷、船用主机、右机基本型（JC 为济南柴油机股份有限公司代码）。

（2）汽油机：

①1E65F/P——单缸、二冲程、缸径 65 mm、风冷、通用型；

②492Q/P - A——4 缸、直列、四冲程、缸径 92 mm、冷却液冷却、汽车用（A 为区分符号）。

思 考 题

1. 汽车发动机通常是由哪些机构与系统组成的？它们各有什么功用？
2. 柴油机与汽油机在可燃混合气形成方式与着火方式上有何不同？
3. 简述四冲程柴油机与汽油机在结构上有哪些不同？
4. 简述发动机的常用基本术语：燃烧室容积、气缸工作容积、气缸总容积、排量和压缩比。
5. 已知 462Q 汽油机行程为 66 mm，压缩比为 8.7。请计算每缸工作容积、燃烧室容积及发动机排量。

第二章
发动机工作过程与性能指标

发动机的工作过程是周期性地将燃料燃烧所产生的热能转变为机械能的过程，由活塞往复运动形成的进气、压缩、做功和排气等多个有序联系、重复进行的过程组成。由于实际发动机的运转速度非常高，缸内气体流动和热交换情况复杂，因此，发动机的实际工作过程要比基本工作原理复杂得多。然而，这些因素对发动机实际工作过程的影响是不可忽略的，特别是对发动机的气缸充量更替与燃烧过程有着重要影响，直接影响到发动机的动力性、经济性、排放性等关键指标。

第一节 燃料及其性能

发动机是将燃料燃烧后的热能转化为机械能的装置，燃烧是发动机实际工作循环中最重要的过程。在发动机工作过程中，燃料燃烧释放出热能，其中一部分转变为机械能，一部分以热能的形式散发到大气中。发动机的燃烧性能决定了其热功转换效率和结构。由于汽油机和柴油机所使用的燃料、混合气形成的方法以及着火方式都有很大的区别，为了深入研究其区别，有必要对其燃料及其特性进行分析。

一、汽油

汽油是由石油提炼而得到的密度小又容易挥发的液体燃料，汽油是由多种碳氢化合物组成的混合物，主要成分为 $C_4 \sim C_{12}$ 的烃类混合物。

汽油作为汽油机所使用的燃料，它的性能对汽油机的工作状况和性能指标有重要影响。汽油的使用性能指标主要是蒸发性、热值和抗爆性。

1. 汽油的蒸发性

在汽油机中，液态的汽油必须蒸发成汽油蒸气，并与一定量的空气混合形成恰当浓度的可燃混合气，才能在发动机气缸中着火燃烧。在现代车用汽油机中，油和气形成可燃混合气的时间很短，一般只有几十毫秒。因此，汽油蒸发性的好坏，对于形成混合气的品质有很大的影响。汽油是多种烃类的混合物，没有固定的沸点，它的沸腾温度是一个温度范围，这个温度范围称为汽油的馏程。

汽油的蒸发性可通过燃料的蒸馏实验来测定。将汽油加热，分别测定蒸发出10%、50%、90%馏分时的温度及终馏温度，称其为10%馏出温度、50%馏出温度和90%馏出温度。这三个温度的实际含义分别是汽油总量的10%蒸发量所对应的温度值、50%蒸发量所对应的温度值和90%蒸发量所对应的温度值。

汽油的各种馏出温度对汽油机的性能有如下影响：

（1）10%馏出温度与汽油机的冷起动性能相关。此温度越低，表明汽油中所含的轻质成分低温时越容易蒸发，在冷起动时就有可能使更多的汽油蒸气与空气混合形成可燃混合气，汽油机就更容易起动。

（2）50%馏出温度主要影响发动机的加速性能和暖机时间。此温度越低，汽油中间馏分就越容易蒸发，汽油机的暖机时间就越短，低速运转和加速性能就越稳定，不致因温度不高而导致熄火。

（3）90%馏出温度主要影响发动机的耗油率。此温度值越低，表明汽油中重馏分含量越少，越有利于可燃混合气均匀分配到各缸，同时也可使汽油的燃烧更完全。由于重馏分汽油不易蒸发，这部分未蒸发的成分不能参加燃烧，使燃油消耗率上升，内燃机的经济性变坏。另外，汽油中未蒸发的成分附着在气缸和进气管壁上，甚至流入曲轴箱，稀释了油底壳内的机油，而且也破坏了气缸壁上的机油油膜，使润滑条件变坏。

但是，从汽油的使用性能来看，并不是汽油的馏出温度越低越好，如果汽油馏出温度过低，在汽油机工作时，汽油供给系统管路可能受热升温，当温度升高到使汽油蒸气压达到饱和值，即等于管路系统压力时，汽油泵和管路中将产生大量汽油蒸气泡，阻碍和堵塞汽油油路，这种现象称为"气阻"，这对发动机的正常工作是极其不利的。

2. 汽油的热值

燃料的热值是指1 kg燃料完全燃烧后所产生的热量。汽油的热值约为44 000 kJ/kg。

3. 汽油的抗爆性

抗爆性是指汽油在发动机气缸中燃烧时，避免产生爆燃的能力，即抗自燃能力，它是汽油的一项重要性能指标。汽油抗爆性的好坏程度一般用辛烷值表示，辛烷值越高，则抗爆性越好。

辛烷值一般是在专门的发动机上通过试验的方法测定的。在一台可变压缩比的试验发动机上，先用被测汽油作为燃料，使发动机在一定条件下运转，试验过程中逐渐提高压缩比，直到发动机产生标准强度的爆燃为止。然后，在该压缩比状态下，换用由异辛烷和正庚烷按一定比例混合好的标准燃料。异辛烷是一种抗爆燃能力很强的碳氢化合物，规定其辛烷值为100；正庚烷是一种抗爆燃能力极弱的碳氢化合物，规定其辛烷值为0。使试验发动机在相同条件下运行，改变标准燃料中异辛烷和正庚烷的比例，直到试验发动机也产生相同烈度的爆燃时为止。这样，这组标准燃料中异辛烷含量的体积百分数即为被测汽油的辛烷值。国产汽油的标号就是按这种方法表示的，如标号为95号的汽油，其辛烷值含量相当于标准燃料中辛烷值含量95%。

为了提高汽油的辛烷值，常常在汽油中添加少量的抗爆添加剂。过去常在汽油中添加四乙铅[$Pb(C_2H_5)_4$]。但由于四乙铅燃烧后容易形成固态氧化铅，沉积在活塞、气门、火花塞处，从而容易对发动机造成漏气、短路等现象而破坏发动机的正常工作。另外，铅及铅的化合物有毒并容易使三效催化剂中毒，所以我国从2000年开始已经全面停止生产含铅汽油。在汽油中混掺一定量的甲醇、乙醇燃料、甲基叔丁基醚（MTBE）或乙基叔丁基醚（ETDE），也可以提高汽油的抗爆性。选择汽油辛烷值的依据是汽油机的压缩比，压缩比高的汽油机，应选用辛烷值高的汽油，否则发动机容易发生爆燃。

二、柴油

柴油和汽油一样都是石油制品，在石油蒸馏过程中，温度在 200~300 ℃ 之间的馏分即为柴油。柴油按馏分的不同可以分成轻柴油和重柴油，车用高速柴油机采用轻柴油作燃料，中、低速柴油机采用重柴油作为燃料。柴油的性能指标主要是发火性、蒸发性、低温流动性、黏度等。

1. 柴油的发火性

柴油的发火性是指柴油的自燃能力，用十六烷值评定。由于柴油机的燃烧是自行着火的，燃料的自燃温度对燃烧的进程有较大影响，燃料的自燃温度越低，其着火延迟期就越短，这样在燃料着火前，在燃烧室中积存的燃料就越少，着火后燃气压力上升比较缓慢，柴油机工作比较柔和。

柴油的十六烷值越高，其自燃性越好，这使柴油机的起动比较容易，工作也较为平稳。但十六烷值过高，会使燃料黏度变大，这将使喷雾质量变坏，造成燃料液滴较大，引起燃烧不完全、排气冒黑烟。车用轻柴油的十六烷值在 40~50 之间。

2. 柴油的蒸发性

蒸发性是指柴油蒸发汽化的能力，用柴油馏出某一百分比的温度范围，即用馏程和闪点表示。例如，50% 馏出温度即柴油馏出 50% 的温度，此温度越低，柴油的蒸发性越好。柴油的闪点是指一定试验条件下，当柴油蒸气与周围空气形成的混合气接近火焰时，开始出现闪火的温度，闪点越低，蒸发性越好。

3. 柴油的低温流动性

柴油用凝点和冷滤点来评定柴油的低温流动性。凝点是指柴油失去流动性开始凝固时的温度；而冷滤点是指在特定的试验条件下，在 1 min 内柴油开始不能流过滤清器 20 mL 时的温度。一般柴油的冷滤点比其凝点高 4~6 ℃。

柴油的牌号是按凝点来表示的，如 -20 号柴油表示其凝点不高于 -20 ℃，10 号柴油其凝点不高于 10 ℃。柴油机必须根据柴油的凝点在不同的季节选用不同牌号的柴油，如夏季可选用 10 号柴油，冬季则应选用 -10 号或 -20 号柴油，在寒区使用的柴油机则应选用 -35 号柴油。

4. 柴油的黏度

黏度是评定柴油稀稠度的一项指标。黏度影响柴油的喷雾质量，黏度越大，喷雾的油滴直径越大，柴油与空气的混合越不均匀，燃烧不能完全而及时地进行，使柴油机功率下降，耗油率上升。但黏度过小也是不利的，柴油容易从喷油泵和喷油器的精密偶件的间隙中渗出而造成供油量不准确。柴油的黏度随温度而变化。

第二节 发动机的换气过程

发动机的换气过程是指发动机排出本循环的已燃废气并为下一循环吸入新鲜充量的进排气过程，这一过程是发动机能够周而复始不断循环的基本保证。

对于四冲程发动机来说，换气过程是指从排气门开启到进气门关闭的整个过程。理论上，四冲程发动机的排气门应在活塞到达膨胀行程下止点时开启，当活塞运动到排气行程结束的上止点时关闭，排气行程占180°曲轴转角，排气门开启持续期也是180°曲轴转角；而进气门应在活塞运动到排气行程结束的上止点处开启，活塞运动到进气行程结束的下止点处关闭，整个进气行程占180°曲轴转角，进气门开启持续期也是180°曲轴转角。理论上进排气过程占360°曲轴转角。但是，在实际的发动机工作过程中，由于发动机转速都很高，进排气时间都很短。这样短时间的进排气过程，往往会使发动机进气不充分和排气不彻底，从而导致发动机功率下降。因此，实际的发动机中都采用延长进、排气时间的方法，即延长气门的实际开启持续时间，以改善进、排气状况，进而达到提高发动机动力性的目的。

发动机换气过程还辅助形成进气气流涡旋运动，提高气流能量，以便帮助油气混合或加快燃烧速度；通过控制进气气流能量，控制燃烧进而改善变工况的性能；通过组织进气气流流动，以便为分层燃烧准备条件；最后，换气过程还可以促进气缸冷却，减缓汽油机爆燃倾向。

一、排气过程

发动机的排气过程是自活塞运动到接近膨胀行程结束时开始，直到活塞完成排气行程后延续到下一循环的进气行程初期才结束，即通过排气门提前打开和滞后关闭的早开晚关方式延长排气实际时间。排气过程一般分为三个阶段：

自由排气阶段，即排气门提前开启的阶段，利用气缸内燃烧废气的压力，使气缸内的废气在压差作用下自动排出气缸，排气量占总量的60%~70%。

强迫排气阶段，即活塞自下止点向上止点运动过程中，强行将气缸内的废气推出气缸。

惯性排气阶段，即在排气门延后关闭的阶段，利用废气高速流动的惯性，使废气更多地排出气缸外。

上述排气过程，只有强迫排气阶段是消耗功率的。只要适当地选择排气门提前开启角和延后关闭角，不仅可使排气更彻底，而且可以使排气消耗功降到最低程度。

在排气终了时，气缸中气体的压力和温度为：

汽油机：$p_r = 0.105 \sim 0.125$ MPa，$T_r = 900 \sim 1200$ K；

柴油机：$p_r = 0.105 \sim 0.125$ MPa，$T_r = 800 \sim 1000$ K。

二、进气过程

进气过程是向发动机气缸中充填新鲜充量（空气或可燃混合气）的过程。在实际的发动机运行过程中，如前所述，为了增加进入气缸的新鲜充量，进气门在进气上止点前便提前开启，在进气行程下止点后推迟关闭。进气过程是从进气门开启到进气门关闭的整个过程。发动机的进气过程是为后续的燃烧过程做准备，该过程进行得完善与否直接影响燃烧过程品质，进而影响发动机的性能。因此，从提高发动机的动力性角度考虑，应该保证在发动机的进气过程中尽可能多地进气，进气过程中进入气缸的气体质量与进气终了缸内的压力和温度有关，压力越大，充气量越多；温度越高，则充气量越少。

1. 进气终了压力

在自然吸气的发动机中，进气终了时气缸内的气体压力总是低于外界大气压力，主要由以下两个因素所造成。

①进气系统的阻力。气体在进入气缸过程中先后会经过空气滤清器、节气门（汽油机）、进气歧管、进气道、进气门等多个环节，如图2-1所示，对进气气流造成较大阻力。

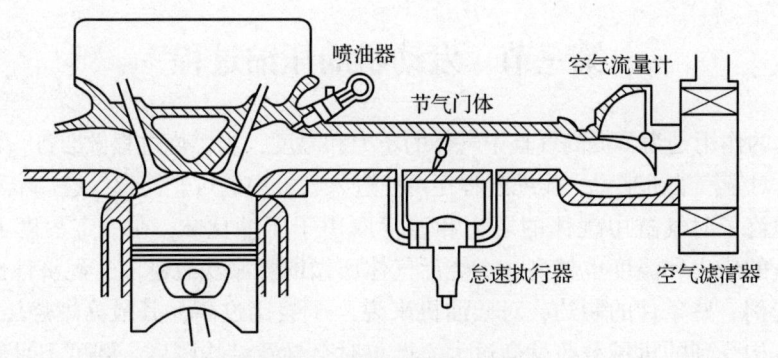

图2-1 进气系统示意图

②进气时间短。以汽油机为例，当发动机工作在 $n = 6\,000$ r/min 时，则发动机每转的持续时间为 10 ms，理论进气持续时间为 5 ms，实际的进气时间会比理论时间长，但不会超过 10 ms，如此短的进气时间，导致发动机在工作过程中来不及"充满"气缸。

进排气过程压力关系如图2-2所示。

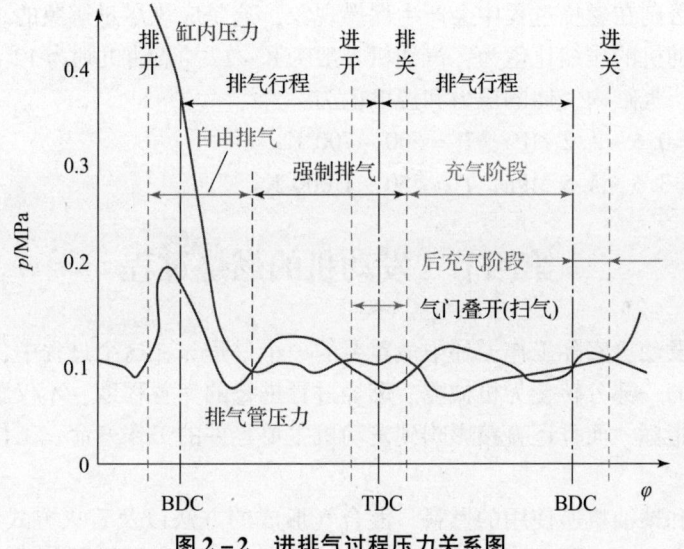

图2-2 进排气过程压力关系图

2. 进气终了温度

进气过程终了时，气缸中气体的温度高于外界大气温度，主要由以下两个因素所造成。

①高温部件加热。在进气过程中进入气缸的气体受高温气缸壁、气缸盖和活塞等零件表面加热，使其温度升高。

②残余废气加热。进入气缸的新鲜气体受上一循环的残余高温废气加热，导致新鲜气体温度升高。

由此可见，由于进气过程终了，气缸中气体压力下降、温度上升，使气缸中的气体在进气终了不能"充满"气缸。

进气终了时气缸中的压力和温度值如下：

一般汽油机：$p_a = 0.075 \sim 0.090$ MPa，$T_a = 360 \sim 400$ K；
一般柴油机：$p_a = 0.078 \sim 0.093$ MPa，$T_a = 320 \sim 350$ K。

第三节　发动机的压缩过程

压缩过程的作用是为了提高气缸中气体的压力和温度，为燃烧过程做准备，也为膨胀做功提供了条件。对于汽油机来说，压缩过程还可使进入气缸中的可燃混合气进一步蒸发和混合。

压缩过程终了时气缸中气体的压力和温度取决于压缩比 ε。在一定程度上，压缩比越大，压缩终点的压力和温度也越高，燃烧后气体所做的膨胀功也越多，经济性也越好。但压缩比的提高受到一些条件的制约，对柴油机来说，压缩比过高，其最高燃烧压力值就过大，则曲柄连杆机构受到的机械载荷就会过大，严重时会导致结构刚度、强度不足等问题。若增加强度储备，又会增大零部件的质量，进而导致运动时所产生的惯性力增加，从而限制了柴油机转速的提高。另外，从试验和设计经验来看，当柴油机的压缩比超过 $18 \sim 20$ 后，若再增加压缩比，对柴油机经济性的提高幅度会有所降低。综合考虑，柴油机的压缩比并非越高越好。

对于汽油机来说，提高压缩比会受到燃烧过程的限制，采用高压缩比的汽油机必须采用高牌号的汽油，否则在燃烧过程中会产生爆燃现象，这是应该尽量避免的。

目前车用发动机的压缩比值为：汽油机一般为 $8 \sim 12$，柴油机则为 $12 \sim 22$。

压缩终点时，气缸内气体的压力和温度值为：

汽油机：$p_c = 0.6 \sim 1.2$ MPa，$T_c = 600 \sim 700$ K；
柴油机：$p_c = 3.5 \sim 4.5$ MPa，$T_c = 750 \sim 1\,000$ K。

第四节　发动机的燃烧过程

燃烧过程是发动机实际工作循环中最重要的一个过程。在这个过程中，燃料燃烧释放出热能，并将其中的一部分转变为机械能。燃烧过程进行的完善程度，不仅影响发动机的动力性指标和经济性指标，而且还直接影响到发动机主要零件的工作寿命、工作的柔和性、噪声以及废气污染等。

由于汽油机和柴油机所使用的燃料、混合气形成的方法以及着火方式都有很大的区别，其燃烧过程也就有着很大的不同，下面将对汽油机和柴油机的燃烧过程分别进行讨论。

一、汽油机的燃烧过程

1. 汽油机的正常燃烧

一般汽油机是在气缸外部形成均匀混合气进入气缸，在压缩行程接近上止点时火花塞跳火，经过短暂的着火延迟后，形成火焰核心向外传播，直到全部可燃混合气燃烧。燃烧过程是自火花塞跳火一直到燃烧结束为止的整个过程。

研究燃烧过程最简单并且最常用的方法是测量燃烧过程的缸压曲线，它反映了燃烧过程的综合效应。汽油机典型示功图如图 2-3 所示。为了分析方便，按气缸内压力变化情况，可以将燃烧过程分为三个阶段。

第Ⅰ阶段——着火延迟期（又称火焰诱导期）。

着火延迟期是指从火花塞跳火到出现火焰中心这段时期，如图2-3中的1—2段。由于火花的出现，在火花塞周围的可燃混合气产生了一系列的物理、化学变化，在局部区域形成高温，出现了火焰中心。

着火延迟期的长短与燃料性质、混合气成分、温度、压力及火花强度有关。

第Ⅱ阶段——速燃期（又称明显燃烧期）。

速燃期是指从出现火焰中心到气缸压力达到最大值所经历的时间，如图2-3中的2—3段。当出现火焰中心后，燃烧区域迅速扩展，火焰向四周传播使可燃混合气逐层燃烧。在此阶段内，大约有90%的可燃混合气进行了燃烧，气缸内气体压力迅速上升达到最大值，缸压峰值出现在上止点后10°~15°。

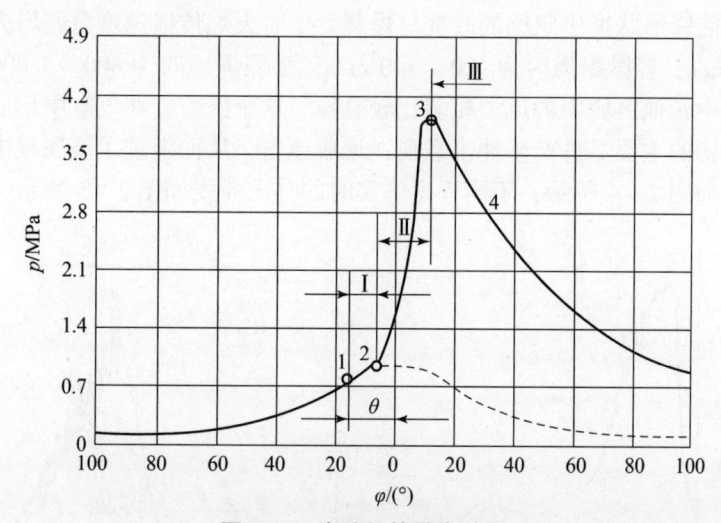

图2-3 汽油机的燃烧过程
1—开始点火；2—形成火焰中心；3—最高压力点；4—后燃期

第Ⅲ阶段——补燃期（又称后燃期）。

在速燃期后，气缸中尚余有10%左右的可燃混合气由于蒸发不良，或是与空气混合不均匀等原因，没有在火焰传播过程中及时燃烧，而在活塞下行时仍在继续燃烧。这一段时期称为补燃期，如图2-3中的3—4段。由于补燃期是在活塞离开上止点下行、气缸容积已经明显增大时进行的，此时燃料燃烧所释放的热量产生的压力，比速燃期要低得多，气体不能得到充分的膨胀，使燃料热能不能充分地转化为机械能，燃料经济性下降。另外，由于燃烧偏离上止点，反而使排气温度上升。

根据上面分析可以看出，为了充分地利用燃料热能，就应该尽量缩短燃烧过程中的补燃期，使绝大多数的可燃混合气在上止点附近完全而及时地燃烧。为了达到这个目的，有必要将点火时刻提前到上止点之前进行。从火花塞开始跳火到活塞到达压缩上止点，曲轴所转过的角度称为点火提前角。点火提前角的数值随汽油机的使用情况而不同，它与燃料的性质、汽油机转速、可燃混合气的成分及汽油机的负荷有关。

2. 汽油机的不正常燃烧

（1）爆燃。

上面介绍的汽油机燃烧三个阶段是正常的燃烧过程。当汽油机使用了低辛烷值汽油，或是点火提前角过大,或是汽油机产生过热时,往往会产生一种不正常的燃烧现象——爆燃。汽油机产生爆燃时,往往会伴随着出现这些现象:气缸内产生金属敲击声,发动机过热,功率下降,油耗上升,气缸中出现爆震压力波。

爆燃产生的原因是气缸中最后着火的那部分混合气在火焰传播还没有到达该处时,由于局部高温,此温度超过了汽油的自燃温度而自行着火。部分末端混合气在火焰未传到时,在高温、高压、已燃气体辐射、压缩等因素作用下自燃。在混合气中如果有大于5%的部分自燃,就足以引起剧烈爆燃。是否爆燃取决于:末端混合气的温度—压力—时间历程;火焰传播时间小于该点混合气的滞燃期;焰前反应的多少和程度。

这部分火焰以高于正常火焰传播速度几十倍甚至上百倍的速度进行传播,形成局部的高温高压。在最高压力点后,dp/dt值剧烈波动,$(dp/dt)_{max}=0.2$ MPa/μs 或 65 MPa/(°CA),火焰传播速度和前锋形状发生急剧的改变。爆震发生时火焰传播速度急剧增大,正常火焰传播速度 30~70 m/s,轻微爆燃时为 100~300 m/s,强烈爆燃时为 800~1 000 m/s。由于这部分压力与气缸中其他区域中的压力相差比较悬殊,这个压力差在气缸中形成冲击波,使发动机曲柄连杆机构的主要零件产生冲击载荷,形成撞击,从而出现了金属敲击声。爆燃时气缸压力变化曲线如图 2-4 所示,不同程度爆震时的缸压曲线如图 2-5 所示。

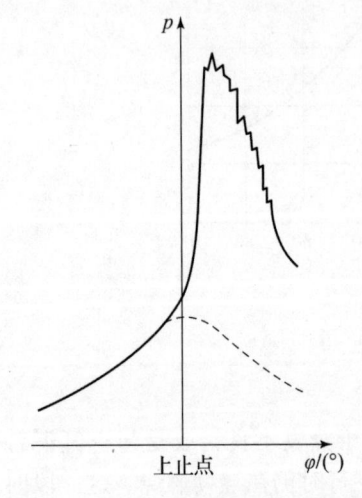

图 2-4 汽油机爆燃时的缸压曲线 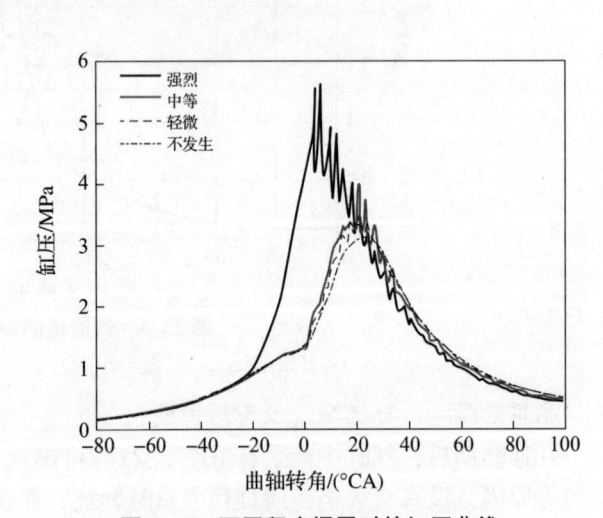 **图 2-5 不同程度爆震时的缸压曲线**

由于上述原因,爆燃成为限制汽油机功率提高和经济性改善的一个重要因素。

根据末端混合气是否易于自燃来分析,影响爆燃的主要因素为:

①燃料因素。辛烷值高的燃料,抗爆燃能力强,故压缩比高的汽油机都要求使用高标号汽油。

②结构因素。气缸直径、燃烧室形状、火花塞位置等结构因素都对爆燃的产生有较大的影响。当气缸直径较小时,火焰传播距离较短,在离火花塞最远处也能经过火焰正常传播而燃烧,一般不易产生爆燃现象。火花塞在燃烧室中的位置应尽量使其各个方向火焰传播距离相等,在火焰传播的最后区域应采取措施,加强冷却。这些都能减少爆燃的产生。

③使用因素。汽油机转速、负荷、混合气浓度及点火提前角等都是爆燃产生的影响因素。汽油机转速增加时,由于气体扰流增大,加快了火焰传播速度,这对于减少爆燃的产生

是有利的。汽油机负荷较高时，由于工作温度高，汽油机容易过热，在此条件下，容易产生爆燃。

因此，减小爆震的途径可以从两方面着手，一方面是缩短火焰传播时间 t_1，另一方面是延长末端混合气的滞燃期 t_2，具体途径如图 2-6 所示。

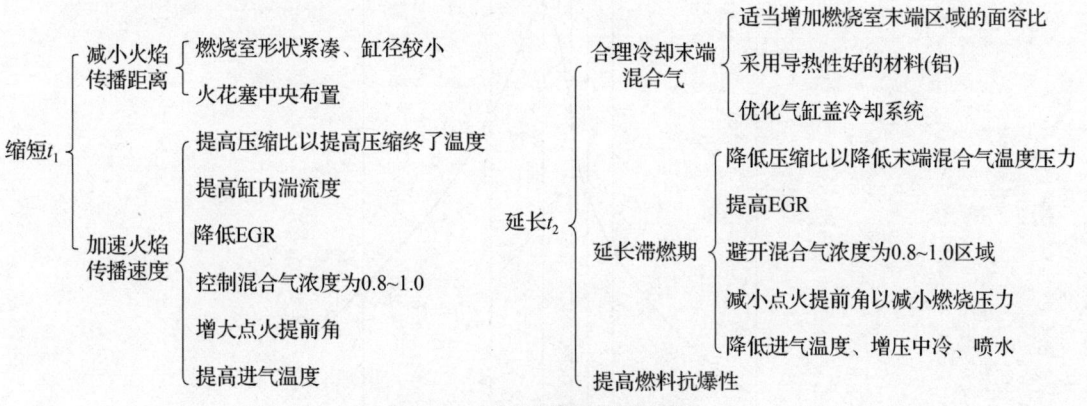

```
         ┌ 减小火焰   ┌ 燃烧室形状紧凑、缸径较小
         │ 传播距离   └ 火花塞中央布置
缩短 t₁ ─┤
         │            ┌ 提高压缩比以提高压缩终了温度
         │ 加速火焰   │ 提高缸内湍流度
         │ 传播速度   │ 降低EGR
         └            │ 控制混合气浓度为0.8~1.0
                      │ 增大点火提前角
                      └ 提高进气温度

         ┌ 合理冷却末端   ┌ 适当增加燃烧室末端区域的面容比
         │ 混合气         │ 采用导热性好的材料(铝)
         │                └ 优化气缸盖冷却系统
延长 t₂ ─┤
         │                ┌ 降低压缩比以降低末端混合气温度压力
         │                │ 提高EGR
         │ 延长滞燃期     │ 避开混合气浓度为0.8~1.0区域
         │                │ 减小点火提前角以减小燃烧压力
         │                └ 降低进气温度、增压中冷、喷水
         └ 提高燃料抗爆性
```

图 2-6　减小爆震的技术途径

根据上述分析，汽油机在最大转矩点时（此时是大负荷、低转速）最容易产生爆燃。此时必须组织好冷却，以减少爆燃的产生。

（2）表面点火。

在汽油机中，凡是不靠电火花点火而由燃烧室内炽热表面（如排气门头部、火花塞绝缘体或零件表面炽热的沉积物等）点燃混合气的现象，统称表面点火，它的点火时刻是不可控制的，多发生在压缩比大于 9 的强化汽油机上。严重的表面点火现象甚至在汽油机关闭点火开关后，仍能使汽油机继续转动。

表面点火又称为早燃。早燃时气缸内压力、温度升高，产生压缩负功，使汽油机过热，严重时能使活塞烧熔。表面点火往往诱发爆燃，爆燃又反过来促进表面点火，形成恶性循环。要避免和减少表面点火，就要组织好冷却循环，不使汽油机过热。另外还要及时清除燃烧室中的积炭，因为积炭会形成燃烧室中炽热的热点。

二、柴油机的燃烧过程

柴油机的混合气形成是在气缸内进行的，在压缩过程接近终了、活塞接近上止点时，喷油器以很高的压力将柴油以很高的速度喷入气缸内的高温高压气体中，使柴油形成极细小的油滴，在高温、高压的空气中，柴油微小油滴边蒸发、边扩散、边与周围的空气相混合，完成物理准备及分解、氧化等化学准备阶段后，在浓度适合的区域自行着火。

柴油机的喷油过程不是瞬间完成的，而是需要一个持续过程，因此，柴油机的燃烧过程是边喷油、边混合、边燃烧，整个燃烧过程的持续时间较长。柴油机的燃烧过程可用不同方法进行研究，如高速摄影、光谱分析、采样分析等。但是，最简单、应用最广泛的方法是从示功图上分析燃烧过程。

图 2-7 所示为典型柴油机燃烧示功图，缸压曲线 $ABCDE$ 表示气缸中进行正常燃烧的压力曲线，曲线 ABF 表示气缸内不进行燃烧时的纯压缩膨胀曲线。根据燃烧过程的特点，一般把柴油机的燃烧过程划分为四个阶段。

图 2-7 柴油机的燃烧过程

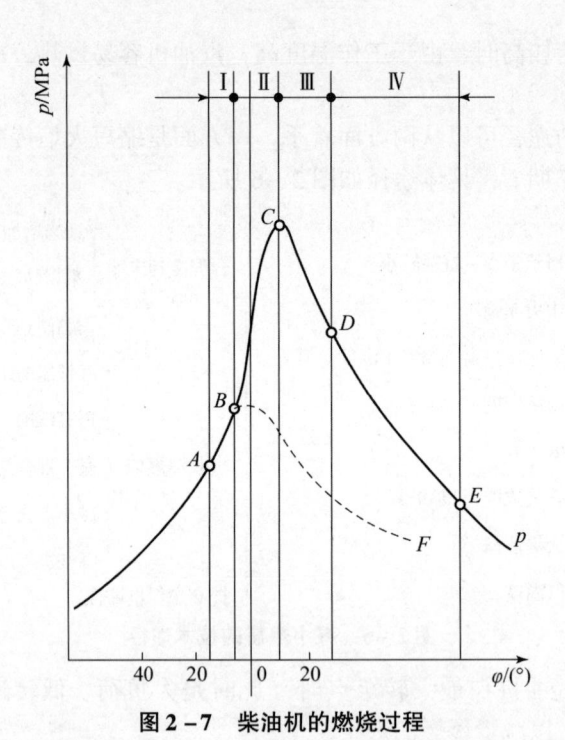

A—开始喷油；B—开始出现火焰；C—最高压力点；D—最高温度点；E—燃烧结束点

第Ⅰ阶段——着火延迟期。

着火延迟期是指从喷油开始的 A 点到气缸中压力离开压缩线进入迅速上升阶段的瞬间 B 点为止，即图 2-7 中的 AB 段。在此阶段内，燃料不断喷入气缸，经过雾化、吸热、蒸发、扩散并与空气进行混合等一系列的燃烧前物理、化学的准备工作。影响着火延迟期长短的因素很多，其中最主要的是柴油的十六烷值、混合气的混合状况及其温度。

第Ⅱ阶段——速燃期。

速燃期由压力离开压缩线的 B 点到气缸压力到达最大值的 C 点为止，即图 2-7 中的 BC 段。在这一阶段内，由于在着火延迟期内已经混合好的可燃混合气几乎一起燃烧，而且是在活塞接近上止点、气缸容积较小的情况下燃烧，因此，缸内气体压力和温度都急剧上升。此时压力升高率很大。第一阶段的着火延迟期越长，着火前累积在燃烧室中的燃料越多，则在速燃期中压力上升得越快，柴油机的工作越粗暴，运动件受到的冲击负荷就越大，为了保证柴油机运转平稳，往往控制压力升高率不宜很高。

第Ⅲ阶段——慢燃期。

慢燃期是指由最大压力 C 点到最高温度 D 点这一阶段，即图 2-7 中的 CD 段。在这一阶段中，喷油过程可能已经结束，但在速燃期中，由于大部分燃料没有来得及形成可燃混合气，而在慢燃阶段进行燃烧，因此，在慢燃期中释放出大量的热能而使气缸内气体温度迅速达到最大值。由于此时活塞已经离开上止点向下运动，气缸内的容积已逐渐加大，虽然有大量的燃料在此阶段内燃烧，其气体压力不仅不能上升，反而逐渐下降。

第Ⅳ阶段——后燃期。

后燃期是指由燃烧最高温度点 D 点开始，到整个燃烧过程结束的 E 点结束，即图 2-7 中 ED 段。在柴油机中，由于燃烧时间短促，燃料和空气的混合又不均匀，总有一些燃料不能及时燃烧完，拖到膨胀行程继续燃烧。在此阶段内，剩余的燃料继续进行燃烧。在有些供油延续时间较长的柴油机上，后燃期中所释放的热量可占总燃料热量的10%~30%。后燃期一般要延续到上止点后50°~60°曲轴转角。由于此时已进入膨胀过程，气缸中气体压力随着活塞向下运动而迅速下降，后燃期中所释放的热量不能有效地利用，反而增加了废气的温度，使柴油机经济性下降。因此在组织柴油机燃烧过程时，应力求减少后燃期。

根据柴油机燃烧过程分析，要使大量燃料在速燃期和慢燃期燃烧，尽量减少后燃期，必须将喷油开始的时间提前到上止点之前进行。从喷油器开始喷油，到活塞到达上止点，这期间曲轴所转过的角度称为喷油提前角。

喷油提前角必须根据柴油机的工作状况来确定。若喷油提前角过大，由于此时气缸中气体温度较低，混合气不易着火，使着火延迟期延长，在着火延迟期中喷入气缸的燃料量增加，速燃期中着火的燃料增多，使压力升高率上升，柴油机工作暴烈；若喷油提前角过小，则使整个燃烧过程延长，后燃量增大，造成柴油机功率下降、油耗上升、柴油机过热。

最佳喷油提前角与柴油机转速、压缩比、燃烧室形式及燃料性质等因素有关。

由于柴油机难以形成均匀的可燃混合气，因此，在工作时所采用的过量空气系数值高于汽油机的过量空气系数，达到1.2~1.8，以保证燃料燃烧完全，提高燃料经济性。但过大的过量空气系数值带来的弊端是气缸容积的利用率较低，使柴油机的升功率低于汽油机的升功率。

车用发动机燃烧过程的最高压力和温度值为：

汽油机：$p_z = 3 \sim 5$ MPa，$T_z = 2\,200 \sim 2\,800$ K；

柴油机：$p_z = 6 \sim 9$ MPa，$T_z = 2\,000 \sim 2\,500$ K。

第五节　发动机的膨胀过程

膨胀过程是发动机中唯一做功的过程。燃料在燃烧过程中所释放的热能通过曲柄连杆机构转变成机械能就是在这一过程中完成的。

进入气缸的燃料所释放的热能，并不能在膨胀过程中全部变成机械能，主要原因如下：

（1）工作过程中的热交换。为保持发动机在最适宜的温度条件下工作，一部分热量要通过冷却水的循环带走。

（2）废气带走的能量。膨胀过程终了时，气缸中气体的压力和温度仍比大气压力和大气温度高出很多，这部分气体能量在排气过程中被释放到大气中去而没有得到有效的利用。

（3）高温机体的热辐射。

在膨胀过程终了时，气缸中气体的压力和温度为：

汽油机：$p_b = 0.35 \sim 0.5$ MPa，$T_b = 1\,170 \sim 1\,470$ K；

柴油机：$p_b = 0.2 \sim 0.4$ MPa，$T_b = 970 \sim 1\,170$ K。

第六节　发动机的示功图与性能指标

一、发动机的示功图

发动机运行时，气缸内的工质进行着极其复杂的热力学、化学、气体动理学及传热传质学等方面的变换与过程，通过周而复始的工作循环将燃料的能量转化为机械能。发动机的实际循环中，气缸内的工质经历进气、压缩、燃烧、膨胀和排气等过程。在各个过程中，工质的压力、温度等状态参数均随时间、活塞位移发生变化。

气缸内压力随工作容积或曲轴转角（时间）变化的坐标图称为发动机的示功图。示功图有两种基本表示方法：以气缸工作容积为变量的称为 $p-V$ 示功图，以曲轴转角为变量的称为 $p-\varphi$ 示功图，二者之间可以相互转换。通过示功图可以获得发动机的相关性能指标。

图 2-8 所示为四冲程发动机的 $p-V$ 示功图，表示发动机实际循环中气缸内气体压力随气缸容积的变化规律，通过示功图可以将气缸内各个工作过程中的压力状况清楚地揭示出来，如图中的 ra 曲线表示进气过程；ac 曲线表示压缩过程的进程；$cc'z$ 曲线表示在气缸容积变化很小的情况下压力急剧上升，这显示了燃烧过程的状况；由 $zz'b$ 曲线可以看出，随着气缸容积的加大，气缸内气体压力迅速下降，这是典型的膨胀过程；br 曲线略高于大气压力线，这显示了排气过程。

在示功图上，还可将发动机的配气相位、点火提前角及燃烧过程的几个阶段表示出来。在 br 排气曲线上，接近排气终了的 1 点时下一循环的进气门提前打开，即 1 点与上止点之间对应的曲轴转角为进气门提前角。同理，位于压缩曲线 ac 上的 2 点表示进气门晚关角；5 点

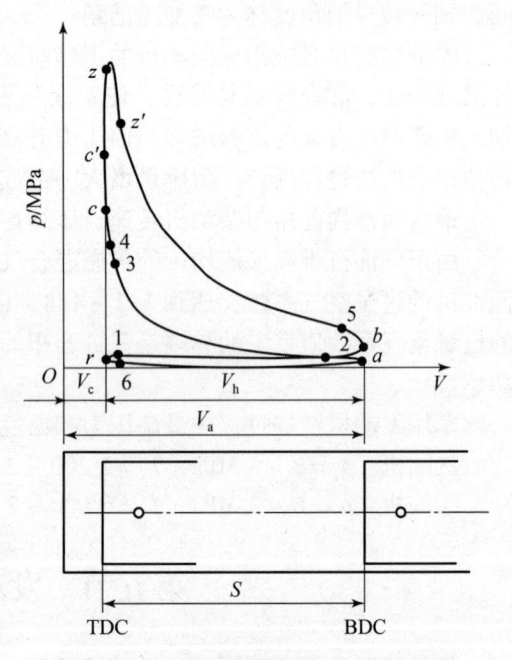

图 2-8 四冲程发动机的 $p-V$ 示功图

表示排气门提前角；6 点表示排气门晚关角。而位于压缩曲线 ac 上接近压缩终了的 3 点，表示点火提前角。3 点至 4 点是着火延迟期，4 点至 z 点是速燃期，z 点至 z' 点是补燃期。

利用曲柄连杆机构的活塞位移和曲轴转角的关系，可很容易地将 $p-V$ 示功图和 $p-\varphi$ 示功图进行转换。图 2-9 所示为四冲程发动机的 $p-\varphi$ 示功图。

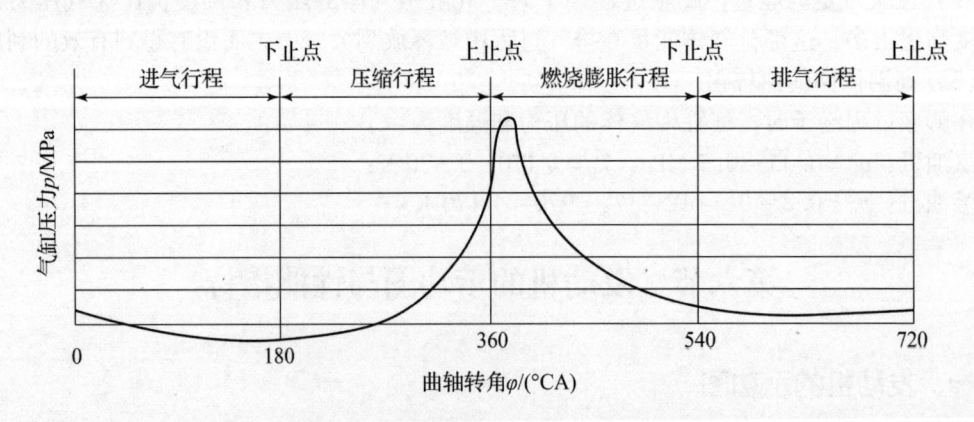

图 2-9 四冲程发动机的 $p-\varphi$ 示功图

二、发动机的性能指标

1. 指示指标与有效指标

发动机的性能指标可以分成两大类：指示指标与有效指标。

指示指标是表示气缸内燃气的工作品质，包括燃气做功的能力和热量转变为机械能的效率。

有效指标是表示发动机整体的工作能力，即对外做功的能力。它不仅表示了气缸内气体的工作效果，而且也反映了发动机本身的机械损耗。

（1）指示功 W_i。

发动机的指示功由 $p-V$ 示功图的压力闭合曲线包围的面积来确定。示功图上的曲线与横坐标之间所包围的面积就是这个过程所做的功。在膨胀曲线上，是气缸中气体膨胀推动活塞所做的功，这是正功；而在压缩曲线上，是活塞压缩气体所消耗的功，这是负功。进、排气过程也是消耗功的过程，但这部分的消耗计入机械损失，不计算在实际循环的消耗中。因此，在发动机的实际循环中所获得的功就是膨胀所取得的正功与压缩所消耗的负功的差值，也就是示功图上膨胀过程曲线与压缩过程曲线所包围的那部分面积。这部分面积越大，实际循环中所获得的有用功也就越多。图 2-10 表示发动机由示功图面积计算的指示功。

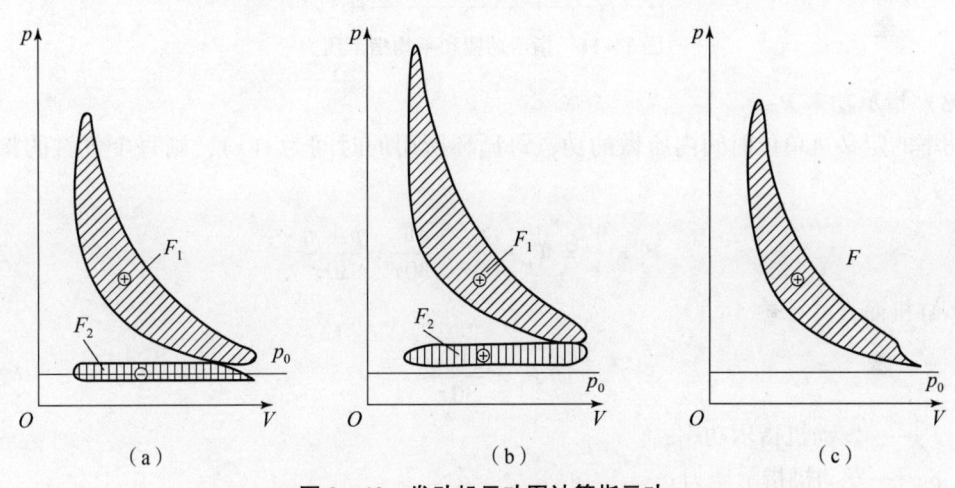

图 2-10 发动机示功图计算指示功
(a) 四冲程非增压发动机；(b) 四冲程增压发动机；(c) 二冲程发动机

（2）平均指示压力 p_i。

指示功 W_i 反映了发动机气缸在一个工作循环中所获得的有用功的数量，它除了和循环中热功转换的有效程度有关外，还和气缸容积的大小有关。为了更清楚地对不同工作容积发动机工作循环的热功转换有效程度进行比较，引入平均指示压力的概念。所谓平均指示压力，是指单位气缸容积一个循环所做的指示功。

$$p_i = \frac{W_i}{V_s} \tag{2-1}$$

也可以写为

$$W_i = p_i V_s = p_i (\pi D^2/4) S \tag{2-2}$$

式中，D 和 S 分别表示气缸直径和活塞行程。由此，平均指示压力也可以理解为一个假想的恒定的压力，以这个压力作用在活塞顶上，推动活塞移动一个行程 S 所做的功，等于发动机一个循环所做的功 W_i。

如图 2-11 所示，平均指示压力 p_i 在 $p-V$ 示功图上表示底边为恒定的力作用在活塞顶，推动活塞移动一个行程的距离，所做的功为矩形的面积，该面积与示功图围成的阴影面积相等。

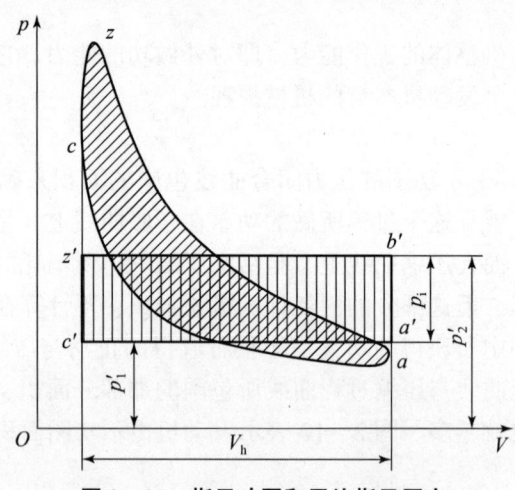

图 2-11 指示功图和平均指示压力

（3）指示功率 P_i。

功率的定义是单位时间内所做的功，每循环所用的时间为 $t(s)$，则每个气缸的指示功率 P_i 为

$$P_i = \frac{W_i}{t} = W_i \cdot \frac{2n}{60\tau} = \frac{nW_i}{30\tau} = \frac{p_i V_h n}{30\tau} \tag{2-3}$$

对于多缸机而言，

$$P_i = \frac{p_i V_h i n}{30\tau} \tag{2-4}$$

式中：P_i——发动机指示功率；
　　　p_i——发动机指示压力；
　　　τ——冲程数；
　　　n——发动机转速；
　　　i——气缸数。

（4）指示热效率 η_i 和指示燃油消耗率 b_i。

为了说明进入气缸的燃料所释放的热能中通过曲柄连杆机构转变成机械能的程度，引入了实际循环经济性指标。实际循环的经济性指标用指示热效率 η_i 和指示燃油消耗率 b_i 表示。指示热效率是示功图上转变为机械能的热量与消耗的热量之比，即

$$\eta_i = \frac{W_i}{Q_i} \tag{2-5}$$

式中：W_i——发动机指示功；
　　　Q_i——加入循环油量产生的热能。

指示燃油消耗率是指单位指示功的耗油量，通常用单位千瓦时指示功的耗油量克数 [g/(kW·h)] 来表示。

$$b_i = \frac{B}{P_i} \times 10^3 [g/(kW \cdot h)] \tag{2-6}$$

式中，B 为每小时耗油量。因此，表示实际循环的经济性指标 η_i 和 b_i 之间存在如下关系：

$$\eta_i = \frac{3.6 \times 10^6}{Hu b_i} \tag{2-7}$$

式中，Hu 为燃料热值。一般发动机的 η_i 和 b_i 统计范围如表 2-1 所示。

表 2-1 一般发动机的 η_i 和 b_i 统计范围

发动机	η_i	b_i
四冲程柴油机	0.40~0.50	170~210
四冲程汽油机	0.25~0.40	210~340
二冲程柴油机	0.40~0.50	170~215
二冲程汽油机	0.20~0.30	300~430

（5）有效功率 P_e。

发动机的有效功率总是低于指示功率的。也就是说，由曲轴输出到车辆传动系统的功率总是低于气缸中燃气所发出的功率。这个差别是由于发动机本身消耗即机械损失所造成的。即

$$P_e = P_i - P_m \tag{2-8}$$

式中：P_e——发动机的有效功率；
P_i——发动机的指示功率；
P_m——发动机的机械损失功率。

（6）有效转矩 T_{tq}。

由曲轴输出端所测得的转矩就是发动机的有效转矩，其单位为 N·m。发动机工作时，气缸内气体压力作用在活塞顶上，通过连杆传递给曲轴形成力矩，由于气体压力不断变化，曲柄连杆机构的位置也不断改变，因此曲轴上形成的力矩值也是不断变化的，所测得的转矩是它的平均值。多缸发动机由曲轴输出的转矩是各缸转矩的代数和。

有效转矩可由发动机台架试验直接测试获得，发动机的有效功率可以通过所测试获得的有效转矩和转速计算获得。有效功率实际计算时一般直接测量发动机在某一转速下的输出转矩 T_{tq} 和相应的转速 n，然后通过计算得到输出功率 P_e 为

$$P_e = T_{tq} \frac{2\pi n}{60} \times 10^{-3} = \frac{T_{tq} n}{9550} \tag{2-9}$$

式中：T_{tq}——发动机的有效转矩，N·m；
n——发动机转速，r/min。

由上式可见，发动机的有效功率是随转矩和转速而变的，不同的转矩、不同的转速就有不同的功率值，为了表示发动机的最大做功能力，采用了标定功率的概念。

(7) 平均有效压力 p_{me}。

与平均指示压力类似,平均有效压力可以看成是一个假想的、平均不变的压力作用在活塞顶上,使活塞移动一个行程所做的功等于每循环所做的有效功。平均有效压力是衡量发动机动力性能的一个重要参数。

按照上述定义,平均有效压力与有效功率之间存在如下关系:

$$P_e = \frac{p_{me}V_s ni}{30\tau} \qquad (2-10)$$

也可以写为

$$p_{me} = \frac{30\tau P_e}{V_s ni} \qquad (2-11)$$

根据功率与扭矩的关系,可以得到

$$T_{tq} = \frac{318.3 p_{me} V_s i}{\tau} \qquad (2-12)$$

因此,对于一定气缸总工作容积的发动机,平均有效压力反映了发动机输出扭矩的大小。

(8) 有效热效率 η_{et} 和有效燃油消耗率 b_e。

衡量发动机经济性能的重要指标是有效热效率 η_{et} 和有效燃油消耗率 b_e。

有效热效率是实际循环的有效功与为得到此有效功所消耗的热量的比值,即

$$\eta_{et} = \frac{W_e}{Q_i} = \frac{W_i \eta_m}{Q_i} = \frac{3.6 \times 10^3 P_e}{BHu} \qquad (2-13)$$

式中,Hu 为燃料热值,η_m 为机械效率。

当测得发动机有效功率 P_e 和每小时耗油量 B 以后,可利用该公式计算出 η_{et} 值。

有效燃油消耗率是指单位有效功的耗油量,通常用单位千瓦时有效功所消耗的燃料克数[g/(kW·h)]来表示,即

$$b_e = \frac{B}{P_e} \times 10^3 = \frac{3.6 \times 10^6}{\eta_{et} Hu} [g/(kW \cdot h)] \qquad (2-14)$$

因此,有效燃油消耗率与有效热效率成反比,知道其中一值后,可以求出另一值。

一般发动机的 η_{et} 和 b_e 统计范围如表 2-2 所示。

表 2-2　一般发动机的 η_{et} 和 b_e 统计范围

发动机	η_{et}	b_e
高速柴油机	0.30 ~ 0.42	210 ~ 285
四冲程汽油机	0.25 ~ 0.32	270 ~ 340
二冲程汽油机	0.15 ~ 0.22	380 ~ 550

2. 机械损失与机械效率

发动机本身机械损失包括以下几项内容:

① 运动件的摩擦损失。这部分的功率消耗最多,占整个机械损失的 60% ~ 75%,其中以活塞组与气缸之间的摩擦损失最大,大约占了整个机械损失的一半,如表 2-3 所示。

②附件消耗的功率。即带动配气机构和各种附件所消耗的功率。发动机上带有各种附件，如水泵、机油泵、燃油泵、风扇、发电机以及车辆所使用的空气泵等。这部分所消耗的功率占整个机械损失的12%~20%。

③泵气损失。即自然进气的发动机其进、排气所消耗的功率，这部分占整个机械损失的13%~15%。

表2-3 发动机的机械损失

机械损失的组成	机械损失占比		机械损失类型
	汽油机	柴油机	
1. 活塞、环与缸套间的摩擦	≤44%	≤50%	内燃机学方面损失 45%~65%
2. 泵气损失	≤20%	≤14%	
3. 气体、流体摩擦损失	5%~10%		
4. 轴承、轴瓦的摩擦损失	≤22%	≤24%	运动机构损失 60%~70%
5. 驱动气门机构	2%~3%		
6. 驱动其他附件	5%~10%		

为了表明机械损失在发动机指示功率中所占的比例，采用了机械效率 η_m 的概念。机械效率定义为有效功率与指示功率之比，即

$$\eta_m = \frac{P_e}{P_i} \tag{2-15}$$

机械效率越高的发动机，它的机械损失越小，指示功率中转变成有效功率的比例越大。

3. 紧凑性指标

车用发动机的紧凑性指标是指发动机的升功率、比质量和单位体积功率。

(1) 升功率。升功率是指在标定工况下，发动机每升气缸工作容积所发出的有效功率。即

$$P_L = \frac{P_e}{iV_h} = \frac{p_{me}n}{30\tau} \tag{2-16}$$

由升功率的定义可以看出，升功率是从发动机有效功率的角度对其气缸工作容积的利用率做总的评价，它与平均有效压力和转速的乘积成正比。升功率越大，发动机的强化程度越高，发出一定有效功率的发动机尺寸越小。升功率是评定一台发动机动力性能和强化程度的重要指标之一。四冲程轿车用汽油机的升功率为32~75 kW/L；四冲程车用柴油机的升功率为11~30 kW/L。

(2) 比质量。比质量是指发动机的总质量 G 与标定功率的比值。它是表征发动机总体布置的紧凑性、制造技术和材料利用程度等综合参数的指标。通常所谓的总质量是指净质量，即不包括燃油、机油、冷却水及其他不直接安装在发动机本体上的附属装备的质量。车用发动机的比质量的范围为3.5~8.16 kg/kW。

(3) 单位体积功率。单位体积功率是指发动机的标定功率与其外廓体积 V 之比。外廓体积是指发动机外廓尺寸长、宽、高的乘积。

4. 可靠性与耐久性指标

发动机的可靠性指标通常是以在保险期内不停车故障次数、停车故障次数及更换主要零件和非主要零件数来表示。对于汽车、拖拉机发动机，在保险期内应保证不更换主要零件。现代汽车、拖拉机发动机的无故障保险期一般为 1 500～2 000 h。

发动机的耐久性指标是以它的大修期来表示的。发动机大修期是指发动机从出厂到再进厂大修之前累计的摩托小时数或车辆行驶的公里数。大修期也称为发动机的使用寿命。

汽车发动机的使用寿命一般以行驶公里数表示，为 $3 \times 10^5 \sim 6 \times 10^5$ km。

思 考 题

1. 简述充量系数的定义，其影响因素有哪些？
2. 什么叫配气相位、气门重叠角？
3. 汽油机、柴油机的燃烧过程分哪几个阶段？
4. 点火提前角、喷油提前角的定义是什么？
5. 汽油机爆震燃烧产生的原因和危害是什么？
6. 什么是发动机示功图？有什么用途？
7. 什么是发动机的指示指标和有效指标？
8. 何谓机械效率？发动机的机械损失包括哪些？
9. 简述有效转矩、有效功率的定义。
10. 简述燃油消耗率、升功率的定义和计算方法。

第三章
曲柄连杆机构

曲柄连杆机构的功用是将燃料燃烧所释放的热能转变成为机械能;将活塞的往复直线运动转变成曲轴的旋转运动,并对外输出动力。曲柄连杆机构包含的零件较多,根据零部件的功能特点大致可以将其分成三大组成部分,即机体组、活塞组、连杆组和曲轴飞轮组。机体组是发动机主体结构,又称固定件;活塞组、连杆组与曲轴飞轮组又称为运动件。

第一节 曲柄连杆机构概述

一、曲柄连杆机构的工作条件

曲柄连杆机构是发动机的主要组成部分,它对发动机的动力性能和可靠性有重要的影响,其中很多的零部件是在高温、高压的苛刻条件下进行工作的,承受很高的热负荷和机械负荷:发动机燃烧室中燃气的最高温度可以达到 2 000 ~ 2 500 ℃,与高温燃气直接接触的活塞、气缸盖、气缸套或气缸体的温度也可以达到 300 ℃ 以上,并且温度分布不均匀,导致产生很高的热应力。在高温条件下,材料的机械性能也显著下降。除热负荷以外,曲柄连杆机构在工作中还承受很大的机械负荷,机械负荷来自周期性爆发的燃气压力和惯性力。

汽油机工作中最高燃气压力可以达到 3 ~ 10 MPa,柴油机工作中的最高燃气压力可以达到 6 ~ 20 MPa,现代增压柴油机的最高燃气压力可以达到 20 MPa 以上。

曲柄连杆机构的惯性力包含两部分:一部分是往复运动惯性力,主要产生于活塞在气缸中往复变速运动而产生的加速度;另一部分惯性力是旋转惯性力,这是由于曲轴高速旋转质量不平衡而产生的离心力,汽车用汽油机的最高转速可以达到 7 500 r/min 以上,摩托车汽油机的最高转速达 10 000 r/min 以上,活塞往复运动惯性力可以达到自身重力的 300 ~ 3 000 倍以上。

除热负荷和机械负荷以外,曲柄连杆机构在工作中还承受强烈的摩擦、磨损作用。摩擦作用产生于活塞组与气缸壁之间、主轴径与主轴承之间、连杆轴径与连杆轴承之间,由于曲柄连杆机构之间的相互作用力很大,相对运动速度很高,润滑条件恶劣,因此摩擦损失严重,大量研究结果表明:气缸壁与活塞组之间由于摩擦所消耗的功率占发动机摩擦损失的 50% 左右。

二、曲柄连杆机构的受力

作用在曲柄连杆机构上的机械负荷有两种,即燃气作用力与惯性力。

1. 燃气作用力

作用在活塞上的气体作用力 P_g 等于活塞上、下两面气体压力差和活塞顶面积的乘积，即

$$P_g = \frac{\pi D^2}{4}(p - p') \tag{3-1}$$

式中：p——活塞顶上的气体压力，即燃气压力，MPa；

p'——活塞顶下面的气体压力，即曲轴箱内的气体压力，对于四冲程发动机来说，可认为 $p' = 0.1$ MPa；

D——气缸直径，mm。

由此可见，当结构确定后，作用于活塞上的气体作用力 P_g 仅取决于气缸中的气体压力 p。气缸中的气体压力是随活塞位置的不同而变化的，也就是随曲轴转角 α 而变化的，气体压力随曲轴转角 α 的变化可以由展开示功图获得，如图 3-1 所示。

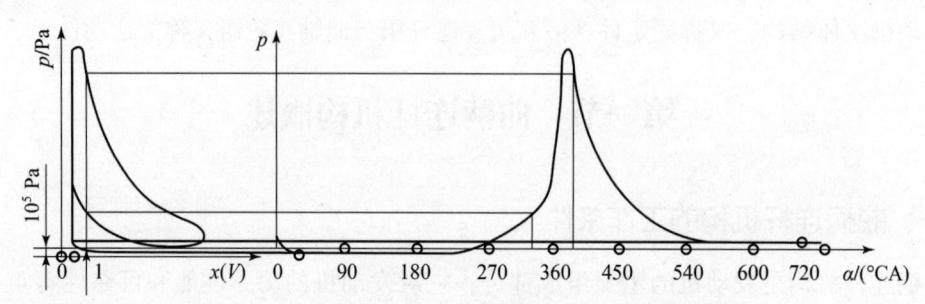

图 3-1 气缸中气体压力随曲轴转角变化的关系曲线

2. 惯性力

作用于曲柄连杆上的惯性力有两种类型：往复运动惯性力和旋转运动惯性力。

当曲柄连杆机构的各个零件结构确定后，这两种惯性力的大小主要取决于曲轴旋转的角速度。

往复运动惯性力 P_j 为

$$P_j = m_j(R\omega^2 \cos\alpha + R\omega^2 \lambda \cos 2\alpha) \tag{3-2}$$

式中：m_j——往复运动质量（包括活塞组的质量和连杆换算到小头部分的质量之和），kg；

R——曲轴半径，m；

λ——曲轴半径和连杆长度之比；

ω——曲轴旋转角速度，rad/s；

α——曲轴转角，(°CA)。

P_j 的作用方向沿气缸中心线，或正或负。

旋转运动惯性力（或称旋转离心力）P_r 为

$$P_r = m_r R\omega^2 \tag{3-3}$$

式中：m_r——旋转运动质量（包括曲轴不平衡的质量和连杆换算到连杆大头部分的质量之和），kg。

P_r 的作用力方向总是沿曲柄向外。

3. 活塞上作用力的分解

作用在活塞顶上的气体压力 P_g 可以根据力的平行四边形法则（见图 3-2），将气体作

用力 P_g 分解成沿连杆方向的连杆作用力 F_S 和垂直于气缸壁的侧向作用力 F_N，侧向力 F_N 加剧活塞和气缸壁的磨损，对曲轴回转中心的力矩称为翻倒力矩（倾覆力矩），连杆力 F_S 沿杆身作用于曲柄销上，再将连杆力 F_S 在曲柄销处分解为垂直于曲柄臂的切向力 F_T 和沿曲柄臂方向的径向力 F_R。切向力 F_T 产生绕曲轴旋转的力矩 T，径向力 F_R 沿曲柄臂作用于曲轴主轴承，使曲轴产生载荷力。

在曲轴中心产生的力矩 T 即为发动机对外输出扭矩，侧压力 F_N 在曲轴中心处也产生一个力矩 T'，两者大小相等、方向相反，该力矩是发动机输出扭矩的反扭矩，反扭矩通过发动机机体作用于支架上。输出扭矩随曲轴转角 α 而变化的关系如图 3-3 所示。

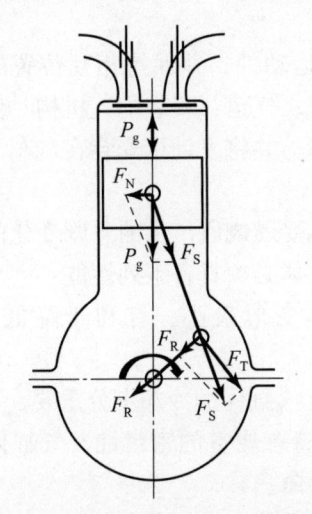

图 3-2　曲柄连杆机构中的力和力矩　　　　图 3-3　发动机输出扭矩曲线

由于燃气作用力 P_g 产生于燃烧室中，向下作用于活塞顶，向上作用于气缸盖，是作用力和反作用力的关系，向下作用于活塞顶部的力通过曲柄连杆机构作用到主轴承上，最终作用到机体上，向上作用于气缸盖上的力通过缸盖螺栓也作用于机体上，形成内力，在机体中互相抵消，对外并不表现。

作用于活塞上的总作用力 P_Σ 为燃气作用力 P_g 与往复运动惯性力 P_j 的代数和。P_Σ 随曲轴转角 α 而变化的关系如图 3-4 所示。

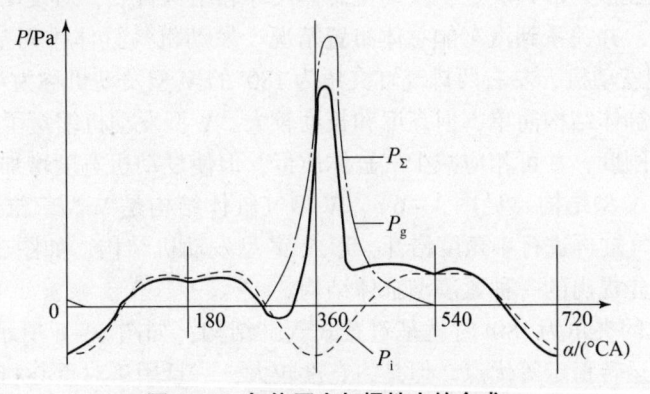

图 3-4　气体压力与惯性力的合成

往复运动惯性力 P_j 与旋转惯性力 P_r 因不能在机体内抵消而被传至机体外。

第二节 机体组

机体组包括气缸体、气缸盖、油底壳等零件,是构成发动机的骨架,用于安装曲柄连杆机构、配气机构以及发动机各系统主要零部件的装配基础。同时,气缸盖和机体形成燃烧室的主要部分,用于提供燃料燃烧的场所,机体组也是冷却水套、润滑油道的组成部分。因此,要求发动机机体组必须具备足够的强度和刚度,具有良好的冷却性能和耐磨性能。

一、气缸体

气缸体是发动机的支架,气缸体支承曲柄连杆机构的运动件,并保持相互位置的正确性;水冷发动机的气缸体和气缸盖上还要加工出水道、油道、气道;安装配气机构、供油系统等附件;承受发动机工作时所产生的惯性力和气体作用力,并将发动机安装在汽车上的支撑点上。

发动机工作期间,气缸体的工作条件相当苛刻,必须承受燃烧所产生的急剧变化的气压力作用,以及高温燃气的冲刷和低温进气的冷却,为此气缸体必须具备下列性能:

(1) 有足够的刚度和强度。工作时,应保证气缸体变形最小,有利于降低振动、噪声。

(2) 有良好的冷却性能。特别是在高速大负荷运转时,气缸体的冷却十分重要。

(3) 有足够的耐磨性。为了支承高速运动的活塞,保持燃烧室的密封性,气缸体应有足够的耐磨性,气缸体的耐磨性直接关系到气缸体的使用寿命。

气缸体是发动机中体积最大、质量最大、结构最复杂的零件。在汽车发动机中,气缸体与上曲轴箱大多做成一个整体,称为气缸体-上曲轴箱,简称气缸体。大功率发动机为了装配的需要,有时将气缸体与上曲轴箱分开制造。

汽车发动机气缸体常见的结构形式有两种:平分式和龙门式。平分式气缸体的上曲轴箱与油底壳的分界面和曲轴中心线在同一个平面上(见图3-5(a)、(c)),这种结构加工方便,但刚度差。龙门式气缸体将上曲轴箱和油底壳的分界面移至曲轴中心线以下(见图3-5(b)、(d)),这种结构的气缸体的刚度与强度比平分式的好。

多缸发动机气缸排列形式决定了发动机总体尺寸和结构特点,对发动机气缸体的强度和刚度也有较大影响,并关系到汽车的总体布置情况。发动机气缸体排列基本上有两种形式:直列发动机和V型发动机,左右两排气缸夹角为180°的V型发动机称为对置发动机。

直列发动机气缸体结构简单,但高度和长度较大。V型发动机缩短了发动机的长度和高度,增加了气缸体刚度,并可相应减少气缸体质量,但使发动机宽度增加,排量大于3 L的轿车发动机多采用V型结构(见图3-6)。W型气缸体结构是V型气缸体的演变结构,将V型发动机的每侧气缸再进行小角度错开,形成W型发动机结构,如图3-7所示,它是德国大众汽车公司首先提出的一种紧凑型缸体结构。

当V型发动机的夹角为180°时就是对置式气缸结构,如图3-8所示,具有结构紧凑、重心低、高度小、运转稳定等优点。但是,宽度较大,一旦用于对重心和高度有特殊要求的车辆,例如高度较高的豪华大巴车,由于车体重心高,所以要求发动机重心尽可能低,因此可以将发动机安装于车架底盘中部以下,以提高车辆运行稳定性。

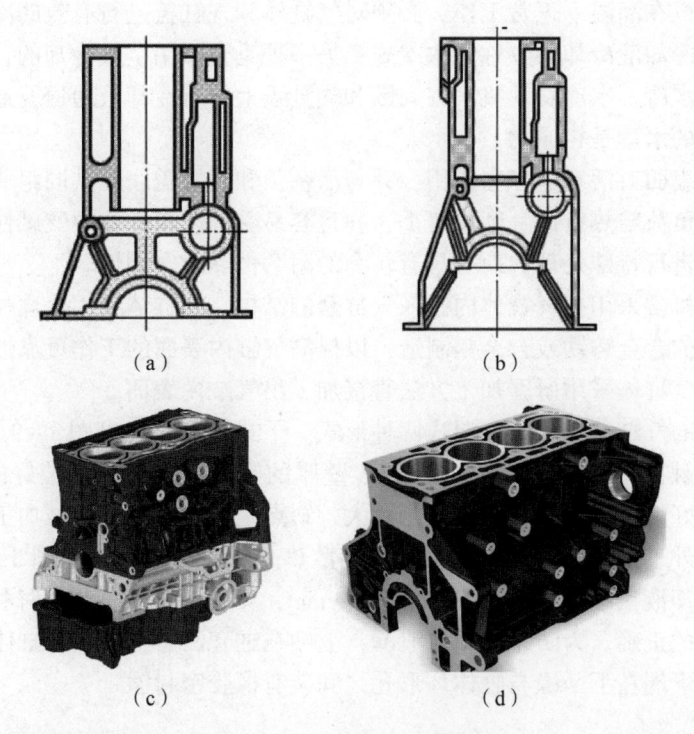

图 3-5 气缸体结构形式

(a) 平分式示意图；(b) 龙门式示意图；(c) 平分式实例；(d) 龙门式实例

图 3-6 V型发动机气缸体

图 3-7 W型发动机气缸体

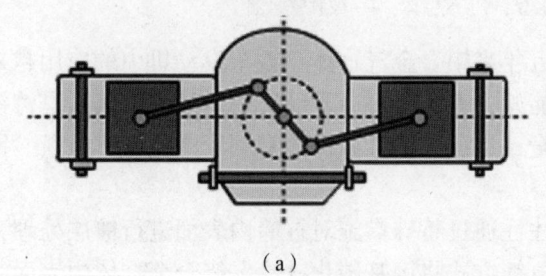

图 3-8 水平对置发动机结构

(a) 水平对置结构示意图；(b) 水平对置发动机结构图

为保证发动机在高温下正常工作，必须对气缸体和气缸盖进行有效的冷却。冷却方式有两种，一种是用冷却液冷却的，称为水冷式；另一种是直接用空气冷却的，称为风冷式。汽车发动机多采用水冷，水冷发动机气缸周围和气缸盖上均有冷却液通道，通常称为水套，气缸体和气缸盖上的水套是相通的。

气缸体的内表面对活塞起导向作用，并与活塞顶和气缸盖底面共同组成燃烧室。工作中承受很大的机械负荷与热负荷、磨损严重，并且容易受到燃烧产物中酸碱性物质的腐蚀，因此气缸内表面应进行特殊处理，使其具有较高的耐磨性和耐腐蚀性。

大缸径发动机常采用在气缸体内镶入气缸套的结构，气缸体采用普通材料，而气缸套则采用耐磨性较好的合金铸铁或合金钢制造，以提高气缸内表面的工作可靠性，降低成本，小汽车发动机铸铁气缸体采用研磨加工方法直接加工出气缸内表面。

车用发动机的气缸套有干式与湿式两种形式。干式气缸套（见图3-9(a)）的外表面不与冷却液直接接触，缸套一般做成1~3 mm壁厚的圆筒，装入预先镗好的气缸体座孔内。这种缸套具有良好的水密封性，气缸体刚度大，缺点是铸造困难，机械加工要求高，气缸体座孔、气缸套内外表面均需要加工，否则影响散热。湿式气缸套（见图3-9(b)、(c)）其外表面直接与冷却液接触，其壁较厚，为5~9 mm，安装在缸体座孔中时利用上、下两个环形凸缘保证定位的正确。为防止冷却液泄漏，上端在缸套凸肩下表面与缸体环形支承面之间需要进行研磨；下端在下凸缘与缸体环形孔之间装有橡胶密封圈。

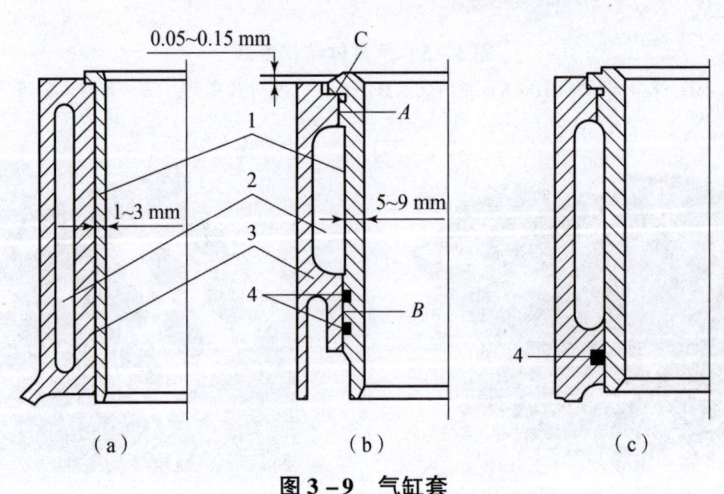

图3-9 气缸套
(a) 干式气缸套；(b)、(c) 湿式气缸套
1—气缸套；2—水套；3—气缸体；4—橡胶密封圈

气缸体材料常采用铸铁和铝合金，近年来铝合金气缸体在轿车发动机中的应用越来越普遍，主要原因是铝合金气缸体的传热性能好，有利于提高发动机的压缩比；其次是铸铁气缸体的冷却性能差，必须增加冷却液的容量；再次是铝合金机体有利于降低整车质量。铸铝气缸体的缺点是成本较高。

铸铝气缸体为提高内表面耐磨性，往往通过特殊措施对缸筒内表面进行镀层处理，一般采用陶瓷涂层增加其耐磨性，例如通过电镀方式将镍基碳化硅涂在铝合金缸体内表面，以增加其耐磨性。但这种处理方法成本较高，批量生产的铝缸体普遍采用镶入铸铁缸套的办法提高内表面耐磨性能。

铸铁气缸体的优点是制造成本相对较低，气缸体的强度刚度好，振动噪声小，轿车汽油机一般为无缸套结构，直接在气缸体上加工气缸内表面。

二、气缸盖和气缸垫

1. 气缸盖

气缸盖布置在气缸体上面，是发动机最重要的零件之一。气缸盖上安装有各种零部件，如凸轮轴、气门、气门弹簧，汽油机气缸盖还要安装火花塞等，柴油机气缸盖还要安装喷油器、预热塞等零部件。气缸盖还与气缸体、活塞顶共同组成燃烧室。气缸盖上还布置有进/排气道、冷却水套、润滑油道等，这使气缸盖的结构复杂，制造加工困难。

气缸盖的结构形式可分为分体式和整体式两种。分体式气缸盖就是每个气缸（或每2～3个气缸）单独用一个气缸盖，这种形式的最大优点是刚度好、维修方便、成本低，有利于产品系列化，通常用于大缸径或单列缸数较多的发动机，尤其是在高强化军用柴油机上普遍采用。整体式气缸盖是整列气缸共用一个气缸盖，这种形式的优点是尺寸紧凑，缸盖整体散热效果好，一般气缸直径小于105 mm，气缸数不超过6个时采用该结构，汽车发动机多采用整体式气缸盖。

气缸盖结构与燃烧室的形式、气门和气道的布置、冷却水套的安排、喷油器或火花塞的布置等密切相关。典型的汽油机气缸盖如图3-10所示。

（a）　　　　　　　　（b）

图3-10　发动机的气缸盖
(a) 分体式气缸盖；(b) 整体式气缸盖

由于气缸盖结构复杂，又与高温燃气经常接触，因此要求气缸盖材料具有较高的热强度，导热性好，并具有优良的铸造性能。目前气缸盖常用的材料有铸铁和铝合金两种，铝合金气缸盖虽然综合机械性能不如铸铁气缸盖，但铝合金的导热性能大大好于铸铁，有利于提高汽油机的压缩比，所以轿车汽油机大多使用铝合金气缸盖，柴油机大部分用铸铁气缸盖。

2. 气缸垫

气缸垫是安装于气缸盖与气缸体结合面之间的密封件，它的作用主要是实现对燃气的密封。气缸垫会受到缸盖螺栓预紧力的压紧和高温燃气的作用，因此气缸垫必须具有一定的强度和良好的弹性，能够补偿结合面的不平度；同时气缸垫还受到机油、冷却液的腐蚀，因此要求气缸垫具有良好的耐蚀性。车用发动机的气缸垫有两类：一类是金属-石棉组成的金属-石棉衬垫，它是在夹有金属丝或金属屑的石棉外包以钢皮或铜皮，在燃烧室孔周边用镍片镶边，以防高温燃气烧损，还有的用编织钢丝、轧孔钢板与石棉组成（见图3-11）。由于研究发现石棉气缸垫有致癌作用，因此金属-石棉衬垫逐渐被金属衬垫所取代，这种衬垫用硬铝板、冲压钢片或一叠薄钢片制成。

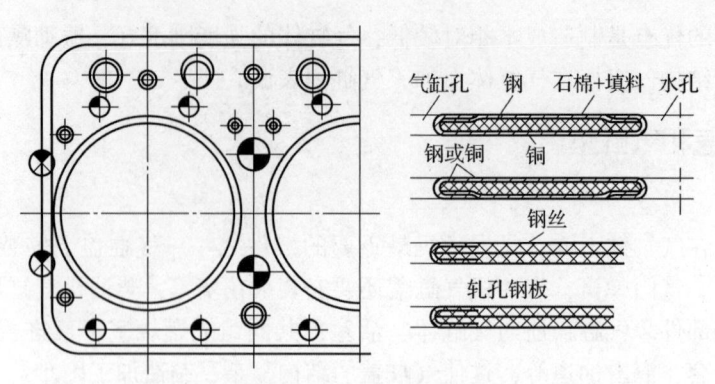

图 3-11 气缸盖衬垫

气缸体和气缸盖通过气缸盖螺栓连接在一起，气缸盖螺栓的分布位置对气缸盖和气缸体的受力情况、密封可靠性都有一定影响。每个气缸周围通常都布置有四个以上的气缸盖螺栓。拧紧气缸盖螺栓时，为使气缸盖和气缸体受力均匀，必须按由中央对称向四周扩展的顺序分几次进行，最后一次用扭力扳手按制造厂规定的力矩拧紧，以免损坏气缸垫和影响密封性。对铝合金气缸盖，必须在发动机冷的状态下拧紧，这样热起来会增加密封的可靠性，因为铝合金气缸盖比钢螺栓膨胀大，铸铁气缸盖则可在发动机热态下最后拧紧。

三、风冷发动机的气缸盖与气缸体

风冷发动机是指以空气作为冷却介质的发动机。风冷发动机的气缸盖、气缸体与水冷发动机在结构上有很大不同。由于风冷发动机多余的热量是通过流经发动机气缸盖、气缸体的空气带走的，因此，风冷发动机在气缸盖、气缸体上布置了很多散热片（见图 3-12）。

图 3-12 风冷发动机的气缸盖、气缸体

风冷发动机的机体为了布置散热片，大多数采用的是单体式结构，散热片布置在气缸体、气缸盖周围，根据气缸体和气缸盖的热负荷情况，散热片一般布置为高热负荷区散热片较大、低热负荷区散热片较小（见图 3-13）。

四、油底壳

油底壳的主要作用是封闭曲轴箱，一般汽车发动机的油底壳也是储存机油的场所，是润滑系统的组成部分（见图 3-14）。由于油底壳受力很小，一般采用薄板冲压而成。因为铸铝油底壳有利于降低发动机的辐射噪声，其应用越来越广泛。热负荷较大的柴油机，油底壳往往经铸造而成，并在上面铸有肋片以利于机油散热。

图 3-13　风冷发动机

图 3-14　油底壳

油底壳侧面通常插有机油尺，用以检查机油液面的高低。为了保证汽车在上坡时能够提供足够的润滑油，汽车发动机的油底壳通常做成前浅后深（按实际装车角度）的倾斜状。油底壳内还设有挡油板，防止油底壳内油面波动，并可以消减机油泡沫，保证机油的供应。挡油板还能起到加强油底壳刚度，减小振动噪声的目的。油底壳最低处装有放油塞，放油塞往往是磁性的，能吸收机油中的金属屑，减小发动机的磨损。

油底壳与气缸体之间通过密封垫密封，密封垫一般用耐油软木橡胶制造，也有的发动机用密封胶直接密封。

五、发动机支承

发动机与汽车之间的安装和连接是通过几个支承点来实现的，这些支承点一般选择在气缸体上、飞轮壳上或者变速器壳上。

发动机的支承方式一般有两种：三点支承和四点支承。三点支承有三个支承点，可以是一前两后，也可以是两前一后；四点支承是前、后各有两个支承点。

发动机在汽车上的支承是弹性支承，通过减振器将发动机和汽车连接在一起，以减少发动机振动能量向车身的传递，同时还可以消除汽车行驶中车身或车架的变形对发动机的影响。发动机支承所用减振器一般为橡胶减振器，在轿车上常用减振效果更好的液力减振器。

第三节 活 塞 组

活塞组是曲柄连杆机构运动件的重要组成部分，它与连杆组、曲轴飞轮组共同组成曲柄连杆机构的运动件（见图3-15）。

活塞组的主要作用是与气缸盖、气缸体共同组成燃烧室；承受高温燃气压力并传给连杆；推动曲轴旋转；将活塞顶接收的热量传给气缸体。活塞组由活塞、活塞环、活塞销等零部件组成。

一、活塞

活塞结构如图3-16所示，它是组成燃烧室的主要部分。活塞是发动机的典型零部件，也是发动机中工作条件最严酷的零件，不仅承受分布不均匀的高温作用，而且还要承受缸内燃气的高压作用。同时，活塞在工作过程中高速运转，需适应润滑和冷却条件都不是很充分的严苛条件。在高温作用下，一方面活塞材料的机械强度明显下降；另一方面使活塞产生明显的热膨胀，破坏活塞与相关零件的相互配合；而且由于受热不均匀，使活塞变形较大并产生很大的热应力，严重时还会使活塞局部烧坏。

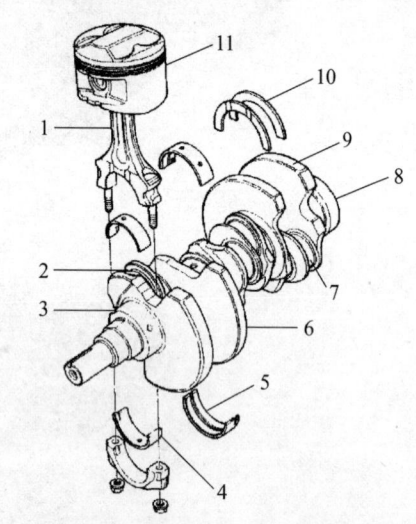

图3-15 曲柄连杆机构运动件
1—连杆；2，7—曲柄销；3—主轴颈；4—连杆轴瓦；5—主轴瓦；6，9—平衡重；8—曲轴；10—止推片；11—活塞

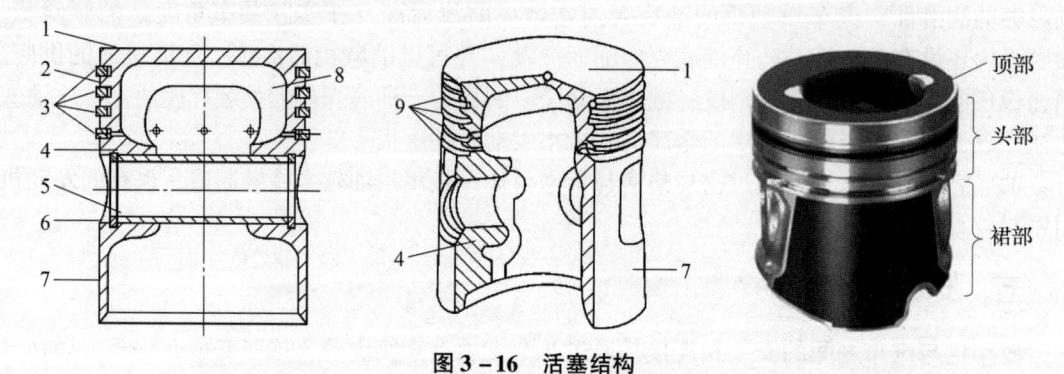

图3-16 活塞结构
1—活塞顶；2—活塞头；3—活塞环；4—活塞销座；5—活塞销；6—活塞销卡簧；7—裙部；8—加强肋；9—活塞环槽

在发动机工作过程中，活塞顶部会承受周期性变化的气体压力作用，直接作用在活塞顶部的作用力达数万牛顿以上。除气体作用力外，由于活塞在气缸内高速往复运动，其速度大小和方向在时刻变化，使活塞组在往复运动中产生很大的惯性力，高速汽油机最大惯性力可达本身重力的3 000倍以上。上述机械负荷不仅数值较大，而且还带有较大的冲击性。在交变的冲击载荷作用下，活塞各部分产生不同的应力，活塞顶部产生动态弯曲应力，活塞销座部位承受拉压及弯曲应力，活塞环岸承受弯曲及剪切应力，活塞裙部和环槽部位还有较大的

磨损。所以要求活塞总体质量要小，热膨胀系数小，导热性、耐磨性好。

发动机广泛采用铝合金作为活塞材料，有铸造、锻造和液态模锻等几种成型方法。在个别强化程度较高的增压柴油机上有时用合金铸铁或耐热合金钢制作活塞顶部和头部，其他部位采用铝合金制造的组合活塞。

活塞的基本结构可以分为顶部、头部和裙部三部分。

1. 活塞顶部

活塞顶部的形状与所选用的燃烧室形式有关，汽油机多采用平顶活塞，其优点是吸热面积小，柴油机活塞顶部常常有各种各样的凹坑，其具体形状、位置和大小都必须与柴油机的混合气形成与燃烧要求相适应（见图3-17）。二冲程汽油机为便于扫气，常采用凸顶活塞。当气门升程比较大时，为了防止发动机工作时气门运动与活塞运动相干涉，一般在活塞上加工出气门避让坑（见图3-18）。

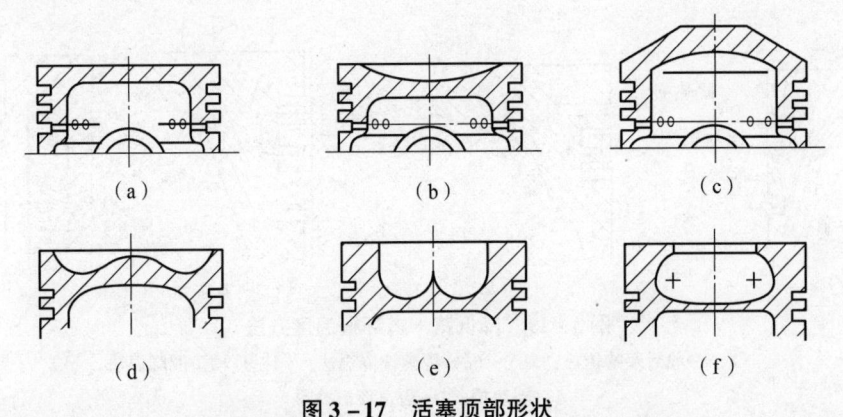

图 3-17 活塞顶部形状
(a) 平顶；(b) 凹顶；(c) 凸顶；(d)、(e)、(f) 凹坑

汽油机活塞　　　　柴油机活塞

图 3-18 汽油机和柴油机活塞顶部气门避让坑

2. 活塞头部

活塞头部是活塞销座以上的部分，活塞头部安装有活塞环以防止高温、高压燃气窜入曲轴箱，同时阻止机油窜入燃烧室（见图3-19(a)）；活塞顶部所吸收的热量大部分也要通过活塞头部传给气缸，进而通过冷却介质传走。

活塞头部加工有数道安装活塞环的环槽，活塞环数取决于密封的要求，它与发动机的设计转速、气缸压力和发动机类型有关。一般来说，高速发动机的活塞环数比低速发动机的少，缸压高的发动机的活塞环数比缸压低的发动机的少，汽油机的活塞环数比柴油机的少。一般汽油机采用2道气环、1道油环；柴油机采用3道气环、1道油环；低速柴油机采用3~4道气环。为减少摩擦损失，应尽量降低环带部分高度，在保证密封的条件下应力争减少环数。

第一道活塞环槽的温度通常较高，为了降低第一道环槽的温度，有的发动机在第一道环槽上方切有一道宽度较小的槽，这个槽称为隔热槽。其目的是改变活塞顶到第一道环槽之间的热流形式，降低第一道环槽的温度（见图3-19(b)、(c)）。这种方法的缺点是当活塞温度过高时，槽内容易积炭，失去隔热作用。

在热负荷高的强化柴油机上，由于高温下铝合金材料硬度下降较快，加上活塞环与环槽的相对运动，环槽磨损严重。为加强和保护活塞环槽，可在第一道活塞环槽内铸入环槽镶块（见图3-19(c)），有时镶块也包括第二道环槽。镶块采用热膨胀系数与铝合金接近的奥氏体铸铁制造。采用环槽护圈后，可使环槽的寿命提高3~5倍。当活塞位于上止点时，活塞第一道环槽的位置处于冷却水套的下方，是目前常用的保护第一环槽的措施（见图3-17(d)）。

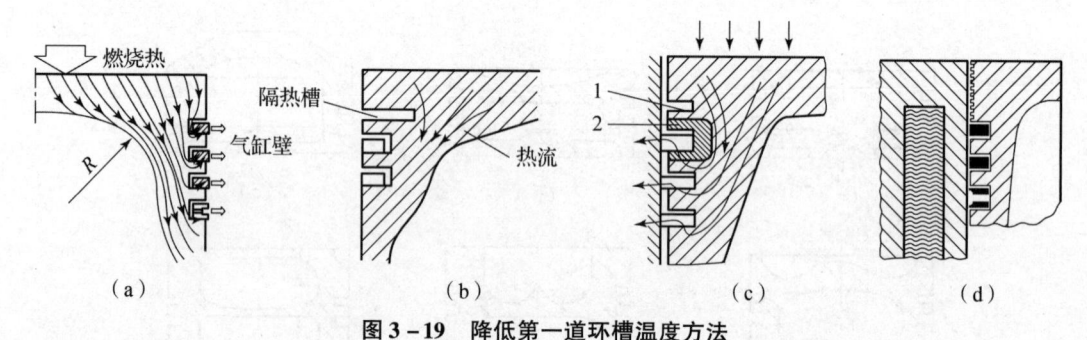

图 3-19 降低第一道环槽温度方法
(a) 一般活塞的传热；(b)、(c) 隔热槽降温法；(d) 环槽护圈降温法
1—隔热槽；2—活塞环槽护圈

活塞头部一般都做得较厚，使顶部接收的热量能够容易通过气环传走。在热负荷较大的柴油机上，活塞顶部和第一道环槽的温度超过允许值时（一般第一道环槽温度不应超过225 ℃），为保证柴油机能正常工作，必须对活塞采取强制冷却措施，活塞强制冷却常用以下两种方法（见图3-20）：

（1）自由喷射冷却。这种冷却方式是由连杆小头向活塞顶内壁喷油，或是在曲轴箱体上安装固定喷嘴向活塞喷油。

（2）具有内冷油腔的强制冷却。这种冷却方式是将活塞顶及密封部的内部做成空腔，将机油引入内腔进行循环冷却。

上述冷却方式，特别是第二种方式结构复杂，一般只用于高强化的柴油机上。

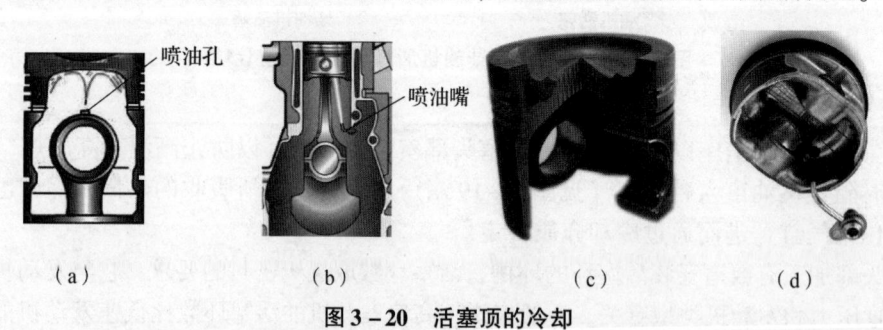

图 3-20 活塞顶的冷却
(a)、(b) 喷射冷却；(c)、(d) 冷却油腔

3. 活塞裙部

发动机工作中，活塞与气缸直接接触的部位是裙部，活塞裙部起导向作用，所以要求它与气缸之间的间隙尽量小，并且在圆周方向间隙要尽可能均匀。在实际工作中，由于热负荷和机械负荷的联合作用，对于正圆形的活塞裙部，其横截面不再保持圆形而是变为椭圆形，活塞裙部产生变形的主要原因如下：

（1）金属受热膨胀不均匀。由于活塞横截面上金属分布不均匀，沿销座轴线方向金属堆积很厚，而垂直于销座轴线方向上金属很薄，因此受热后沿销座轴线方向的膨胀量比垂直销座轴线方向要大得多（见图3-21(a)）。

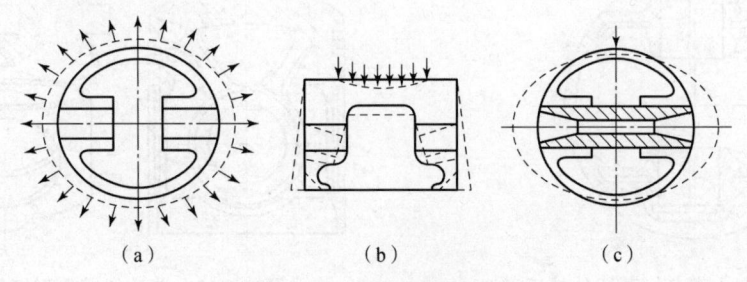

图3-21 活塞裙部变形
(a) 热变形；(b) 燃气压力作用变形；(c) 挤压变形

（2）活塞顶部燃气作用力的作用，使裙部沿销座轴线方向向外扩张变形（见图3-21(b)）。

（3）裙部承受侧向作用力的挤压变形。由于侧向作用力垂直于销座轴线方向，气缸对活塞裙部的反作用力使垂直于销座轴线方向受挤压变短，沿销座轴线方向伸长（见图3-21(c)）。

上述三种作用效果是相同的，结果使活塞在工作时呈现长轴沿销座轴线方向、短轴垂直销座轴线方向的椭圆形。

根据上述分析，如果冷态下活塞横截面做成标准的圆形，则在工作时就会由于变形导致局部卡死和局部间隙过大等情况。因此，为解决上述问题，活塞设计时通常将裙部做成反椭圆，即在冷态下将裙部做成椭圆，其长轴垂直于销座轴线方向而短轴沿销座轴线方向，在工作时由于沿销座轴线方向变形较大而变成正圆形。

在活塞高度方向上，由于顶部温度最高，沿着高度往下，温度越来越低，为了工作时沿高度方向间隙均匀，活塞不是做成一个正圆柱体，其直径是上小下大的。目前最好的活塞形状是中凸形（桶形），它可保持活塞在任何状态下都能得到良好的润滑。

为控制活塞的热变形，活塞通常还采取其他措施，车用汽油机上常见的有：

（1）在销座上安装"恒范钢片"（见图3-22）。恒范钢是一种线膨胀系数极小的金属，将其镶嵌在销座内可以牵制活塞销座的热膨胀。

（2）柴油机由于燃气爆发压力高，活塞所受侧向作用力大而不宜采用上述措施。柴油机一般采用在裙部镶入圆筒式钢片的措施（见图3-23）。

为改善铝合金活塞的磨合性，通常可采取这些措施：对活塞裙部进行表面处理；在汽油机铸铝活塞裙部外表面镀锡；在柴油机的铸铝活塞的裙部外表面磷化；在锻铝活塞裙部外表面通常涂以石墨。

4. 活塞销座

活塞销座的作用是将活塞顶部受到的气体作用力经活塞销传给连杆，活塞销座通常由肋

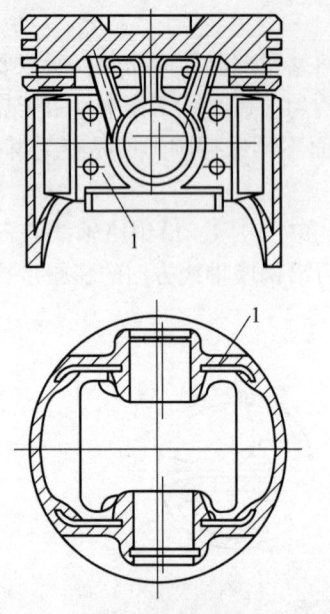

图 3-22 销座上带有恒范钢片的活塞
1—恒范钢片

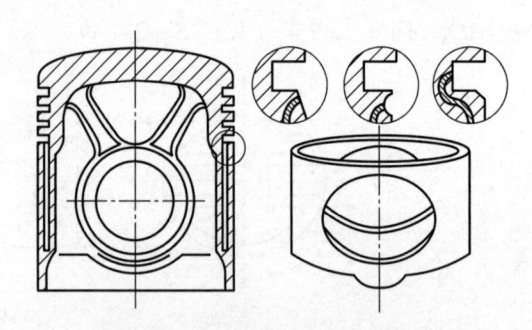

图 3-23 柴油机镶筒形钢片活塞

片与活塞内壁相连以提高刚度。

活塞销孔中心线通常位于活塞中心线平面内（见图 3-24(a)）。但高速汽油机为了减小活塞敲击噪声，通常将活塞销孔中心线偏离活塞中心线平面，一般向主推力面（做功行程中受侧向力的一面）偏离 1~2 mm。主要原因是，如果活塞销中央布置，由压缩行程转向做功行程活塞越过上止点后活塞侧压力改变方向，使活塞从一个侧面转向另一个侧面，因为做功行程之初，气体爆发压力较大，所以活塞敲击噪声也大。但如果活塞销偏向主推力面，则在偏心力矩作用下，活塞在尚未到达压缩上止点之前就从压向气缸的一个侧面过渡到另一个侧面，由于这时气缸内气体压力相对较小，活塞转向过程中引起的敲击噪声也小（见图 3-24(b)）。

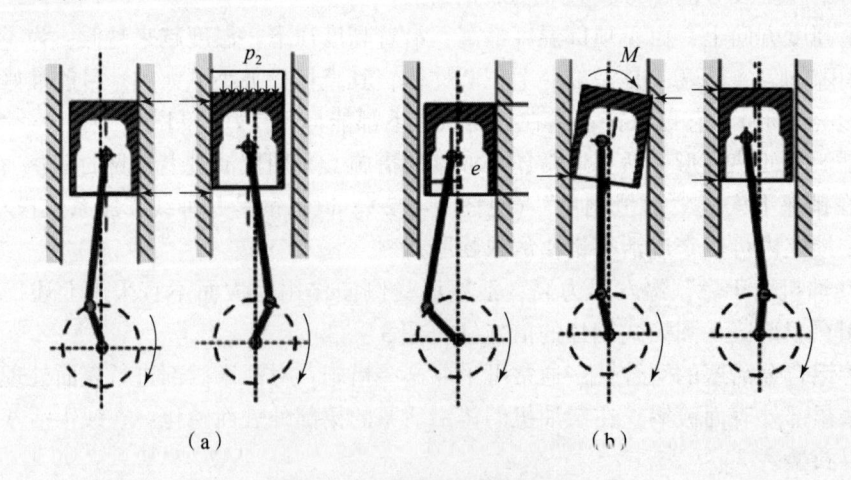

图 3-24 活塞销偏置示意图
(a) 活塞销对中布置；(b) 活塞销偏移布置

二、活塞环

活塞环有气环和油环两种。气环的主要功能是密封气缸中高温、高压气体,防止气体漏入曲轴箱,并将活塞顶部接收的大部分热量传给气缸壁。油环的主要功能是布油和刮油,当活塞上行时,油环将飞溅在气缸壁上的油均匀涂布在气缸壁上;当活塞下行时,油环将气缸壁上的机油刮下,流回油底壳。活塞环的上述功能见图3-25。

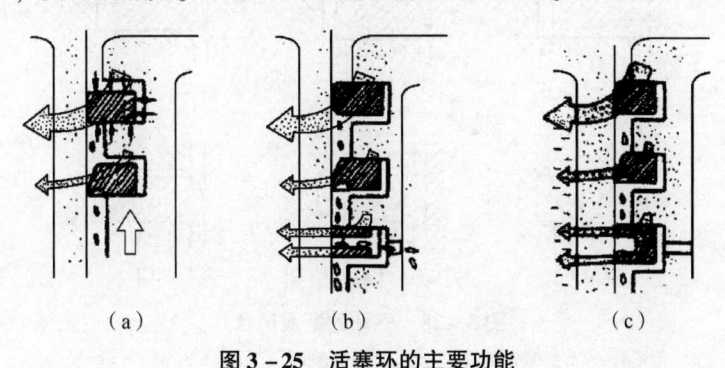

图3-25 活塞环的主要功能
(a) 密封作用;(b) 刮油作用;(c) 传热作用

1. 气环

气环是一个带有切口的弹性片状圆环(见图3-26),其工作环境,特别是第一道气环由于受到高温高压气体压力、往复运动惯性力和摩擦力的作用,使气环在环槽中受到振动和冲击,其结果往往使气环折断。气环是发动机特别是强化发动机中最容易损坏的零件之一。

气环起密封作用的基本原理是当气环从自由状态收缩到工作状态时产生了弹力,此弹力将气环压向气缸工作面,形成第一密封面(见图3-27),发动机工作时,高压气体窜入活塞与气缸之间的间隙,由于第一密封面的存在,高压气体只能进入环与环槽的侧隙和环的背面。侧隙处的高压气体将环压向环槽的下端面,形成第二密封面,进入环背的高压气体加强了第一密封面的密封作用。因此利用气环本身的弹力和气体的压力,可以阻止气体的泄漏。实际上由于环切口的存在,不可避免有少量气体自切口漏出,加上环与气缸之间的加工误差和表面不平度,仍会有少量气体自微小缝隙漏出,所以一般一道气环难以实现良好的密封,因此现代发动机通过2~3道切口互相错开的气环构成"迷宫式"密封装置,用以实现对高压气体进行有效的密封。

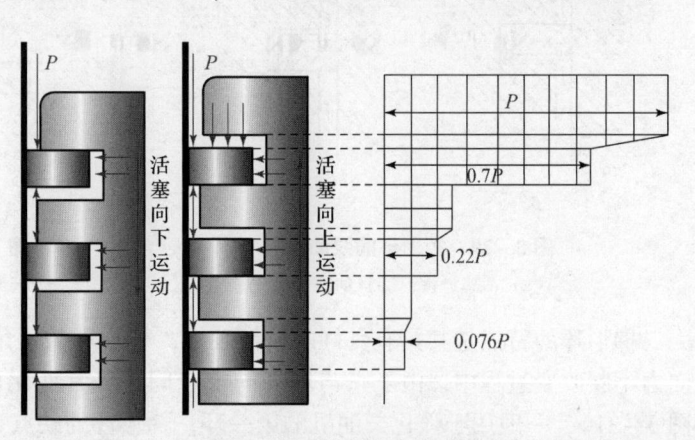

图3-26 气环结构

图3-27 气环的密封作用

气环按其断面形状的不同可分成矩形环、微锥面环、扭曲环、梯形环与桶面环等（见图3-28）。矩形环加工方便，导热性好，但磨合性较差，而且在工作过程中会出现"泵油"现象，即随着活塞上、下运动，将气缸壁上的机油不断送入燃烧室（见图3-29），造成燃烧室积炭，并增加了机油的消耗量，所以一般矩形环多用于第一道气环。

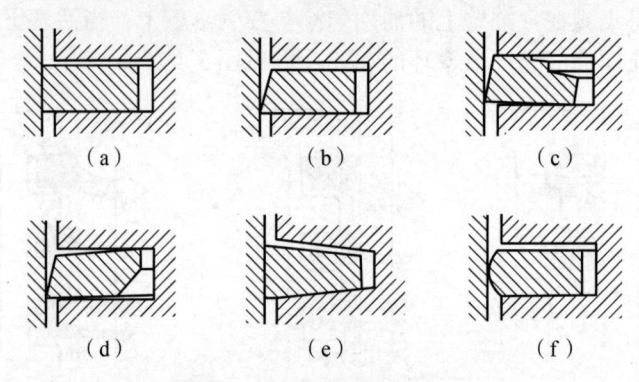

图3-28 气环的断面形状
(a) 矩形环；(b) 微锥面环；(c)、(d) 扭曲环；(e) 梯形环；(f) 桶面环

微锥面环可以改善环的磨合性，当活塞下行时，微锥面环向下刮油，活塞上行时，由于斜面的油楔作用，微锥面环可在油膜上浮起，减少磨损。微锥面环的锥角一般很小，通常在 $30'\sim 60'$ 范围内，加工困难。这种环在装配时要特别注意应使锥面向上，不能装反，否则可使机油消耗量成倍增长，夏利轿车发动机第二道气环为微锥面环。

为克服微锥面环加工困难的缺点，将矩形环的内圆上边缘或外圆下边缘切去一部分，称为扭曲环。扭曲环装入气缸后，由于环的弹性内力不对称作用产生明显的断面倾斜（见图3-30），密封效果如同微锥面环，扭曲环的密封性与磨合性都较好。

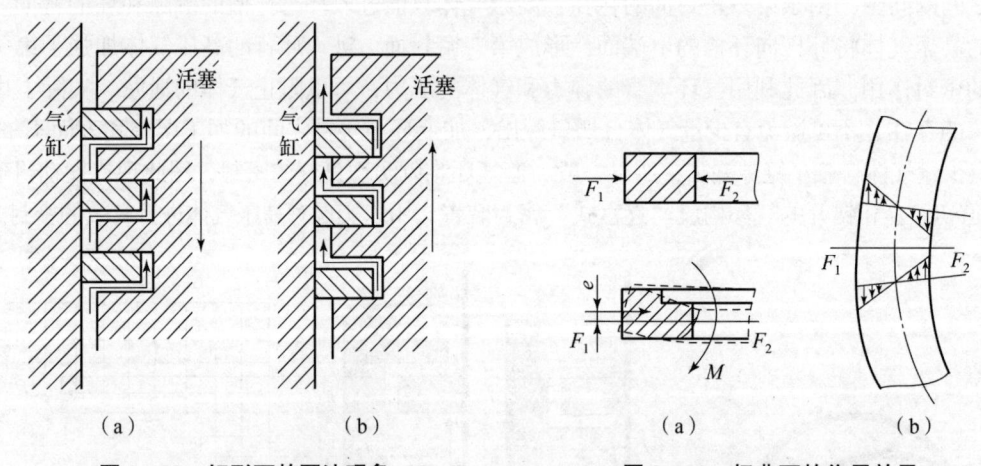

图3-29 矩形环的泵油现象
(a) 活塞下行；(b) 活塞上行

图3-30 扭曲环的作用效果
(a) 矩形断面环；(b) 扭曲环

梯形环的特点是其具有良好的抗结胶性，梯形环的顶角通常为15°，在活塞上下运动侧向力不断改变过程中，由于它与环槽的配合间隙经常变化而具有自动清除积炭的作用（见图3-31），一般用于强化柴油机的第一环。梯形环的缺点是上下两楔面的精磨工艺复杂。

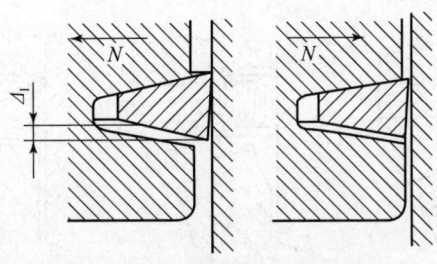

图3-31 梯形环的工作原理

桶面环的外圆表面为凸圆弧形,工作时是圆弧面接触。这种活塞环对活塞偏摆适应性强,抗拉缸性好,环的上下两面都为楔形,容易形成液体润滑,因而磨损小。桶面环是矩形环经过特殊研磨工艺研磨而成,加工比较困难。夏利轿车发动机、富康轿车发动机第一道气环均为桶面环,捷达轿车发动机第一道气环为桶面扭曲环。

二冲程发动机为防止活塞环的切口卡入气缸上的气孔,往往在切口处装有定位销,防止活塞环沿周向运动。

气环对材料要求较高。除了对耐热性、耐磨性有一定要求外,还要求有较高的强度和冲击韧性。目前广泛采用合金铸铁。强化程度较高的增压柴油机,多采用冲击韧性高的合金球墨铸铁或可锻铸铁制造第一道气环,有的甚至使用钢。

为改善活塞环的工作性能,应对活塞环进行表面处理。处理方式分为两种:一种是以延长环的使用寿命,提高耐磨性为目的,经常采用的方法是镀多孔性铬、喷钼,我国有关技术标准规定,第一道环外圆必须镀铬;另一类是以提高气环耐蚀性和改善环的初期磨合性为目的,经常采用的方法有镀锡、磷化等。

2. 油环

油环被装在最下面的环槽上,为了增加弹力,在有的油环内圈装有胀圈或卷簧(见图3-32)。为使刮下的机油能流回油底壳,油环上都制有回油槽或回油孔,与活塞环槽上的回油孔相通(见图3-33)。几种典型的泄油油道,对于双层鼻形环,可以只在活塞的油环底槽开一个泄油孔(见图3-34(c)),对于其他形式的油环,都必须在活塞上开两排泄油孔(见图3-34(a)、(b)),一排开在油环底槽,一排开在油环下方的活塞裙部,其中有周向集油槽的泄油通道最畅通。

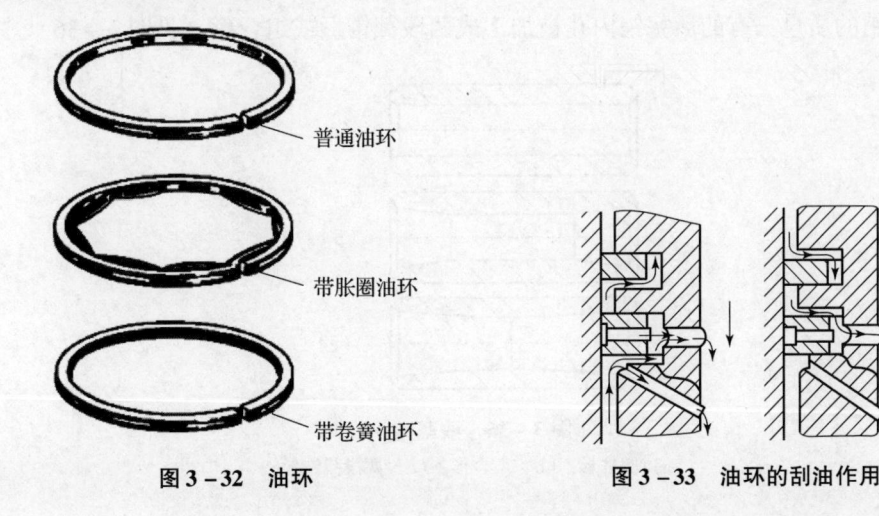

普通油环

带胀圈油环

带卷簧油环

图3-32 油环

图3-33 油环的刮油作用

(a)　　　　　　　(b)　　　　　　　(c)

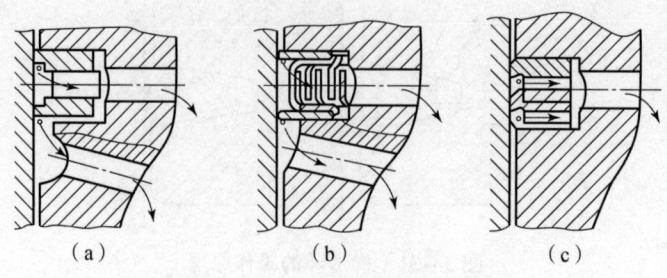

图 3-34　几种典型的泄油油道

另一种常用的油环是钢片组合环，它由两个刮片和一个衬簧组成（见图 3-35）。它的刮油性好，而且由于两个钢片分别动作，对气缸的适应性好。这种油环目前在柴油机上应用不多，在高速汽油机中的应用则比较广泛，例如捷达、夏利轿车汽油机使用的都是组合油环。

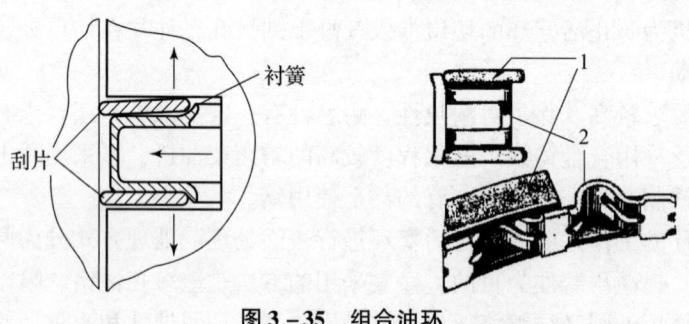

图 3-35　组合油环

1—刮片；2—衬簧

三、活塞销

活塞销的功用是连接活塞和连杆小头，并将活塞承受的力传递给连杆小头。活塞工作在较高的温度下时，会承受很大的周期性交变载荷，使活塞销的外圆表面与连杆小头衬套的相对滑动速度不高，润滑条件差。因此要求活塞销有足够的刚度和疲劳强度，表面耐磨性要好。

活塞销结构比较简单，一般为中空圆筒，设有内孔主要是为了减轻质量。为了最大限度地减轻活塞销的质量，有的活塞销内孔被加工成两段截锥形或组合形（见图 3-36）。

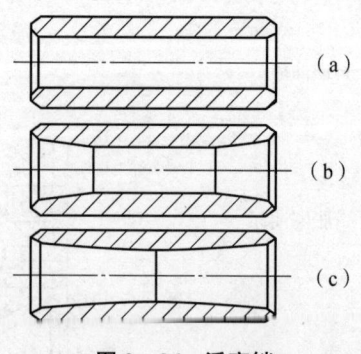

图 3-36　活塞销

(a) 圆柱形；(b) 组合形；(c) 两段截锥形

活塞销与活塞销座孔和连杆小头衬套孔的配合一般为"全浮式",即活塞销与连杆小头衬套孔的配合为间隙配合,而与活塞销座孔的配合为过渡配合,这可使活塞销在全长上都有相对运动,保证磨损比较均匀。

为防止活塞销在工作中产生轴向窜动而磨坏气缸,在销的两端装有活塞销挡,限制其轴向的窜动。

由于铝合金活塞的膨胀系数大,为保证工作时在高温状态下活塞销与活塞销座孔之间的间隙适当,有些发动机在室温下使活塞销座与活塞销之间为过盈配合,装配前需要将活塞加热至 70~90 ℃后,再将活塞销轻轻推入活塞销座。有些发动机为避免在冷态下活塞销座产生过大的挤压应力,将活塞销在冷态装配,不需加热活塞,但这需要根据活塞销孔和活塞销尺寸进行分组装配。

第四节 连 杆 组

连杆组的作用是连接活塞和曲轴,并将活塞所受作用力传给曲轴,将活塞的往复运动转变为曲轴的旋转运动。连杆组由连杆体、大头盖、小头衬套、大头轴瓦和连杆螺栓等组成,如图3-37所示。

连杆组承受活塞销传来的气体作用力及其本身摆动和活塞组往复运动惯性力的作用,这些力的大小和方向都是周期性变化的。因此连杆受到压缩、拉伸等交变载荷作用。连杆必须有足够的疲劳强度和结构刚度。如果疲劳强度不足,往往会造成连杆杆身或连杆螺栓断裂,进而产生整机破坏的重大事故。若刚度不足,则会造成杆身弯曲变形及连杆大头的失圆变形,导致活塞、气缸、轴承和曲柄销等的偏磨。

连杆体由三部分构成,与活塞销连接的部分称为连杆小头;与曲轴连接的部分称为连杆大头,连接小头与大头的杆部称为连杆身。

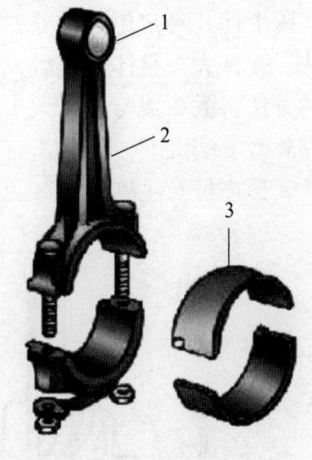

图 3-37 连杆组
1—活塞销孔;2—连杆;3—轴瓦

连杆小头多为薄壁圆环形结构,为了减少与活塞销之间的磨损,在小头孔内压入薄壁青铜衬套。在小头和衬套上钻孔或铣槽,以使飞溅的油沫进入以润滑衬套与活塞销的配合表面。连杆杆身是一个长杆件,在工作中受力也较大,为防止其弯曲变形,杆身必须具有足够的刚度。为此,车用发动机的连杆杆身大都采用"工"字形断面,在刚度与强度都足够的情况下质量最小。有的发动机采用连杆小头喷射机油冷却活塞,这时必须在杆身纵向钻通孔。为了避免应力集中,连杆杆身与小头、大头连接处均采用大圆弧光滑过渡。

连杆大头与曲轴的曲柄销相连,除个别小型单缸汽油机连杆采用整体连杆大头以外,连杆大头由于装配的需要都做成分开式,利用连杆螺栓将连杆大头盖与大头连接在一起。连杆大头盖与连杆大头组合镗孔,加工完成后不能互换,为防止装配时配对错误,一般在同一侧有配对记号。连杆大头孔内表面有很高的光洁度,以便与连杆轴瓦紧密配合。

连杆大头的剖分面有平切口和斜切口两种。平切口连杆的剖分面垂直连杆轴线,一般汽油机连杆大头尺寸小于气缸直径,多采用平切口。柴油机由于载荷大,曲柄销直径较大,致使连杆大头的横向尺寸过大，为了使在拆装连杆时连杆能随同活塞一起从气缸中通过，一般采用斜切口。

平切口连杆大头与连杆盖的定位，是利用连杆螺栓上精加工的圆柱凸台或光圆柱部分，与经过精加工的螺栓孔来保证的（见图3-38(a)）。

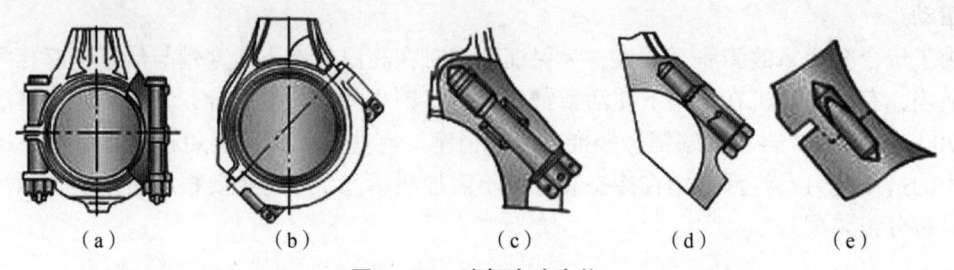

图3-38 连杆大头定位
(a) 平切口凸台定位；(b) 斜切口；(c) 套筒定位；(d) 锯齿定位；(e) 止口定位

斜切口连杆大头常用的定位措施有套筒定位（见图3-38(c)）、锯齿定位（见图3-38(d)）及止口定位（见图3-38(e)）等。

除上述几种定位方式外，车用汽油机平切口连杆近年来发展了一种新型的"断口定位"方法。连杆大头整体加工后，首先在需要剖分的截面上加工出缺口，然后在室温下用液压加载的方法将大头盖与连杆大头分开，利用断口的自然断面进行定位。

V型发动机上，其左、右两列的相应气缸共用一个曲柄销，连杆有三种形式：并列连杆、叉形连杆及主副连杆（见图3-39）。

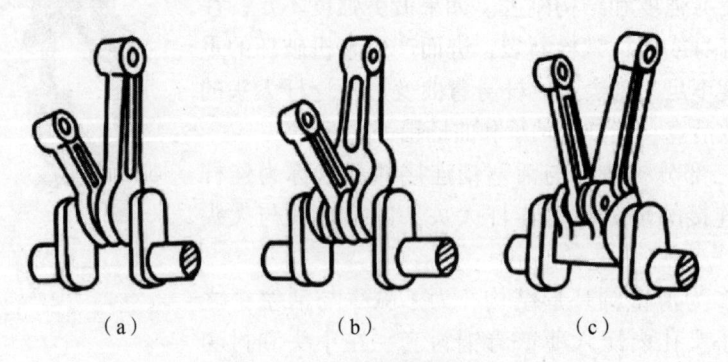

图3-39 V型发动机连杆
(a) 并列连杆；(b) 叉形连杆；(c) 主副连杆

并列连杆就是在左、右两个气缸中的连杆结构完全相同（见图3-39(a)），并排安装于同一个曲柄销上。其优点是通用性好，左、右缸的活塞运动规律完全相同；缺点是左、右两个气缸中心线要错开一定距离，使曲轴与气缸体的长度略有增加。叉形连杆是将其中一个连杆的大头做成叉形，另一个连杆大头做成平连杆，平连杆插在叉形连杆的开叉处（见图3-39(b)）。其优点是左、右排气缸中心线在同一平面内，气缸体长度尺寸较小，左、右气缸活塞运动规律相同；缺点是叉形连杆的强度与刚度较差，拆装修理不便。主副连杆又称关节式连杆，其结构为主连杆的大头与曲柄销装配在一起，副连杆的下端装在主连杆大头上的一个凸耳上，用铰链连接（见图3-39(c)）。其优点是左、右气缸中心线在同一平面上，可采用较短的曲柄销，连杆大头的强度与刚度较好；缺点是左、右两缸活塞运动规律不一致，主缸活塞与连杆会受到副连杆施加的附加作用力和附加弯矩。

目前，大部分车用 V 型发动机上都采用并列连杆；叉形连杆与主副连杆只在某些大功率发动机上才被采用。

连杆由于承受冲击性的交变载荷，其材料必须具有较高的疲劳强度和冲击韧性，目前常用的材料是中碳钢和合金钢，小功率发动机也有采用球墨铸铁制造连杆，锻钢连杆一般采用喷丸处理提高其疲劳强度。

第五节　曲轴飞轮组

曲轴飞轮组的作用是把活塞的往复运动转变为曲轴的旋转运动，为汽车的行驶和其他需要动力的机构输出扭矩。同时还储存能量，用以克服非做功行程的阻力，使发动机运转平稳。曲轴飞轮组包括曲轴、飞轮、平衡重、扭转减振器、皮带轮以及正时齿轮、主轴瓦等零件，如图 3-40 所示。

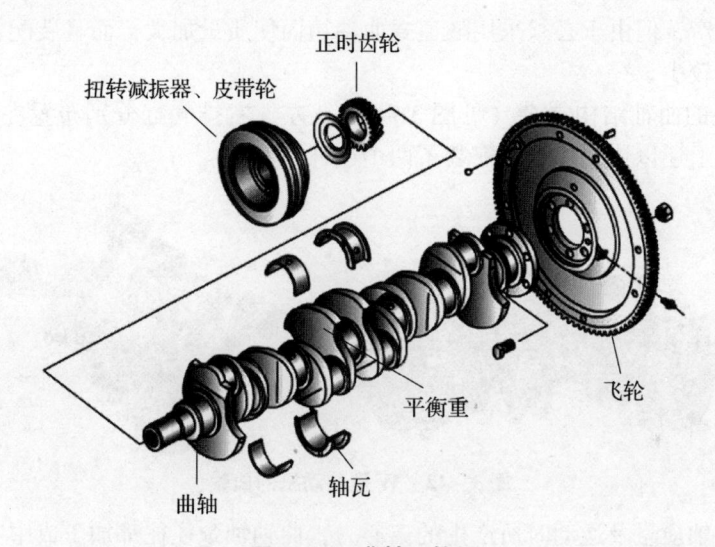

图 3-40　曲轴飞轮组

一、曲轴

1. 曲轴结构

曲轴是发动机中最重要的部件，它承受连杆传来的力，并将其转变为转矩通过曲轴输出并驱动发动机上其他附件工作。曲轴受到旋转质量的离心力、周期变化的气体惯性力和往复运动惯性力的共同作用，使曲轴承受弯曲扭转载荷的作用。因此要求曲轴有足够的强度和刚度，轴颈表面有良好的耐磨性且平衡性好。

曲轴由前端（又称自由端）、后端（又称功率输出端）及若干个曲柄所组成。曲轴前端是阶梯式的轴段，在其上面装有传动齿轮、皮带轮、密封件及挡油盘等。在有的发动机曲轴前端还装有扭转减振器，发动机的曲轴后端一般都带有法兰盘（见图 3-41），用来安装飞轮。

图 3－41 曲轴结构

1—前端；2—主轴颈；3—曲柄销（连杆轴颈）；4—曲柄臂；5—平衡重；6—法兰盘

曲轴两端必须装有密封件，以防止机油沿前、后端泄漏。曲轴的每个单元称为曲柄，又称为曲拐，由曲柄销及其前、后的曲柄臂与主轴颈组成。

曲轴有整体式与组合式两种类型。由于整体式曲轴具有结构简单、质量轻等特点，在车用发动机上得到广泛的应用。组合式曲轴的优点是刚度好，而且可以得到较小的缸心距，易于实现系列化生产，但由于必须采用隧道式曲轴箱而使质量加大，而且装配较为复杂，在车用发动机上应用较少。

W 型发动机的曲轴结构复杂（见图 3－42），左、右排气缸分别布置在不同的曲拐上，在每个连杆轴颈上还以错拐的形式安装了两个连杆。

图 3－42 W 型发动机的曲轴

为了减小曲轴质量及运动时所产生的离心力，曲轴轴颈往往都加工成中空的。在每个轴颈表面上都开有油孔，便于打入机油用以润滑轴颈表面。为了减少应力集中，主轴颈、曲柄销与曲柄臂的连接处都采用过渡圆弧连接。

在曲轴前端安装的传动齿轮基本上都是斜齿圆柱齿轮，在有的大功率特殊用途的发动机上甚至采用圆锥齿轮，这些齿轮在工作中会产生轴向分力作用于曲轴上。另外汽车摩擦式离合器在分离时对曲轴也产生轴向力，这些轴向力使曲轴产生轴向窜动，而且车辆在上、下坡时，由于重力的作用，也会使曲轴产生轴向移动，这将使曲柄连杆机构的相对正确位置受到破坏。因此，必须对曲轴的轴向移动量进行限制，这就是曲轴的止推。考虑到制造公差和热膨胀，以免运转中曲轴在轴向卡死，曲轴止推装置的轴向间隙一般定为 0.2～0.5 mm。

曲轴止推大量采用滑动轴承，也有些采用滚动轴承。止推轴承可以设置在曲轴自由端或功率输出端，也可以安装在中央主轴承上。中小功率车用发动机大多数采用止推轴瓦（见图 3－43(a)）或止推片（见图 3－43(b)），当轴向力较大时也可采用轴向止推滚珠轴承。

（a） （b）

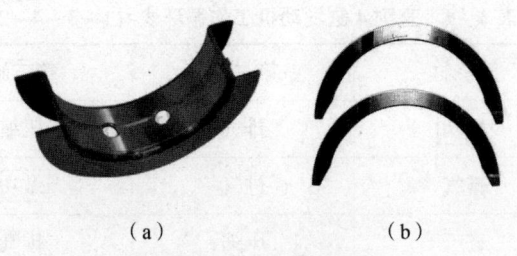

图 3-43 曲轴轴向定位
(a) 止推轴瓦；(b) 止推片

曲轴平衡重的作用是为了平衡旋转离心力及其力矩，有时也可平衡往复运动惯性力及其力矩。当这些力和力矩自身达到平衡时，平衡重还可用来减轻主轴承的负荷。平衡重的数目、尺寸和安置位置要根据发动机的气缸数、气缸排列形式及曲轴形状等因素来考虑。平衡重一般与曲轴铸造或锻造成一体，大功率柴油机平衡重与曲轴分开制造，然后用螺栓连接在一起。

2. 多缸机曲拐布置形式

曲轴的形状是指曲轴上各曲柄之间的相对位置，也就是曲柄之间的夹角 θ。曲柄夹角 θ 与发动机气缸数、气缸排列及冲程数有关。曲轴曲拐的布置决定发动机的工作顺序，即多缸机的发火顺序，在确定曲柄夹角 θ 值时要考虑以下几个主要因素：

（1）为了使发动机工作平稳，相继工作两缸之间的发火间隔角应尽可能相等。对于四冲程发动机，设定气缸数为 i，按照着火顺序排列，相继工作的两缸的发火间隔角应为 $720°/i$，例如四缸机应为 $180°$，三缸机为 $240°$。

（2）为了使发动机的平衡性好，尽量使各缸的旋转惯性力和往复运动惯性力及其力矩相互抵消而平衡，各缸曲拐尽量对称于曲轴轴线的中心平面。

（3）为了减轻主轴径和主轴承载荷，应尽量使相邻两缸不连续着火。

以上几点在实际发动机设计时很难同时做到，需要根据发动机实际平衡情况和总体设计对平衡性的要求决定是否需要另外采取平衡措施，以改善发动机的平衡情况。

常用多缸发动机的曲拐布置和发火次序如下：

直列 4 缸发动机按上述原则将曲轴布置成统一的结构，根据发火间隔角确定方法，四冲程直列 4 缸发动机发火间隔角为 $720°/4=180°$，四缸曲拐位于同一平面——通常称为平面曲轴，工作顺序可以有两种排列方法：1-3-4-2 或 1-2-4-3，如图 3-44 所示，工作循环如表 3-1 所示。

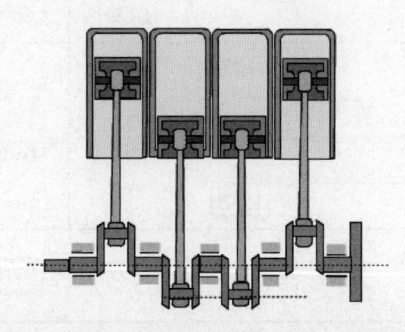

图 3-44 直列 4 缸四冲程发动机的曲拐布置示意图

表 3-1　直列 4 缸发动机工作循环表（1-3-4-2）

曲轴转角	第一缸	第二缸	第三缸	第四缸
0°~180°	做功	排气	压缩	进气
180°~360°	排气	进气	做功	压缩
360°~540°	进气	压缩	排气	做功
540°~720°	压缩	做功	进气	排气

直列 6 缸四冲程发动机的发火间隔角为 720°/6 = 120°，6 个曲拐分别布置在夹角为 120°的三个平面内，曲拐布置如图 3-45 所示，可以达到往复运动惯性力、惯性力矩的完全平衡，其曲拐排列形式基本相同，工作顺序有 1-5-3-6-2-4（或 1-4-2-6-3-5），发火间隔角均为 120°，工作循环如表 3-2 所示。

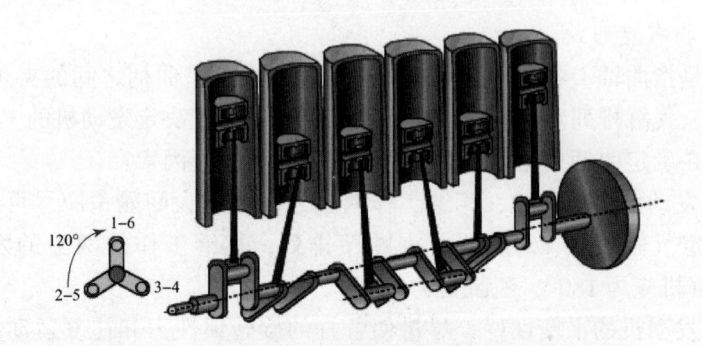

图 3-45　直列 6 缸四冲程发动机的曲拐布置示意图

表 3-2　直列 6 缸发动机工作循环表（1-5-3-6-2-4）

曲轴转角		第一缸	第二缸	第三缸	第四缸	第五缸	第六缸
0°~180°	60°	做功	排气	进气	做功	压缩	进气
	120°						
180°~360°	180°	排气	进气	压缩	排气	做功	压缩
	240°						
	300°						
	360°			做功	进气		
360°~540°	420°	进气	压缩	排气	压缩	排气	做功
	480°						
	540°			排气		进气	
540°~720°	600°	压缩	做功	进气	做功	排气	
	660°						
	720°		排气		压缩		

3. 曲轴润滑

车用发动机主轴承一般使用滑动轴承，即两个半圆形的轴瓦。发动机工作时，机油泵通过位于气缸体上的主油道把机油输送到曲轴主轴瓦，通过曲轴油道进入连杆大头轴瓦，并在轴瓦和轴颈之间建立润滑油膜。曲轴在工作中既承受压力载荷又承受高速旋转，对润滑油膜要求很高，一旦润滑油缺失，油膜失效，很容易造成烧结而抱轴。轴瓦采用软金属制造，一般为 1~3 mm 厚的薄钢背，内圆面上浇铸 0.3~0.7 mm 的减摩合金层。

二、飞轮

飞轮是一个转动惯量很大的圆盘，它的主要作用是将做功行程中输入曲轴的能量的一部分储存起来，并在其他行程中释放出来，使活塞能够顺利越过上、下止点；减小曲轴旋转角速度的不均匀性，使输出扭矩尽可能均匀。同时飞轮上还装有齿圈，起动电机通过与该齿圈啮合实现发动机的起动，飞轮上往往刻有各种定时记号以便调整有关相位。飞轮也是发动机动力输出的摩擦元件。

为使飞轮既具有较大的转动惯量又具有最小的质量，飞轮的质量多集中在轮缘上。多缸机的飞轮应与曲轴一起进行动平衡，否则在旋转时因为质量不平衡而产生的离心力将加剧发动机的振动并加大主轴承的磨损。为了在拆装时不破坏它们的平衡状态，飞轮与曲轴之间应有严格的相对位置，一般用定位销或不对称布置螺栓给予保证。

现代电控发动机有的要求在曲轴上输出上止点信号和转速信号，这时往往在飞轮上另压一道齿圈产生转速和上止点信号。

在使用自动变速箱的车辆上，由于液力变矩器本身有较大的转动惯量，飞轮仅起连接发动机和变速箱的作用，这时飞轮被简化为在一个柔性钢板上安装有起动齿圈的柔性连接盘。

思 考 题

1. 曲柄连杆机构的组成与功用是什么？
2. 发动机气缸体镶入气缸套有何优点？
3. 什么是干缸套？什么是湿缸套？各有什么优缺点？
4. 风冷发动机的气缸体和气缸盖与水冷发动机有什么区别？
5. 铸铝气缸体和气缸盖与铸铁气缸体和气缸盖相比各有什么优缺点？
6. 气环的主要作用是什么？
7. 扭曲环装入气缸中为什么会产生扭曲的效果？它有何优点？装配时应注意什么？
8. 活塞裙部为什么一般都做成椭圆形？如何控制活塞裙部的热变形？
9. 斜切口连杆大头为什么要进行定位？常见的定位方式有哪几种？
10. 曲轴为什么要轴向定位？怎样定位？为什么曲轴只能有一处定位？

第四章
配 气 机 构

配气机构的作用是按照发动机的工作循环和发火次序的要求，按时开启和关闭各缸的进、排气门，将新鲜充量吸入气缸，并将燃烧后的废气从气缸内排出。配气机构是为发动机连续稳定运行提供燃烧所需要的充量（空气、氧气或燃料），是发动机稳定运行的基本保障，对配气机构的基本要求是进气要充分、排气要彻底。配气机构的功能还包括：形成进气气流涡旋运动，提高气流能量，以便帮助油气混合或加快燃烧速度；通过控制进气气流能量，控制燃烧，进而改善变工况的性能；通过组织进气气流流动，以便为分层燃烧准备条件；冷却气缸，减缓汽油机爆燃倾向等。配气机构性能的优劣直接影响发动机的动力性能、经济性能，是发动机中很重要的一个机构。

第一节　配气机构的组成

四冲程发动机配气机构一般由气门组和气门传动组组成。气门组一般包括气门、气门导管、气门弹簧、弹簧座等零件，如图 4-1 所示；气门传动组一般包括凸轮轴、挺柱、摇臂、摇臂轴以及正时链条、正时齿轮等，如图 4-2 所示，如果是凸轮轴下置方式，还包括推杆等零件。

配气机构
├─气门组
│　├─气门
│　├─气门导管
│　├─气门弹簧
│　├─弹簧座
│　└─……
└─气门传动组
　　├─凸轮轴
　　├─挺柱
　　├─摇臂
　　├─摇臂轴
　　├─正时链条
　　└─……

一、凸轮轴的布置形式

按凸轮轴在发动机上的布置位置和布置方式，常见的配气机构可以分为下置凸轮轴（包括中置凸轮轴）和顶置凸轮轴两大类。

图4-1 气门组示意图

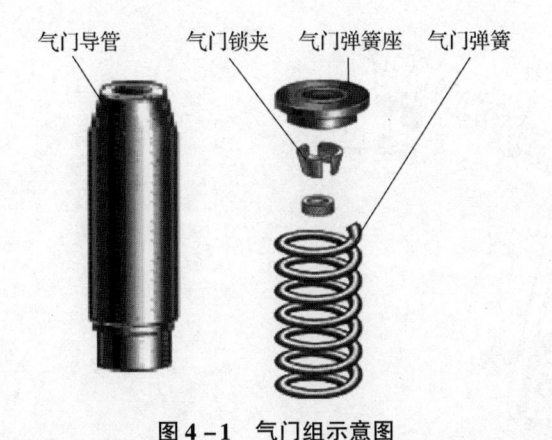

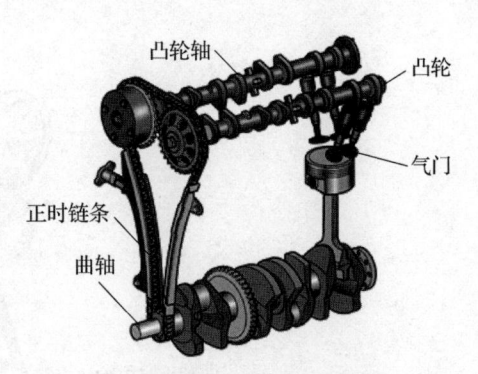

图4-2 气门传动组示意图

下置凸轮轴配气机构的结构特点是凸轮轴位于气缸体侧面或者布置于曲轴附近，具体结构如图4-3所示，进、排气门倒挂在气缸盖上，气门通过挺柱、推杆、摇臂传递运动和力，发动机工作时，曲轴正时齿轮驱动凸轮轴旋转，驱动挺柱、推杆运动，进而通过摇臂推动气门开启，当凸轮回到基圆时，气门在弹簧作用下落座关闭。下置凸轮轴配气机构具有结构简单、调整容易、气门侧向力小等优点。

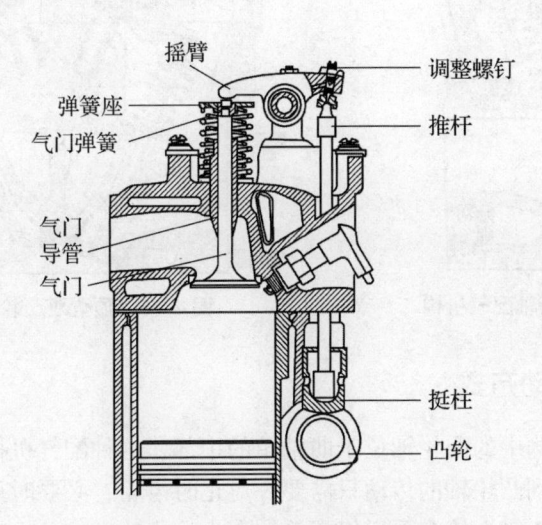

图4-3 下置凸轮轴配气机构

顶置凸轮轴配气机构的结构特点是凸轮轴布置在气缸盖上，凸轮轴直接驱动气门机构，如图4-4所示。根据驱动进气门和排气门的凸轮轴的形式不同，顶置凸轮轴结构又可分为单凸轮轴结构和双凸轮轴结构。顶置单凸轮轴结构是在气缸盖上用一根凸轮轴直接驱动进气门和排气门，具有结构简单的特点，适用于每缸两气门的高速发动机，如图4-5所示，如果采用每缸四气门结构，往往需要摇臂桥才能实现同时驱动进气门和排气门，会导致结构复杂。目前车用发动机大多数是直列四气门发动机，即每缸四气门，分别用一根进气凸轮轴和一根排气凸轮轴驱动进气门和排气门，也就是顶置双凸轮轴配气机构，如图4-6所示，该配气机构由曲轴正时齿轮通过正时带驱动凸轮轴正时齿轮旋转，进而驱动进排气门。

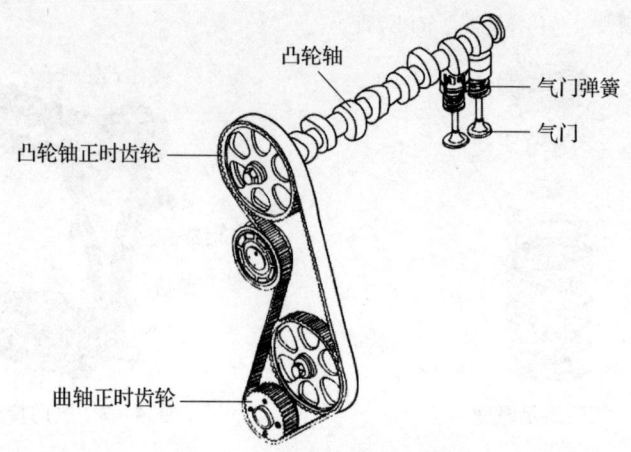

图 4-4 顶置凸轮轴配气机构

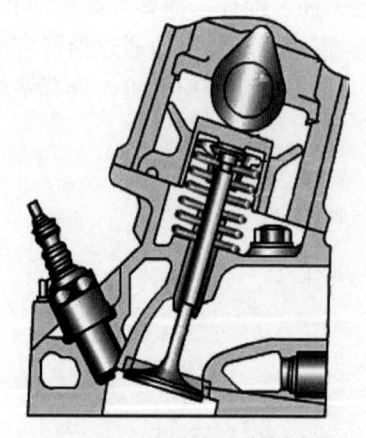

图 4-5 顶置单凸轮轴配气机构

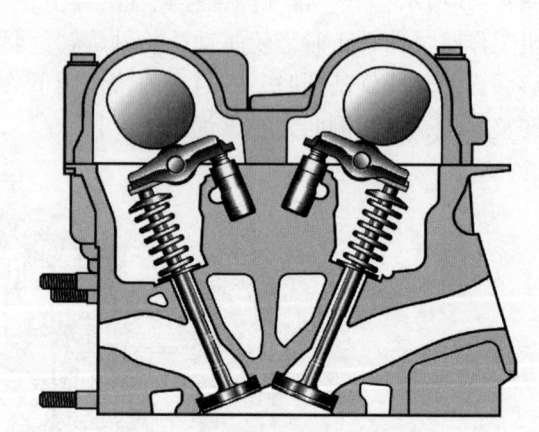

图 4-6 顶置双凸轮轴配气机构

二、凸轮轴的驱动方式

下置凸轮轴配气机构中的凸轮轴位于曲轴箱的中部，这种配气机构大多采用圆柱形正时齿轮传动，一般从曲轴到凸轮轴的传动只需要一对正时齿轮，必要时可加装中间齿轮。为了啮合平稳，减少噪声，正时齿轮多采用斜齿轮。在中、小功率发动机上，曲轴正时齿轮用钢制造，而凸轮轴正时齿轮则用铸铁或夹布胶木制造以减小噪声。

齿轮传动的最大优点是传动的准确性和可靠性好，但噪声较大。当凸轮轴顶置时，由于传动距离远，如果仍然采用齿轮传动会导致齿轮数增多，布置比较困难，需要在发动机前端或后端另加传动齿轮箱，使结构复杂而笨重，大功率柴油机上往往采用这种方式。

在现在的车用发动机上，顶置凸轮轴一般采用齿形带或链条传动方式，如图 4-7 和图 4-8 所示。齿形带的材质为高分子氯丁橡胶，中间夹有玻璃纤维和尼龙织物，具有较大的强度和较小的拉伸变形，与传动轮上的齿啮合而传递转矩，齿形带在 20 世纪 70 年代前后开始实用化。齿形带的优点是无须润滑，工作噪声小，和链条相比寿命略差，一般要求 30 000 km 更换一次齿形带。

图 4-7　齿形带传动配气机构　　　图 4-8　链条传动配气机构

在发动机工作过程中，如果齿形带突然断裂，则凸轮轴会立即停止转动，如果这时某一气缸的凸轮正好顶开气门，会由于曲柄连杆机构的惯性带动活塞碰到气门，造成气门或活塞的损害，所以应当严格按照制造厂规定的周期更换齿形带。

齿形带传动技术之前的 20 世纪 70 年代以前，链条传动是顶置凸轮轴的发动机大多采用的传动方式。与齿形带不同的是链条传动的可靠性好，通过可靠性设计可保证链条的使用寿命和发动机一致，同时链条传动比齿轮传动阻力小，在发动机上的布置比较容易。与齿形带相比，链条传动的缺点是需要润滑，传动噪声较大，维修保养比较麻烦。典型的链条传动系统如图 4-8 所示，链条传动需要在链条侧面布置张紧机构和链条导板，利用张紧机构可以调整链条的张力。随着汽车发动机技术的不断发展，目前链条张紧机构大多数采用液压张紧机构，省去人工调整环节，可靠耐用。为了提高发动机的可靠性，现代很多汽车发动机仍然采用链条传动。

三、每缸气门数及其排列形式

在车用发动机发展初期，发动机转速较低，一般中小缸径发动机大都采用每缸两气门结构，即一个进气门和一个排气门。随着汽车技术的不断进步，对发动机动力性、经济性提出了更高的要求，因此，为进一步提高发动机的充量系数，提高发动机升功率，在设计时应尽可能增大气门直径以保证发动机进排气通畅。但由于气缸直径和燃烧室的限制，每个气门的直径一般不能超过气缸直径的一半，这样就导致发动机在高转速时，传统的每缸一进一排的气门结构就不能保证发动机有良好的换气质量。

于是提出了再增加每缸气门数的设计思路，这样就可以提高进气门和排气门总的流通截面积，有效提高充量系数。此外，采用多气门结构，还可以降低每个气门的质量，可减小气门弹簧刚度，减少气门驱动功率损失。单个进气门头部直径小有利于提高进气气流速度，有助于提高缸内气流运动，促进油气混合；单个排气门头部减小可以减小气门热负荷。

虽然多气门技术增加了发动机的零件数量，增加了气缸盖结构的复杂程度，制造加工成本也较高，但是它对发动机的动力性和经济性具有突出优势，单缸四气门机构已成为当前车用发动机的主流技术，基本都采用了四气门结构（见图 4-9），甚至更多气门结构，例如图 4-10 所示的五气门结构。

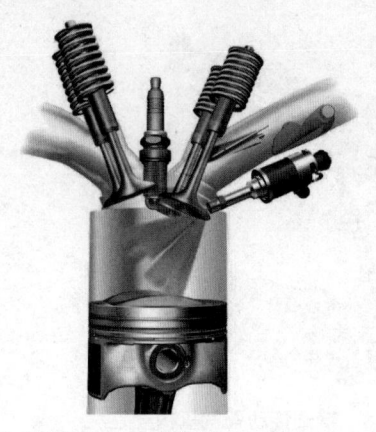

图4-9　每缸四气门配气机构　　　　图4-10　每缸五气门配气机构

多气门技术最早用于赛车和100 mm以上的大缸径发动机。目前，四气门发动机已经确立了其在汽车市场上的主流地位，首先是因为四气门发动机充量系数高，能很好地适应发动机高速化的要求；其次是四气门结构的发动机很容易将火花塞布置在燃烧室中央，有利于提高燃烧室的抗爆性；再次是由于生产技术的进步，使多气门发动机的制造成本降低。五气门发动机每缸使用三个进气门和两个排气门，这种发动机在提高充量系数方面比四气门发动机更有效，但是具有如下缺点：燃烧室形状复杂，加大了燃烧室的面容比，配气机构结构复杂。因此，目前市场上五气门发动机并不多见。

一般在进、排气门数量一样的发动机上，进气门头部面积通常比排气门头部面积大20%~30%，主要原因是进气利用气缸内真空度吸气，所以进气比较困难。而排气则是利用活塞向上运动的压力把排气挤出去，困难较小。

第二节　配气机构的主要零部件

一、气门组

气门组由气门、气门导管、气门座、气门弹簧、气门弹簧座、气门弹簧锁紧装置、气门杆与气门导管密封圈、气门旋转机构等组成。气门组的功用是打开和关闭进排气道，形成燃烧室的一部分。要求气门头部与气门座圈贴合严密、密封性好，气门导管导向良好，气门弹簧作用力均匀，弹力足够，能够实现气门开启迅速、闭合紧密、关闭可靠压紧。

1. 气门

气门是发动机中的重要零件之一，也是燃烧室的组成部分，又是气体进入和排出燃烧室的通道。在压缩和燃烧过程中，气门必须保证严格的密封，不能出现漏气现象。否则会恶化发动机的动力性和经济性，甚至使发动机无法起动和工作。

气门是在高温、高机械负荷及润滑困难的条件下工作的，气门直接和高温燃气相接触，传热条件很差，所以工作温度很高，排气门温度可达600~800℃，进气门温度可达300~400℃。气门落座时还承受较大的冲击。因此要求气门必须具有足够的强度、刚度、耐热和耐磨能力。进气门材料一般采用合金钢（如铬钢或镍铬钢等），而排气门则要求使用耐热合金钢（如硅铬钢等）。

气门由头部和杆部两部分组成，如图4－11所示。

气门头部的形状有平顶、球面顶和喇叭形顶等，如图4－12所示。车用发动机常用的是平顶气门，平顶气门结构简单，制造方便，吸热面积小，质量轻，进、排气门都适用。球面顶气门因为其强度高、排气阻力小，废气的清除效果好，适用于排气门。但球面的受热面积大，质量和往复运动惯性力大，加工复杂。喇叭形顶气门头部与杆部的过渡部分有一定的流线型，可以减少进气阻力，但其受热面积大，故适用于进气门，而不适用于排气门。

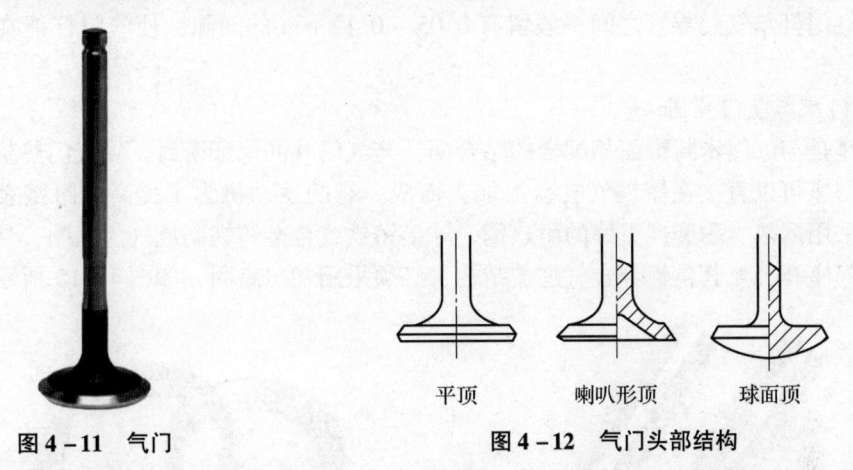

图4－11　气门

平顶　　喇叭形顶　　球面顶

图4－12　气门头部结构

气门头部的密封锥角有30°和45°两种（见图4－13），一般做成45°。气门升程相同的情况下，气门锥角较小时，气流通过断面大，进气阻力相对较小。但锥角小的气门头部边缘较薄，刚度较小，结果使气门头部与气门座的密封性及导热性均较差。排气门因温度较高，导热要求也较高，很少采用30°锥角。气门头的边缘应保持一定的厚度，一般为1~3 mm。为保证良好的密封，装配前应将气门头部与气门座二者的密封锥面相互研磨，研磨好的零件不能互换。

图4－13　气门头部锥角

气门头部的热量直接通过气门座及气门杆，经气门导管传到气缸盖。为了提高气门头部的散热性能，气门座区域应加强冷却，气门头向气门杆过渡部分的几何形状应尽量光滑，以增加强度并减少热流阻力，此外还应使气门杆与气门导管之间的间隙尽可能小。

气门杆呈圆柱形，在气门导管中往复运动，其表面须经过热处理和磨光，以保证与气门导管的配合精度和耐磨性。气门杆端的形状决定气门弹簧座的固定方式。为了提高排气门的冷却效果，有的发动机排气门充入金属钠，当发动机工作时，固体金属钠在97 ℃变成液体钠，随着气门的上下往复运动，液体钠在杆的内部上下激烈振荡，从而把气门头部的一部分热量传给气门杆，进而传给气门导管、气缸盖，通过机油和冷却液冷却，提高了气门杆的散热量。充钠气门已广泛应用于车用发动机和方程式赛车发动机。

2. 气门导管

气门导管主要起导向作用，保证气门做往复直线运动，使气门与气门座能正确贴合，此外，气门导管还在气门杆与气缸体或气缸盖之间起导热作用。气门导管的工作温度较高，约为 230 ℃，气门杆在导管中运动时，仅靠配气机构飞溅的机油进行润滑，因此容易磨损。目前，气门导管多采用球墨铸铁或铁基粉末冶金制造。

气门导管内、外圆柱面经加工后压入气缸盖的气门导管孔中，如图 4-14 所示，然后精铰内孔，气门杆与气门导管之间一般留有 0.05~0.12 mm 的间隙，使气门杆能在导管中自由运动。

3. 气门座与气门座圈

气门座是与气门密封锥面相配合的贴合面，与气门共同保证密封，将气门热量传递给气缸盖。气门座可以直接在铸铁气缸盖上加工而成。有的发动机为了提高气门座表面的耐磨性，往往采用耐热、耐磨性更好的耐热钢、球墨铸铁或合金铸铁制成气门座圈，然后压入气缸盖的气门座孔，尤其是铝合金气缸盖结构，必须采用气门座圈，如图 4-15 所示。

图 4-14 气门导管

图 4-15 气门座圈

为了改善气门和气门座圈密封面的工作条件，可以利用气门旋转机构使气门在工作时能相对气门座缓慢旋转。这样可使气门头沿圆周温度均匀，减少气门头部热变形，气门缓慢旋转时在密封锥面上产生轻微的摩擦力，有阻止气门沉积物形成的自洁作用。

4. 气门弹簧

气门弹簧（见图 4-16）的作用是克服在气门开闭过程中气门及其传动件的惯性力，防止气门传动组运动过程中产生间隙，保证气门及时落座并贴合紧密，防止气门在发动机工作时发生跳动，因此气门弹簧应具有足够的刚度和安装预紧力。

气门弹簧在工作中常会发生以下几种不正常现象：第一种是在高速时不能使气门真正落座，出现气门反跳现象；第二种是气门弹簧力太小，使气门不能追随凸轮曲线的形状正确运动，在气门上升和下降过程中跳离凸轮曲线；第三种是气门弹簧固有频率太低，随着气门的运动出现共振现象。

在高转速条件下，气门弹簧应保证气门快速落座并将气门紧密贴合在气门座圈上，因此，要求气门弹簧有一定的刚度、足够的可靠性。如果气门弹簧刚度较小，开启气门所需的驱动力越小，所消耗的功率越小，但是在发动机高速运行时容易产生气门飞脱现象；使用刚度较大的弹簧，可以克服气门飞脱，从而可以提高发动机的最高转速。但是，驱动刚度大的气门弹簧消耗的功率也大，在高速时，由于提高转速所增加的功率比

图 4-16 气门弹簧

损失的功率大,但低速时由于消耗的功率相对增多,使发动机输出转矩下降,所以气门弹簧刚度是配气机构设计的重要参数。

气门弹簧多采用圆柱螺旋弹簧,常用材料为高碳锰钢、铬钒钢等冷拔钢丝,加工后需要热处理,钢丝表面需要磨光、抛光或喷丸处理,提高疲劳强度。除常见的单气门弹簧结构以外,气门弹簧机构还常使用双弹簧结构。双弹簧结构是将两个外径不同、旋向相反的弹簧套在一起,共同承担使气门落座的功能,由于两个弹簧结构不同,共振频率不同,可以有效避免气门弹簧的共振现象。不等距螺旋弹簧(见图4-17)也可以有效地消除气门弹簧的共振现象,在安装时必须注意气门弹簧的方向性。

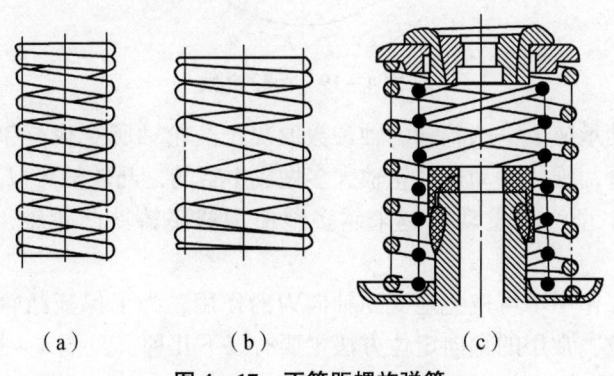

图4-17 不等距螺旋弹簧
(a) 内簧;(b) 外簧;(c) 组合图

二、气门传动组

气门传动组的作用是驱动进排气门能够按配气相位规定的时刻开启和关闭,且保证有足够的开度。气门传动组主要包括凸轮轴、挺柱、摇臂、推杆等。

1. 凸轮轴

多缸机的凸轮轴按工作顺序,配置了一系列的凸轮。根据发动机总体布置,可以在一根凸轮轴上配置两种或一种凸轮,如图4-18所示。

图4-18 发动机的凸轮轴

发动机凸轮轮廓,根据设计要求,可以由几段不同的曲线组合而成,并保证气门有足够的升程。凸轮的轮廓如图4-19所示,O点为凸轮旋转轴心,EFA为以O点为中心的圆弧,称为基圆,AB、DE段是凸轮缓冲段,与气门间隙有关,BCD段是气门工作段。当凸轮轴按图中所示方向转过EA时,挺柱不动,气门关闭。当凸轮转过A点后,挺柱(液力挺柱除外)开始上升,到B点后,完全消除了气门间隙,气门开启,至C点时到达气门升程最大点,气门开度最大。D点时气门开始关闭,至E点前完全关闭。气门升程及其运动规律受凸轮工作段的影响最大。

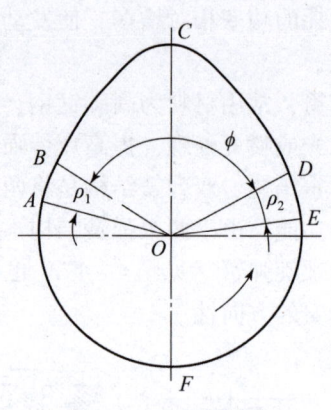

图 4-19 凸轮轮廓

凸轮轴支撑在轴承座上,凸轮轴的轴颈数取决于凸轮轴所受载荷和凸轮轴本身的刚度。为减轻凸轮轴的质量,现代发动机凸轮轴大多做成中空的,凸轮轴可以采用碳钢、铸铁或合金钢制造。现代中小型汽车发动机越来越多地使用球墨铸铁凸轮轴,以降低凸轮轴生产成本。

由于凸轮轴在工作中不可避免地受到轴向力的作用,为了保证凸轮轴轴向的正确位置,凸轮轴需要轴向定位,常用的轴向定位方法主要有以下几种(见图 4-20)。

1) 止推片轴向定位

止推片安装在正时齿轮与凸轮轴第一轴颈之间,且有一定的间隙,从而限制凸轮轴的轴向移动量,调整止推片的厚度,可以控制轴向间隙的大小。

2) 止推轴承定位

凸轮轴的第一轴承采用止推轴承,控制凸轮轴第一轴颈上的两端凸肩与凸轮轴承座之间的间隙 Δ,以限制凸轮轴的轴向移动。汽车发动机凸轮轴的轴向间隙一般为 0.05~0.20 mm。

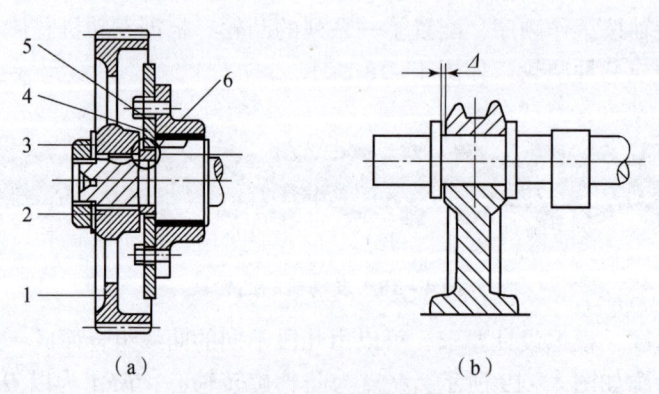

图 4-20 凸轮轴轴向定位
(a) 止推片轴向定位;(b) 止推轴承定位
1—正时齿轮;2—正时齿轮突缘;3—锁紧螺母;4—止推突缘;5—止推突缘固定螺钉;6—隔圈

2. 挺柱

挺柱直接受凸轮的驱动,将凸轮的运动传给推杆或驱动气门,车用发动机的挺柱常用的有机械挺柱和液力挺柱两种形式。

机械挺柱如图4-21所示，其工作面是平面或大弧度圆面，挺柱的内部或顶部有球窝，与推杆上的球头相配合，为保持两者之间的润滑油膜，球窝的半径略大于球头半径。挺柱的工作面由于直接与凸轮轴接触，接触应力较大，为减轻磨损，经常采用大半径球面工作面，挺柱中心线与凸轮轴中心线偏心等方式使挺柱和凸轮表面产生相对运动，使磨损均匀。

配气机构运动件间存在间隙，配气机构零部件在高速运动时相互碰撞产生较大的振动、噪声，因此在轿车发动机上广泛采用可以自动消除气门间隙的液力挺柱，奥迪公司的液力挺柱如图4-22所示。该液力挺柱主要由挺柱体、油缸和活塞等部件组成。挺柱体是由上盖和圆筒加工后再用激光焊接在一体的薄壁零件，油缸的内孔和外圆均精加工后进行研磨，油缸外圆与挺柱体的内导向孔配合，油缸内孔则与柱塞相配合，二者都可以相对运动。油缸底部装有补偿弹簧，补偿弹簧将球阀压在柱塞的阀座上，补偿弹簧使挺柱顶面和凸轮保持接触。当球阀关闭柱塞中间孔时将挺柱分成两个油腔——上部的低压油腔和下部的高压油腔，当球阀开启时，二油腔合为一个油腔。

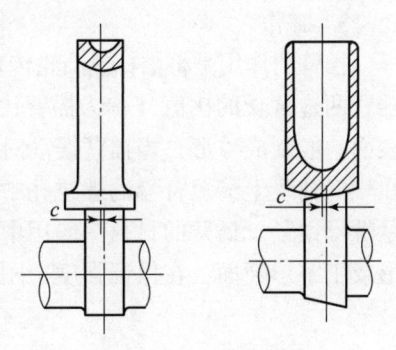

图4-21 机械挺柱

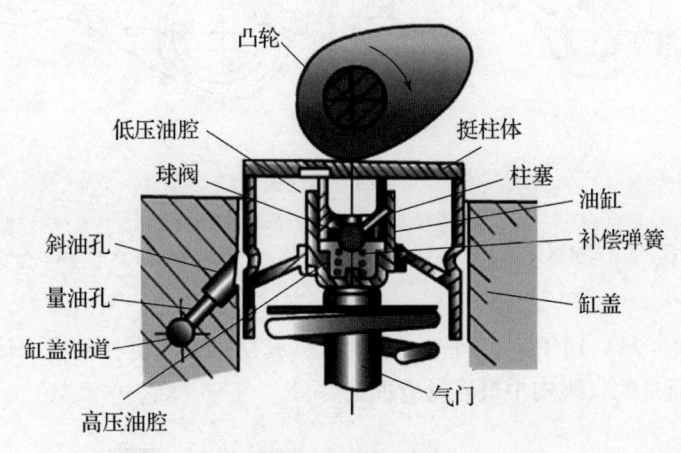

图4-22 液力挺柱

挺柱体圆筒周向环形油槽与缸盖上的斜向油孔对齐时，发动机润滑油经环形油槽进入挺柱内，再由键形槽流入挺柱柱塞上方的低压油腔，这时缸盖主油道与液力挺柱低压油腔相连通。

当凸轮基圆到工作段时，凸轮迫使挺柱体和柱塞向下运动，压缩高压油腔中的机油，油压升高，加上补偿弹簧的作用，将球阀压紧在柱塞下端的阀座上，高压油腔与低压油腔分开。由于液体的不可压缩性，整个挺柱如同一个刚体一样下移，推动气门开启，并保证气门的升程。这时，挺柱外缘环形油槽已经离开进油位置，停止进油。

当挺柱到达下止点后开始上行时，在气门弹簧上顶和凸轮下压的作用下，高压油腔继续封闭，球阀尚不会打开，液力挺柱仍可视为一个刚性挺柱，直至上升到使气门关闭为止。此时，缸盖主油道中的压力油经量油孔、挺柱环形油槽进入低压油腔，同时高压油腔内油压下降，补偿弹簧推动柱塞上行。从低压油腔来的压力油推开球阀而进入高压油腔，使两腔连通充满油液，这时挺柱顶面仍与凸轮紧贴。

在气门受热膨胀时，柱塞和油缸做相对轴向运动，高压油腔油液可经过油缸与柱塞间的缝隙挤入低压油腔，故使用液力挺柱时，可以不留气门间隙。

采用液力挺柱，消除了配气机构的间隙，减小了各零件的冲击载荷和噪声；液力挺柱的主要缺点是结构复杂，加工精度要求较高，磨损后无法修理，只能更换，因而一般用于轿车，国产桑塔纳系列轿车、捷达轿车、奥迪系列轿车均使用液力挺柱。

3. 摇臂

摇臂的作用是将推杆或凸轮传来的力改变方向。摇臂实际是一个双臂杠杆（见图4-23），摇臂两边臂长的比值（称为摇臂比）为1.2～1.8，其中长臂的一端推动气门，端头的工作表面一般制成球形，当摇臂摆动时可沿气门杆端面滚滑，这样可使两者之间的力尽可能作用在气门轴线上。短臂端的螺纹孔中装有带球头的气门间隙调整螺钉，为防止螺钉松动，用锁紧螺母锁紧。摇臂的材料一般用中碳钢，也有用球墨铸铁或合金铸铁的。摇臂大多采用T字形或工字形断面，在保证强度、刚度的条件下，质量最轻。

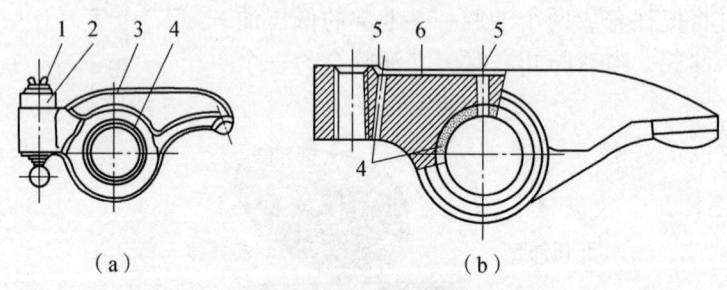

图4-23 气门摇臂
(a) 摇臂的结构；(b) 摇臂的润滑
1—气门间隙调整螺钉；2—锁紧螺母；3—摇臂体；4—摇臂衬套；5—油孔；6—油槽

4. 推杆

推杆（见图4-24）用于下置凸轮轴发动机，其功用是将挺柱的推力传给摇臂。因为推杆是细长件，因而是配气机构中最容易弯曲的零件。

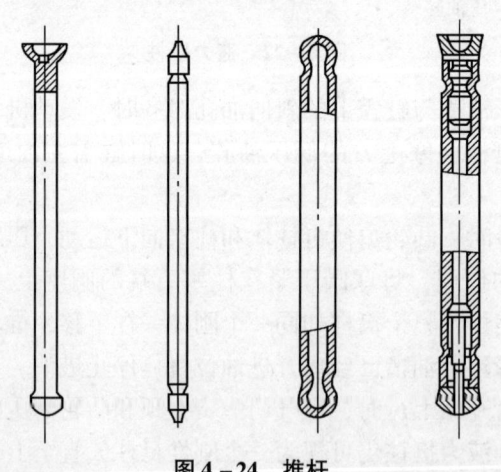

图4-24 推杆

第三节 配气相位和气门间隙

一、配气相位

理论上四冲程发动机的进气门在进气上止点处开启，在曲轴转过180°到达下止点时关闭；排气门在做功行程下止点时开启，在曲轴转过180°到达排气上止点时排气门关闭，进排气各占180°曲轴转角。但是实际上发动机的转速很高，活塞经历每一行程的时间很短，例如轿车发动机最高转速为6 000 r/min，一个行程经历的时间仅为60/(6 000×2) = 0.005 s。在这样短的时间内往往会使发动机进气不足或者排气不干净，从而使发动机功率下降。实际发动机都采用延长进、排气时间的方法提高充量系数，气门的开启和关闭不是正好在上止点或下止点，而是分别提前和延迟一定的曲轴转角，以提高充量系数，提高发动机的动力性。

配气相位是指进、排气门的实际开闭时刻及其开启的延续时间，以曲轴转角表示。配气相位图是指进、排气门的实际开闭时刻，用相对于上、下止点曲拐位置的曲轴转角的环形图来表示。图4–25所示为进排气门的实际相位，图4–25所示为发动机的配气相位图。

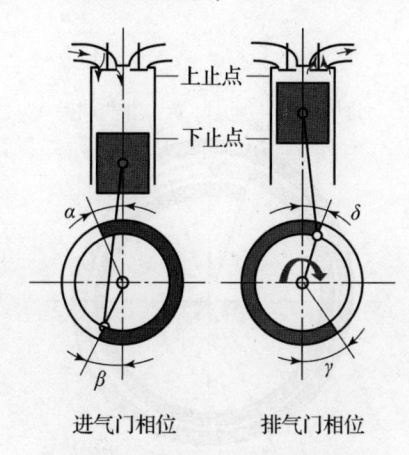

图4–25 进排气门的实际相位

在实际的发动机中，一方面为了延长进、排气时间，另一方面，由于受配气机构的限制，气门不可能瞬间完全打开，在气门开启初期，气门升程较小、流通面积较小、气流阻力较大。因此，在实际的发动机中总是将进、排气门开启的时间相对止点位置提前，关闭时间延迟。

如图4–25所示，在排气行程接近终了，活塞到达上止点之前，即曲轴转动曲拐离上止点 α 角度时，进气门便开始开启，这样可以保证进气行程开始时进气门已经有足够的开度，新鲜充量能够顺利进入气缸；当活塞到达下止点时，由于进气阻力的存在，缸内气体压力仍然低于大气压力，同时，高速流进气缸的气流存在气流惯性，为了充分利用进气压差和气流惯性，进气门关闭时刻要越过下止点后 β 角度关闭，进气门晚关有利于进气。

进气门提前开启的角度 α 称为进气门早开角；进气门滞后关闭的角度 β 称为进气门晚关角。整个进气行程持续时间相当于曲轴转角 $180° + \alpha + \beta$。α 一般为 $10° \sim 30°$，β 一般为 $40° \sim 80°$。

对于排气门来说，如图4-25所示，当膨胀行程接近下止点时，缸内气体压力对活塞做功的贡献已经不大，但是，这时候提前一定角度打开排气门，大部分燃烧后的废气就在自身压力作用下迅速从排气门排出，当活塞到达下止点时，缸内废气压力急速降低，排气门也进一步开大，从而可减小活塞在排气行程中的排气阻力；当活塞达到上止点时，气缸内的废气压力仍高于大气压力，高速排出的废气存在气流惯性，为了充分利用废气压差与气流惯性，在工程实际当中，排气门要比理论关闭时刻滞后一定角度，可以使排气更彻底些。

排气门提前开启的角度用 γ 表示，称为排气门早开角；排气门滞后关闭的角度用 δ 表示，称为排气门晚关角。整个排气行程持续时间相当于曲轴转角 $180° + \gamma + \delta$。γ 一般为 $40° \sim 80°$，δ 一般为 $10° \sim 30°$。

如图4-26发动机的配气相位图所示，由于进气门在上止点前即开启，而排气门在上止点后才关闭，这就出现了一段时间内排气门和进气门同时开启的现象，这种现象称为气门重叠，气门重叠期间对应的曲轴转角称为气门重叠角。图中气门重叠角为 $\alpha + \delta$。由于新鲜气流和废气气流的各自流动惯性作用，在短时间内是不会改变流向的，因此，通过合理设计气门重叠角就可以避免废气倒流入进气管或者新鲜气体随同废气排出的可能，但应注意，如果气门重叠角设计过大，当汽油机小负荷运转时，进气管内压力很低，就可能出现废气倒灌现象。

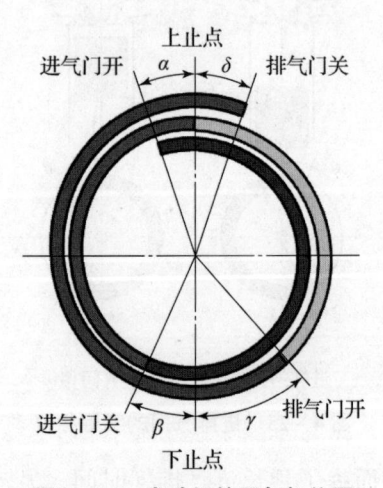

图4-26 发动机的配气相位图

对于不同的发动机，由于结构形式、转速范围等不同，配气相位也不相同。合理的配气相位必须根据发动机的具体情况通过试验来确定。

二、充量系数

前面对配气相位的介绍中提到，延长气门开启时间可以实现尽可能多进气，在实际的发动机研究过程中，常常用充量系数来评价发动机的充气能力。

1. 充量系数的定义

所谓充量系数就是发动机每循环实际进入气缸的新鲜充量 m_a 与以进气状态"充满"气缸工作容积的理论充量 m_s 之比。

$$\eta_v = \frac{m_a}{m_s}$$

这里所说的进气状态，是指进入气缸前进气充量的热力学状态，如温度与压力等。充量系数越高，表明进入气缸内的新鲜充量的质量越多，可燃混合气燃烧可能放出的热量越大，发动机发出的功率也就越大。

2. 充量系数的影响因素

对排量一定的发动机，充量系数与进气终了时气缸内气体的温度和压力等参数有关。由于进气系统的沿程阻力，节气门、进气门处的节流，进气时间有限等原因使得实际进气压力降低，这一点在发动机高速运转时尤为突出；另外，由于上一工作循环中残留在气缸内的高温废气，以及燃烧室表面、活塞顶面、进排气门等高温零件对新鲜充量的加热，使进气终了时进入气缸内的新鲜充量的温度升高，实际进入气缸内的新鲜充量总是小于在进气状态下充满气缸工作容积的新鲜气体质量，所以，充量系数总是小于1，一般为0.8~0.9。影响发动机充量系数的因素很多，大致可以归纳为以下两个方面。

1) 构造方面的因素

在构造方面影响充量系数最大的因素是进气系统的结构形式与结构尺寸，包括进气管道截面的大小、管道内表面光洁程度、管道弯曲的状况、气门尺寸与每缸气门个数以及气门升程的大小等。

此外，是否采用增压和进气预热机构也是影响充量系数的主要因素。

2) 使用方面的因素

发动机的转速对充量系数的影响如图4-27所示。由图可知，充量系数随转速上升而下降。但在低速时，转速下降，充量系数也随着下降，这是由于进气管内气体压力脉动效应的影响，与配气相位有关。

发动机负荷对充量系数的影响，对于柴油机和汽油机是不一样的。柴油机的负荷调节是通过调整气缸内喷油量实现的，其进气系统的阻力是不随负荷而变化的；虽然气缸中气体温度有所变化，但这种变化对充量系数的影响是微乎其微的，因此可以忽略不计。

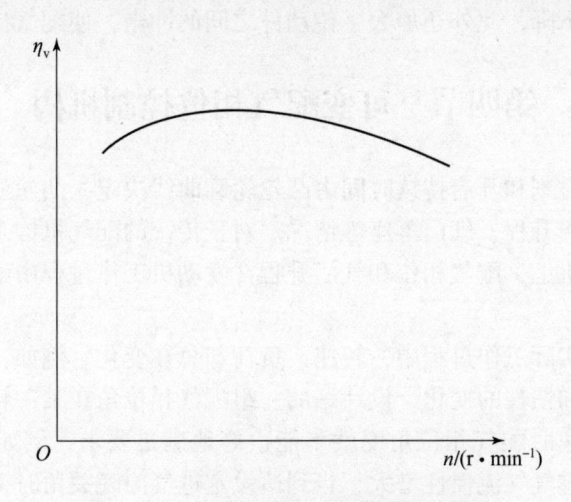

图4-27 发动机转速对充量系数的影响

在汽油机上情况就不同了，汽油机的负荷是通过改变节气门开度来进行调节的。而节气门开度的大小直接影响到进气系统阻力的大小，随着汽油机负荷的加大，节气门开度也加大，进气系统阻力减小，使充量系数增大；反之，则充量系数减小。

3. 提高充量系数的措施

提高充量系数的措施有以下四个方面：

（1）减小进气阻力。主要措施包括两方面，一是减少进气管和滤清器的阻力，具体措施包括加大进气管截面积、减少弯曲角度、减少气道内壁粗糙度等方法改善；二是降低进气门处的流动损失，具体措施包括增大进气门直径、增加气门数量等方法改善。

（2）减小排气阻力。减少排气管、排气消声器、后处理器的阻力。

（3）降低进气温度。通过进气管的布置或者增压中冷等方式降低进气温度。

（4）其他措施。包括优化配气相位，采用可变正时机构、可变进气管长度等技术。

车用发动机的充量系数值：柴油机 $\eta_v = 0.8 \sim 0.9$，汽油机 $\eta_v = 0.75 \sim 0.85$。

另外配气机构高速运转所产生的噪声也是发动机噪声的重要组成部分，如何在保证高的充量系数的同时尽量降低配气机构所产生的噪声，也是配气机构设计的重要任务。

本书主要介绍四冲程发动机的配气机构的组成和结构特点。

三、气门间隙

发动机工作时，配气机构零部件由于受热温度升高产生热膨胀，如果运动件之间在冷态时没有间隙或间隙过小，热态时由于运动件受热膨胀，容易引起气门关闭不严，使发动机在压缩和做功行程漏气，导致功率下降，严重时还会造成起动困难。为了消除这种现象，通常发动机冷态装配时，在气门与传动机构中，留有适当的间隙，以补偿受热后的热膨胀量，这一间隙通常称为气门间隙。使用液力挺柱的发动机，挺柱的长度能自动变化，以补偿气门的热膨胀量，所以不需要预留气门间隙。

气门间隙的大小一般由发动机制造厂根据试验确定。冷态时，进气门的间隙一般为 0.25~0.30 mm，排气门由于温度高，一般为 0.30~0.35 mm。如果间隙过小，发动机在热态时可能因关闭不严而漏气，使发动机功率下降。如果间隙过大，则使气门有效升程减小，使实际进气充量系数下降，此外还加大了传动件之间的冲击，使配气机构噪声增大。

第四节　可变配气相位控制机构

进、排气门开启时刻和开启持续时间由凸轮轮廓曲线决定，凸轮型线设计不仅影响配气相位，而且也影响气门升程、气门落座等情况。对于传统的配气机构来说，一旦凸轮轴设计确定后，安装到发动机上，配气相位和气门升程在发动机工作过程中就按设计好的时刻开启和关闭，不能变化。

然而，发动机在实际工作过程中，转速、负荷却总在变化。例如，发动机转速变化，就会带来进气气流流速和惯性的变化，设计好的一组配气相位角在某一转速下可以达到最佳配气效果。当偏离该转速时配气相位角度就不能很好地满足要求，例如，以进气门晚关角为例，当转速升高时，进气气流惯性增大，当到达设定进气门晚关角时，进气气流仍然具有一定的惯性，就会导致一部分本可以进入气缸的气体被气门挡在进气道，因此，这时候进气门晚关角可以再增大一些，让更多的气体进入气缸；当转速降低时，进气气流惯性减小，进气行程结束时，进气门还没来得及关闭气流惯性就已经很小了，当活塞越过下止点进入压缩行程时，进气门还没有关闭，随着活塞的上行，势必将进入气缸的气体从进气门再次推出去，导致进气充量系数降低。因此,对于这种情况,进气门晚关角应该适当减小,以适应转速降低导致气流惯性减小。

由此可见,一组设计好的配气相位角不能满足发动机在各种转速下都能达到一个较好的配气效果。理想的配气机构应该是能够随着发动机转速变化对配气相位角进行实时调整以满足各种转速下都有良好的充量系数。因此,可变气门正时机构(Variable Valve Timing,简称VVT机构)应运而生,一些汽车公司开发出可以根据发动机的转速改变配气相位的可变配气相位控制机构。

可变配气相位控制机构的结构形式很多,最简单的控制形式是根据发动机的转速变化,将凸轮轴转过一个角度,使其提前或落后,但这些控制机构只能控制配气相位一项内容,有些人把这种机构叫作可变配气相位控制机构。

本田公司开发的 V–TEC 可变配气相位控制机构如图 4–28 所示,在该机构上布置了低速、高速两种凸轮,能根据发动机的转速高低,自动切换不同的凸轮,使该机构在改变配气相位的同时,也改变了气门升程。

在该机构的凸轮轴上布置了高速凸轮和低速凸轮,高速凸轮的气门升程较大,气门重叠角也大。汽车正常行驶在转速不超过 6 000 r/min 时,发动机使用低速凸轮驱动气门开闭,当转速超过 6 000 r/min 时,发动机能自动切换成高速凸轮驱动气门开闭。

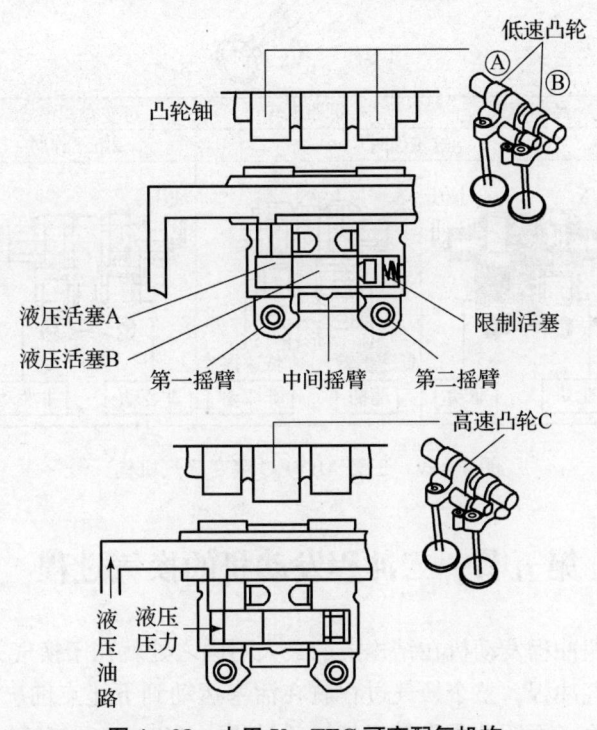

图 4–28 本田 V–TEC 可变配气机构

V–TEC 可变配气相位控制机构在原来的两个摇臂中央又布置了一个中间摇臂,中间摇臂上装有两个可左右运动的液压活塞。在中低转速时(6 000 r/min 以下),左右两端的摇臂沿低速凸轮曲面滑动并驱动气门开闭,中间摇臂随同高速凸轮的转动而运动,但与气门的开闭无关。高速时(6 000 r/min 以上),由于液压活塞的动作,使中间摇臂和左右两边的摇臂连接起来,这样左中右三个摇臂变成了一个摇臂,三个摇臂一起沿着高速凸轮曲面滑动并驱动气门开闭。

三菱公司的 MIVEC 发动机采用了和本田 V–TEC 类似的配气相位控制机构，不仅可以改变配气相位，而且可以自动改变发动机的排量。发动机在需要大功率时，四个气缸全部工作，排量为 1.6 L，当不需要大功率工作时，只有两个气缸参加工作，排量为 0.8 L。

该发动机的可变配气相位控制机构与 V–TEC 大同小异，利用液压活塞，使摇臂分别沿高速或低速凸轮型线运动。当摇臂沿低速凸轮运动时，发动机处于低速（5 000 r/min 以下）模式，当高速凸轮驱动摇臂时，发动机处于高速（5 000 r/min 以上）模式。除此之外，MIVEC 发动机上还装有另一套控制机构，能使 1 缸和 4 缸摇臂不驱动气门，从而使 1 缸和 4 缸进排气门全关闭，停止工作（见图 4–29），这时只有 2 缸和 3 缸参加工作，变成两缸机。

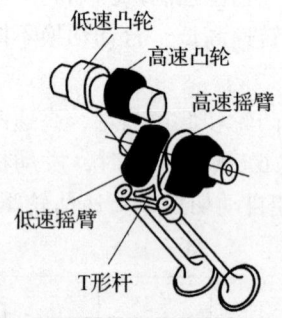

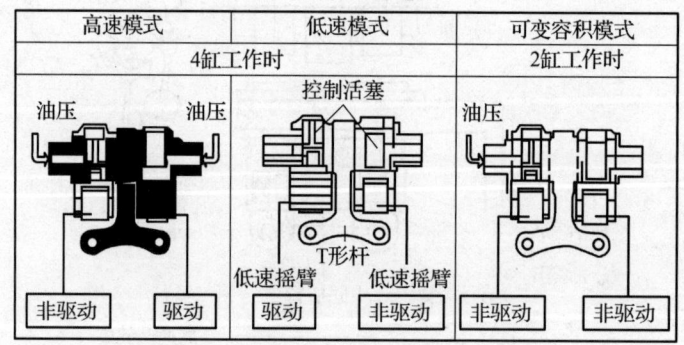

图 4–29 三菱 MIVEC 可变配气机构

第五节　二冲程发动机的换气过程

二冲程发动机与四冲程发动机在结构上的最大不同之处就在于换气方式上，二冲程发动机没有进气冲程和排气冲程，整个换气过程就在活塞运动到下止点前、后一段时间内进行，占 130°~150°曲轴转角（而四冲程发动机的换气过程占 440°~480°曲轴转角），换气过程非常短暂，因此换气的品质也比较差。

根据换气气体在气缸中的流动状况，以及进、排气口相互位置的不同布置，二冲程发动机的换气形式大致有以下三种。

（1）横流换气（见图 4–30(a)）。横流换气发动机的气缸套上开有扫气口及排气口，扫气口与排气口分别排列在气缸壁相对应的两壁上，排气口的位置稍高些，当活塞下行运动到将排气口打开时，气缸中的废气由排气口冲出，当活塞继续下行将扫气口打开后，新鲜气体由扫气口进入气缸，并驱赶废气由排气口排出。

横流换气的最大优点是结构简单，但其缺点很多：①换气质量不高，残余废气不容易扫除干净；②利用新鲜气体驱赶废气往往会导致新鲜气体随同废气排出气缸，造成浪费；③零件受热与磨损也不均匀。

(2) 回流换气（见图4-30(b)）。回流换气是在横流换气的基础上进行了一些改进，将扫气口与排气口布置在气缸套的同一侧，扫气气流在气缸内形成回流运动，扫气效果好于横流换气，但是还没有解决新鲜气体短路的缺点。

(3) 直流换气。直流换气的主要特点是扫气气流沿气缸轴线运动，换气品质好，直流换气有两种结构方案，即气门-气口式（见图4-30(c)）与对置活塞式（见图4-30(d)）。

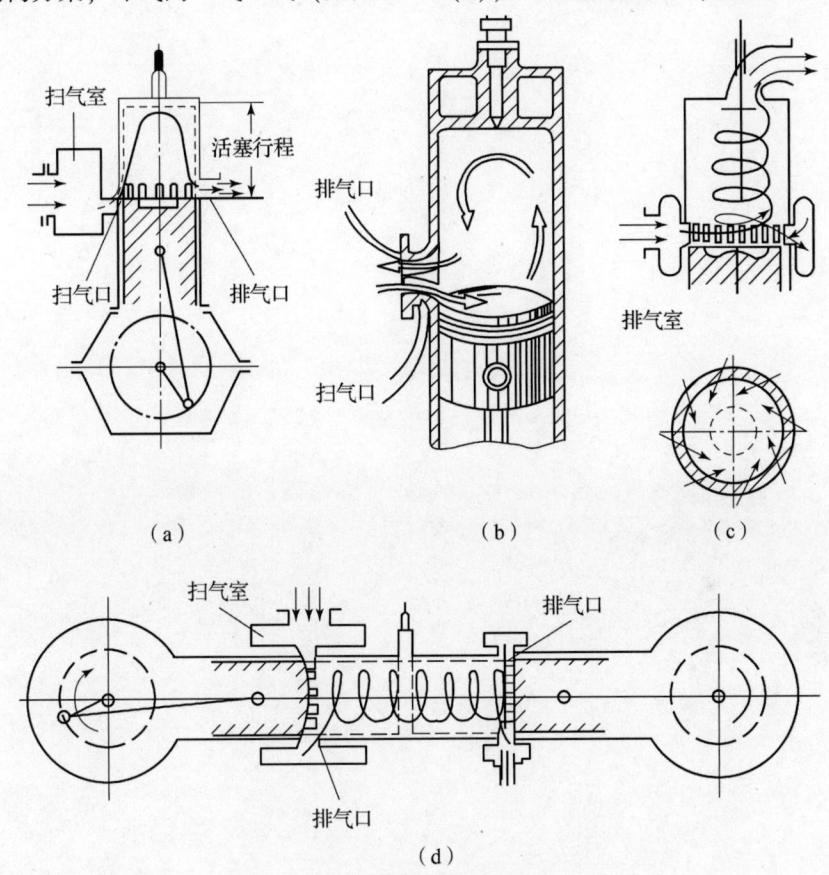

图4-30 二冲程发动机的换气方式
(a) 横流换气；(b) 回流换气；(c) 气门-气口式直流换气；(d) 对置活塞式直流换气

气门-气口式直流换气，扫气气流由气缸下部的气口斜向进入气缸，废气由气缸盖上的气门处排出，当扫气气流由气缸下部旋转上升到气缸上部时，换气过程结束。

对置活塞式直流换气是利用两个运动方向相反的活塞来控制扫气口和排气口，达到换气的目的。

由于对置活塞式直流换气需要两套活塞、连杆、曲轴，它们之间还需要齿轮的连接和传动，结构比较复杂，目前车用二冲程柴油机多采用气门-气口式直流换气方案。

思 考 题

1. 配气机构的功用是什么？顶置式气门配气机构和侧置式气门配气机构分别由哪些零件组成？

2. 为什么一般在发动机的配气机构中要留气门间隙？气门间隙过大或过小有何危害？在哪里调整与测量气门间隙？调整气门间隙时挺柱应处于配气机构凸轮的什么位置？

3. 如何在一根凸轮轴上找出各缸的进、排气凸轮和该发动机的发火顺序？

4. 气门弹簧起什么作用？为什么在装配气门弹簧时要预先压缩？对于顶置式气门如何防止当弹簧断裂时气门落入气缸中？

第五章
汽油机燃油供给系统

第一节 汽油机燃油供给系统的功用与组成

汽油机燃油供给系统的功用是：根据汽油机各种不同工况的要求和发火次序的要求，配制出不同数量和浓度的可燃混合气，供入气缸，并将燃烧产物排出气缸。

现代汽油机的燃油供给系统由以下四部分组成，如图5-1所示。

（1）燃油供给装置：包括汽油箱、燃油滤清器、电动燃油泵、油管等，用以储存、输送及清洁汽油。

（2）空气供给装置：即空气滤清器，用以清洁空气。

（3）混合气形成装置：喷油器，用以形成高质量的油、气混合气。

（4）进排气装置：包括进气管、排气管、排气消声器，用以导入新鲜空气，并排出废气。

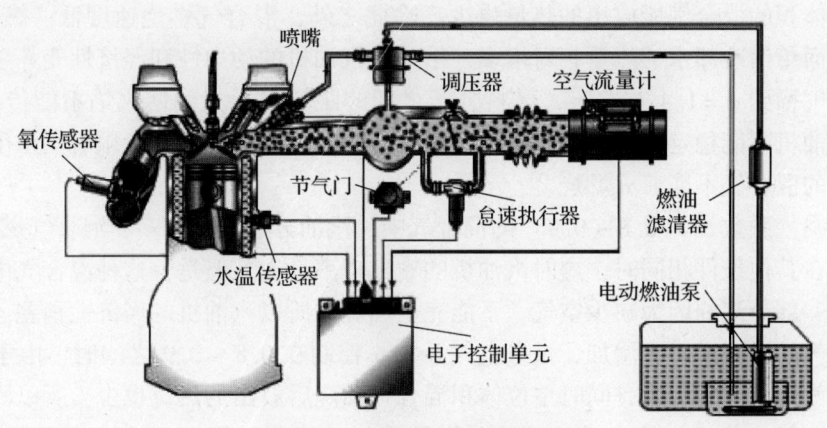

图5-1 汽油机燃油供给系统

储存在油箱中的汽油在电动燃油泵的作用下泵入燃油滤清器，经滤清后的汽油泵入油轨及喷油器，喷油器将汽油喷入进气道或缸内完成空气与汽油的雾化、蒸发形成可燃混合气。

第二节 可燃混合气成分与汽油机性能的关系

可燃混合气是按一定比例混合的汽油、空气混合物。可燃混合气中空气与燃料的质量之比叫作空燃比，它是一个表征混合气浓度的概念。

理论上 1 kg 汽油完全燃烧所需要的空气为 14.7 kg，我们把空燃比为 14.7∶1 的混合气称为理论混合气，14.7 被称为理论空燃比。相对于理论空燃比来讲，空燃比较大的混合气称为稀混合气，反之称为浓混合气。

我国传统上有时还使用过量空气系数来表示混合气的浓度，过量空气系数定义为

$$\alpha = \frac{\text{燃烧 1 kg 燃料所实际供给的空气质量}}{\text{完全燃烧 1 kg 燃料所需的理论空气质量}}$$

根据过量空气系数的定义，$\alpha = 1$ 的混合气为理论混合气，$\alpha > 1$ 的混合气为稀混合气，$\alpha < 1$ 的混合气为浓混合气。

一、混合气浓度与汽油机性能的关系

混合气的浓度必须在一定范围内时汽油机才能正常燃烧，同时该浓度与汽油机的性能也有很大的关系。

理论上讲，在 $\alpha = 1$ 的标准浓度混合气中，空气中的氧分子恰好可以使其中的全部燃料分子完全燃烧。但实际上由于燃烧时间和空间的限制，汽油油粒和蒸气不可能及时与空气进行绝对均匀的混合，因此即使 $\alpha = 1$，汽油也不可能完全燃烧。要使混合气中的汽油能够完全燃烧，必须多供给一些空气。试验结果表明对于不同的汽油机，在 $\alpha = 1.05 \sim 1.15$ 的情况下，混合气中的燃料能够完全燃烧，所以汽油机使用这样浓度的混合气，可以获得良好的燃油经济性指标。

对于稀混合气（$\alpha > 1.15$），虽然混合气中的汽油可以完全燃烧，但是由于稀混合气燃烧速度慢，在燃烧过程中，有一部分混合气的热量是在活塞向下运动，燃烧空间容积增大很快的情况下进行的，这部分混合气燃烧放出的热量中转变为机械能的效率较低。稀混合气燃烧时，单位体积的混合气所放出的热量也少；除此之外，混合气燃烧速度低，燃烧时间长，通过气缸壁面传给冷却水的热量相对增多，结果使汽油机的动力性和经济性变坏。

当混合气稀到 $\alpha = 1.4$ 左右时，燃料分子之间的距离将增大到使火焰不能传播的程度，这会导致汽油机不能稳定运转，甚至缺火运转，此 α 数值称为混合气下限着火浓度。大于下限着火浓度的混合气不能着火燃烧。

在过量空气系数 $\alpha = (0.8 \sim 0.9)$ 的混合气中，汽油分子相对较多，混合气燃烧速度快，热损失少。在其他条件相同时，这时汽油机的输出功率最大。但是，这种混合气中的空气含量不足，有一部分汽油因为缺少空气，不能完全燃烧，所以汽油机的经济性稍差。

当混合气的浓度进一步增加，过量空气系数 α 控制在 $0.8 \sim 0.9$ 之间时，由于燃烧很不完全，混合气燃烧速度减慢，同时单位体积混合气燃烧后放出的热量也少，所以汽油机以这样浓度的混合气工作时，输出功率减小，燃油消耗率增高，同时还产生大量的 CO 和 HC 排放。

当混合气加浓到 α 在 $0.4 \sim 0.5$ 之间时，由于严重缺氧，火焰不能传播，此浓度值称为混合气上限着火浓度。在低于或等于此浓度的混合气中火焰都不能传播。

由此可知，在其他条件不变时，混合气浓度对汽油机的动力性和经济性有很大的影响。对同一台汽油机，无法在同一时刻既供给功率混合气又供给经济混合气，只能根据汽油机工作要求，或是供给稍稀的混合气以获得较好的经济性，或者供给稍浓的混合气以获得最大输出功率。

对同一台汽油机，最低油耗率和最大功率时的过量空气系数 α 的数值也不是常数，它们是随发动机的转速和节气门开度而改变的。试验结果表明，一般节气门全开时，功率混合气的浓度为 0.85~0.95，随节气门开度的减小，相应于最大功率混合气的 α 值也相应减小，同样在汽油机节气门不同开度下，都存在一个燃油消耗率最小的 α 值，其数值也是随汽油机负荷的减小而降低的，在小负荷范围内混合气也要变浓才能保证发动机的燃油经济性。

二、车用汽油机各工况对混合气浓度的要求

汽车在行驶过程中由于装载程度、路面坡度及其质量，加之车辆、行人密度等因素的影响，牵引力及行驶速度经常要发生变化。起步、加速、匀速行驶，从高速行驶突然降至急速，汽车的行驶状态变化频繁，且有时还相当迅速。因此，作为其动力装置的车用汽油机，运行工况也比较复杂，并需随车辆行驶状态的变化要做频繁的转换。在一般的路面上行驶时，行驶阻力不大，汽车往往以经济车速匀速行驶，此时发动机运行在中等负荷；当需要爬坡时，需要克服的路面阻力增大，发动机通常运行在低速大负荷工况；而当汽车行驶在路面质量很好的高速公路上时，发动机又常常以中小负荷高速运转。车用汽油机在不同的运行工况下对混合气的浓度有不同的要求。

第三节　电子控制汽油喷射系统及其可燃混合气的控制

一、概述

近年来，在全球污染治理的大形势下，汽车污染物排放法规及双碳政策日趋严格，汽车保有量急剧增加，因此对发动机电子控制技术要求越来越严苛。汽车排气污染物 CO、HC、NO_x 和微粒成分的污染已经取代工业污染而成为大气污染的重要方面。这些排放物会对人体和动植物造成严重危害。于是，世界各国尤其是汽车工业发达的国家相继制定了严格的汽车排放法规，限制排气中的 CO、HC 和 NO_x 等有害物质的排放。20 世纪 70 年代初，受能源危机的冲击，各国制定了燃油经济法规。这两种法规的要求越来越严格，电子控制汽油喷射技术是解决这一问题的有效途径之一。

汽车电子控制汽油喷射技术的发展大致可以分为以下几个标志性里程碑：1934 年，德国研制成功了第一台进气管内连续喷射式发动机，装备于军用战斗机上；1952 年，德国博世公司研制成功了第一台机械控制汽油直接喷射式发动机，采用气动式混合气调节器控制空燃比，装于奔驰赛车上；1957 年，美国本迪克斯（Bendix）公司研制成功了第一台电子控制汽油喷射系统，并首次装于克莱斯勒（chrysler）豪华型轿车和赛车上；1967 年，德国博世公司开发了全电子汽油喷射系统并应用于汽车上，且首次批量生产，在当时率先达到了美国加利福尼亚州废气排放法规的要求，开创了汽油喷射系统的电子控制新时代；1977 年，美国通用公司采用微机控制系统。

采用电子控制汽油喷射技术使空气和燃油分开测量，在各种工况下都能精确地计量燃油，而且在整个使用期内可以保持高精度和高稳定性。同时，由于电子控制的灵活性和计算机强有力的处理能力，电控系统可以根据发动机的各种运行工况，如起动、暖机、急速、加速、满负荷、部分负荷、滑行以及环境温度、海拔高度和燃油质量的变化，实现最佳空燃比

控制，使发动机优化运行，从而取得良好的节油和排气净化效果。与传统的机械式化油器相比，电子控制汽油喷射系统可以使发动机的功率提高 5%～10%，燃油消耗率降低 5%～15%，废气排污量减少 20% 左右。

电子控制汽油喷射相比传统化油器供油方式还具有以下几方面的优越性：

(1) 更为优越的汽油雾化性能，使油气混合更均匀。

(2) 对气温和海拔高度变化的适应性好。

(3) 电子控制汽油喷射系统中的多点喷射方式和缸内直喷方式，由于每个气缸都配备单独的喷油器，具有各缸混合气分配均匀的优点。

(4) 取消了传统化油器喉口的多点汽油喷射系统，可按照最大充气效率的目标改进进气系统的设计，从而使动力性进一步改善。

(5) 电子控制汽油喷射系统各组成部件的安装适应性好，从而给汽油机的总体设计带来更大的灵活性。

二、电子控制汽油喷射的基本概念

1. 电子控制汽油喷射的类型

电子控制汽油喷射以喷射的方式向汽油机提供燃油，按照喷油器安装位置的不同，分为单点喷射（SPI）、多点喷射（MPI）及缸内直接喷射（见图 5-2）。

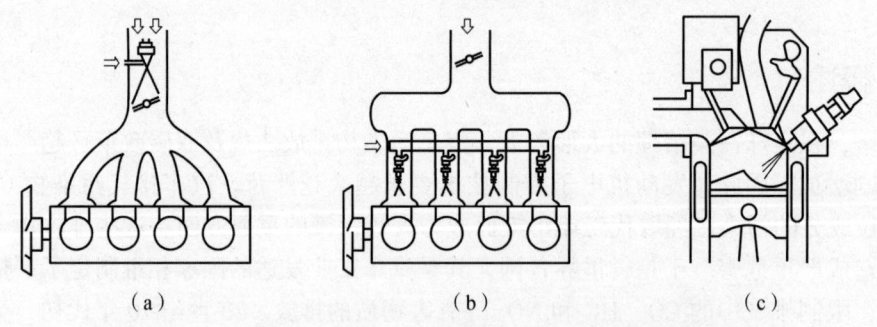

图 5-2 单点喷射（SPI）、多点喷射（MPI）与缸内直接喷射
(a) 单点喷射；(b) 多点喷射；(c) 缸内直接喷射

单点喷射系统是在进气管节气门体上方装一个中央喷射装置，用一到两只喷油器集中喷射，汽油喷入进气流中，与空气混合后由进气歧管分配到各个气缸中。单点喷射又称为节气门体喷射（TBI）或中央燃油喷射（CFI）。

多点喷射系统是在每缸进气口处装有一只电磁喷油器，由电子控制单元控制按照一定的模式进行喷射。

MPI 及 SPI 两种喷射方式均属于进气管喷射，缸内直接喷射则是将燃料直接喷入气缸内，喷射装置所需要的喷射压力较高（可达 5 MPa）。

根据喷射量控制方法的不同，汽油喷射分为连续喷射和间断喷射。

连续喷射是指在发动机的运转过程中喷油器持续喷射，使燃料通路中燃料测量截面前后的压差一定，通过控制燃料测量截面积的大小变化，来改变供油量。连续喷射仅限于进气管喷射的情况。德国波许公司的 K-Jetronic 系统即为连续喷射系统的应用实例，但其控制是利用机械装置实现的。

间断喷射是指喷射仅在发动机工作循环中的某一段或几段时间内进行,通过控制每次喷射的持续时间来控制喷油量。间断喷射的油量控制方式除适用于进气管内喷射以外,还为所有缸内直接喷射的系统采用。

2. 电子控制汽油喷射的控制方式

电子控制汽油喷射的控制方式有开环控制和闭环控制两种。

开环控制是把根据试验标定确定的发动机各种运行工况的最佳供油参数,事先存入ECU,发动机运行时,ECU根据传感器采集实时信号,判断发动机所处的运行工况,计算出最佳供油量,进而控制电磁喷油器的喷射时间,精确控制混合气的空燃比,使发动机处于最优化运行状态。因此,开环控制系统的特点是只受发动机运行工况参数变化的控制,并按事先设定在计算机中的控制规律工作。

闭环控制是指在排气管内加装氧传感器,根据排气中含氧量的变化,对进入气缸内的可燃混合气的空燃比进行测定,并不断与设定值进行比较,根据比较的结果修正喷油量,最终使空燃比保持在设定值的附近(见图5-3)。

闭环控制的优势主要在于与三元催化转换器配合,进一步降低有害气体的排放。为了使三元催化转换器对排气净化处理的效果达到最佳,空燃比的设定值只能在14.7附近。随着各国的废气排放法规日趋严格,目前,车用发动机全部采用闭环控制。

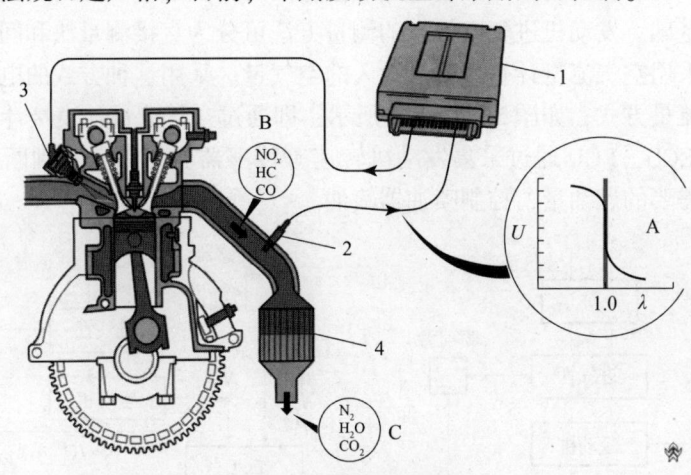

图5-3 闭环控制系统
1—电子控制单元;2—氧传感器;3—喷油器;4—三元催化转换器

3. 电子控制汽油机各运转工况混合气浓度的控制目标

电子控制汽油喷射系统极大地改善了燃油的雾化效果和控制精度,是保证发动机排放性能和经济性能提升的核心技术,目前,大多数车辆采用多点汽油喷射系统,即气道喷射和缸内直喷,甚至为了充分发挥气道喷射和缸内直喷的优势,有的汽车厂家推出了气道喷射和缸内直喷的混合喷射方式。综合考虑汽油机严格的排放控制要求和性能要求,电子控制汽油喷射系统对汽油机各运转工况的混合气浓度控制要求如下。

(1)起动工况:在起动工况,尤其是低温冷起动工况,一方面由于温度较低,从喷油器喷出的燃油仍然有一小部分不能蒸发,而是以油滴的形式进入气缸参与燃烧,从而导致混合气的浓度变稀,因此,在冷起动工况往往需要适当加浓,控制过量空气系数约为0.9。另一方面,由于起动工况下排气温度较低,用于闭环控制的氧传感器不起作用,在排气温度达到300 ℃之前，混合气的浓度采用开环控制。

（2）急速到车辆起步工况：当发动机起动以后，很快转入急速和车辆起步工况，在这个过程中混合气浓度控制在理论浓度，排气温度迅速升高以保证三元催化转换器正常工作，保证车辆起步进入正常热机工作状态。

（3）加速工况：为了提高车辆的加速性，加速工况时采用比理论混合气稍浓的混合气，以保证发动机动力性。

（4）满负荷工况：在满负荷工况下，考虑到输出功率的需求，通常采用功率混合气，但是为了满足更为严格的排放法规要求，有些发动机在满负荷工作时也采用理论混合气，功率需求的满足通过采用较大排量的发动机来实现。

（5）其他工况：除上述工况以外，为了使三元催化转换器的工作效率最高，均将过量空气系数严格控制为1，即采用理论空燃比，同时利用闭环控制达到精确空燃比的控制目标。

4. 空气量的检测方式

电子控制汽油喷射系统控制混合气浓度的原理是：利用传感器准确测量进入气缸中的空气量，根据目标空燃比计算出所需燃油量，进而精确控制喷油器喷油量。电子控制汽油喷射系统能否正确地将空燃比控制在所需的范围内，决定了发动机的动力性、经济性和排放指标的优劣。而汽油机空燃比的控制是采用控制与进气量相匹配的供油量实现的，因此空气量的测量是控制空燃比的基础。发动机进气空气量的测量方法可分为直接测量法和间接测量法两种。

直接测量法采用空气流量计直接测量吸入的空气量。采用这种方式的电子控制汽油喷射系统被称为质量流量方式，如图5-4（a）所示，即通过空气流量计直接计量出进入发动机的空气量并送入ECU，ECU通过采集发动机转速等传感器实时信号，判断发动机工况，进而精确计算出所需要的燃油量，控制喷油器喷油。

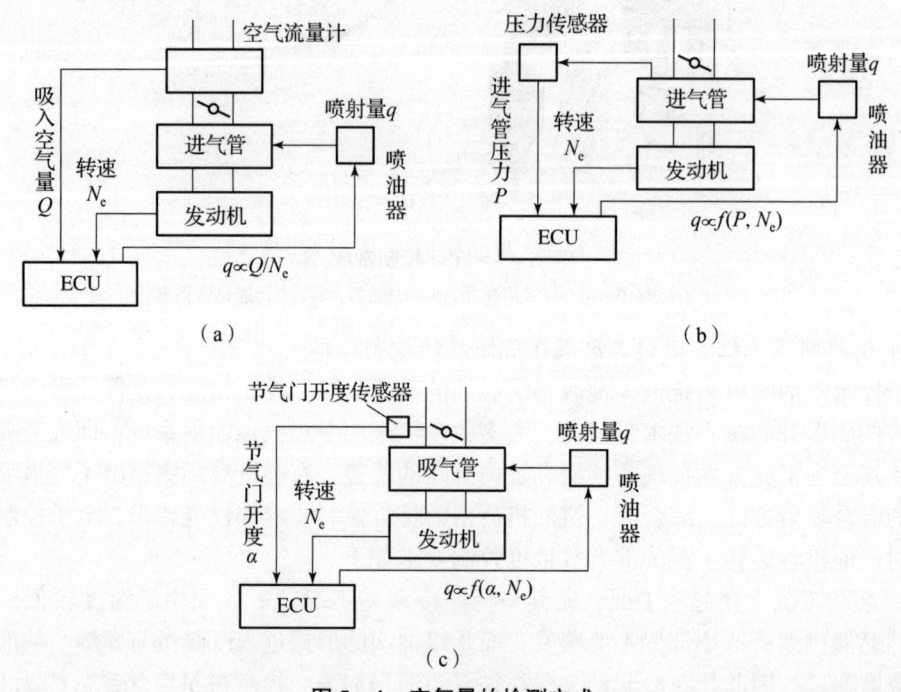

图5-4 空气量的检测方式

(a) 质量流量方式；(b) 速度密度方式；(c) 节气门速度方式

间接测量法是通过测量与进气量相关的参数，间接推算进入发动机的空气量。常用的间接测量法有速度密度法和节气门速度法两种方式，如图5-4（b）和图5-4（c）所示。

速度密度方式是利用发动机转速和进气管绝对压力，推算出每一循环吸入发动机的空气量，根据算出的空气量计算汽油的喷射量。

节气门速度方式是利用节气门开度和发动机转速，推算每一循环吸入发动机的空气量，根据推算的空气量计算汽油的喷射量。该方法具有响应性好的特点，但用于开环控制系统时测量精度相对较低，对批量生产中的产品差异及随时间推移而产生的磨损敏感，因此应用较少。

三、电子控制汽油喷射系统的工作原理

1. 空气系统及其控制方式

空气系统的功用是控制并测量汽油机燃烧所需要的空气量。质量流量方式电子控制汽油喷射系统的空气系统如图5-5所示。吸入的空气经过空气滤清器过滤后，由空气流量计进行测量，然后通过节气门体到达稳压箱，再经进气歧管进入各个气缸。

在电子控制汽油喷射系统中，节气门用于空气量的调节，为了保证发动机在起动和怠速工况下能够稳定运行，往往在节气门上设有空气阀或怠速执行器进行空气量的辅助调节，当节气门处于完全关闭位置时，向发动机提供新鲜空气。这时经过空气滤清器之后的空气绕过节气门体经空气阀或怠速执行器流入稳压箱。

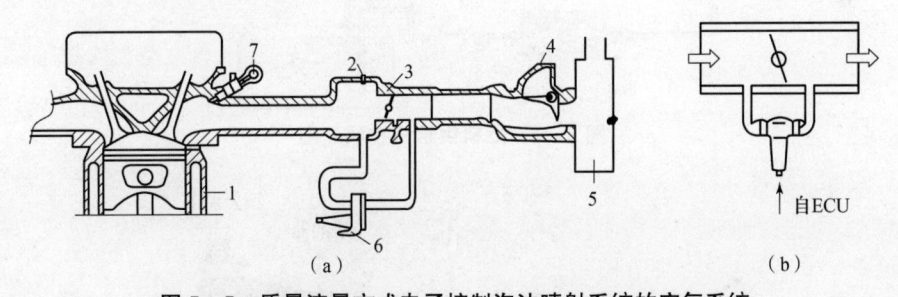

图5-5 质量流量方式电子控制汽油喷射系统的空气系统
（a）用空气阀控制旁通进气量；（b）用怠速执行器控制旁通进气量
1—发动机；2—稳压箱；3—节气门体；4—空气流量计；5—空气滤清器；6—空气阀；7—喷油器

空气系统的结构图如图5-6所示，发动机起动或怠速时，由于节气门关闭，空气经过空气滤清器、空气阀、进气总管、进气歧管进入气缸。发动机正常运转时，空气经过空气滤清器、空气流量计、节气门体、进气总管、进气歧管进入气缸。

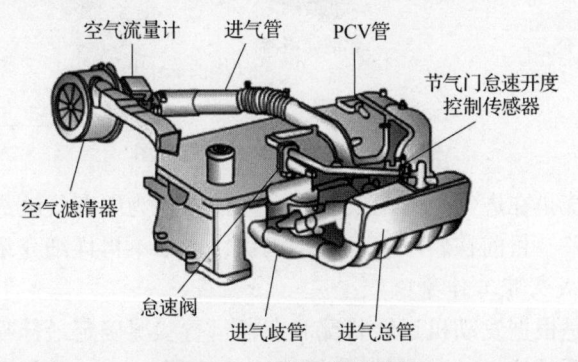

图5-6 空气系统结构图

2. 燃料系统控制

燃料系统的功用是向气缸内提供燃烧时所需要的汽油量。多点汽油喷射系统的燃料供给系统原理图如图 5-7 所示，结构如图 5-8 所示。由油箱、电动燃油泵、燃油滤清器、压力调节器、喷油器及输油管等组成。电动燃油泵将油箱中的燃油吸出加压，通过燃油滤清器后，经压力调节器将燃油压力和进气管压力之间保持恒定的压差，最后经输油管配送给各个喷油器，喷油器根据电子控制单元发送的信号将适量的汽油喷射到进气歧管中。为了消除调节器回油所造成的回油压力波动，在油路中还设有燃油压力脉动减振器。

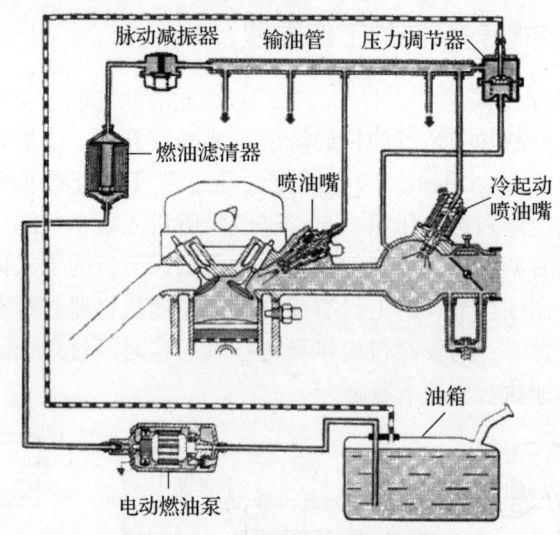

图 5-7 燃料供给系统原理图

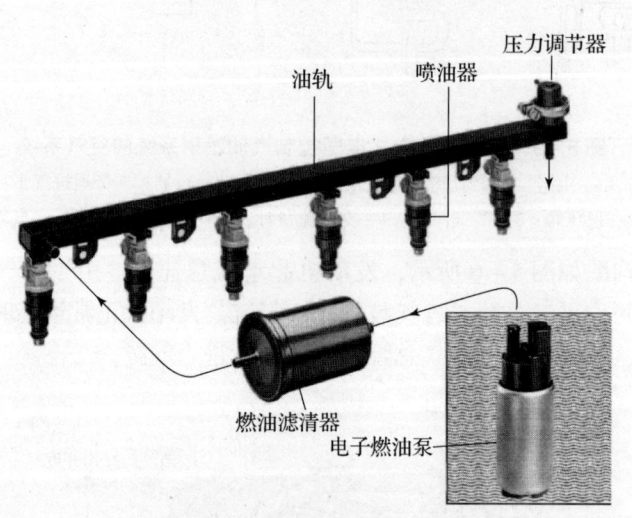

图 5-8 燃料供给系统结构图

单点汽油喷射系统是在进气总管上安装一个喷油器，为所有气缸进行供油，由于控制精度较低，雾化效果较差，目前在轿车上已基本淘汰，本书不再详细介绍。

3. 控制系统的组成及其工作原理

控制系统的功用是根据发动机运转状况和车辆运行状况确定最佳喷油量，并控制喷油器以控制喷油量。控制系统主要由三大部分组成：传感器、ECU 及执行部件，如图 5-9 所示。传感器是装在发动机各个部位的信号转换装置,用来测量或检测反映发动机运行状态的各种参数,并将它们转换成计算机能够接受的信号后送给 ECU。ECU 对各种传感器输送来的信号进行处理、运算、分析和判断后,发出喷油控制命令,控制喷油器喷出与进气量相匹配的燃油,使当时工况的空燃比最佳。图 5 – 10 所示为控制系统的原理框图。

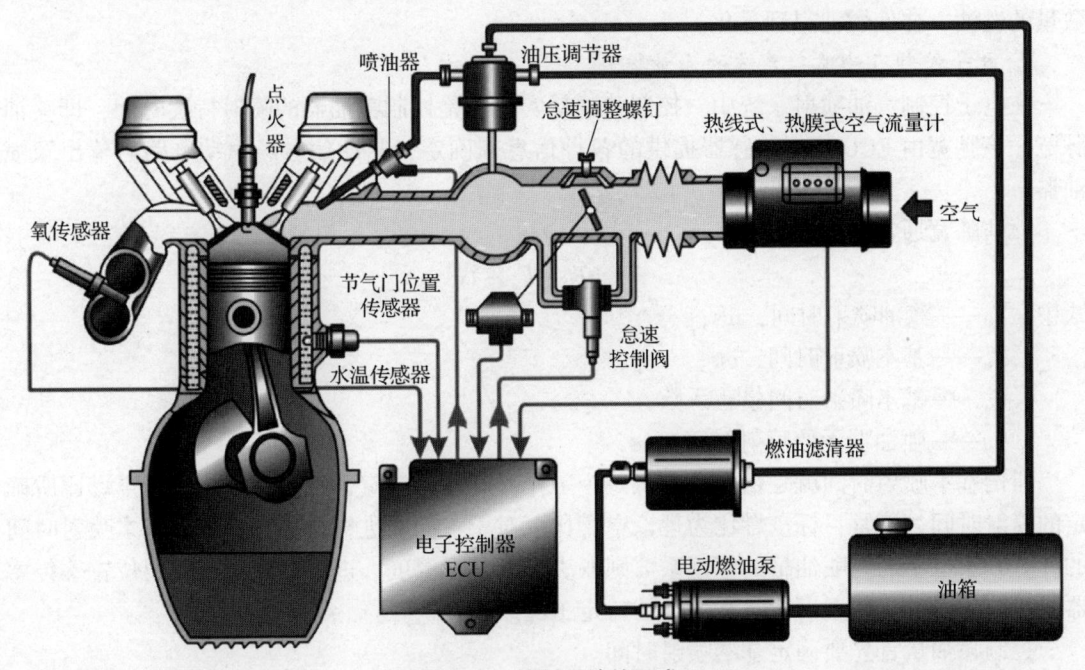

图 5 – 9　控制系统的组成

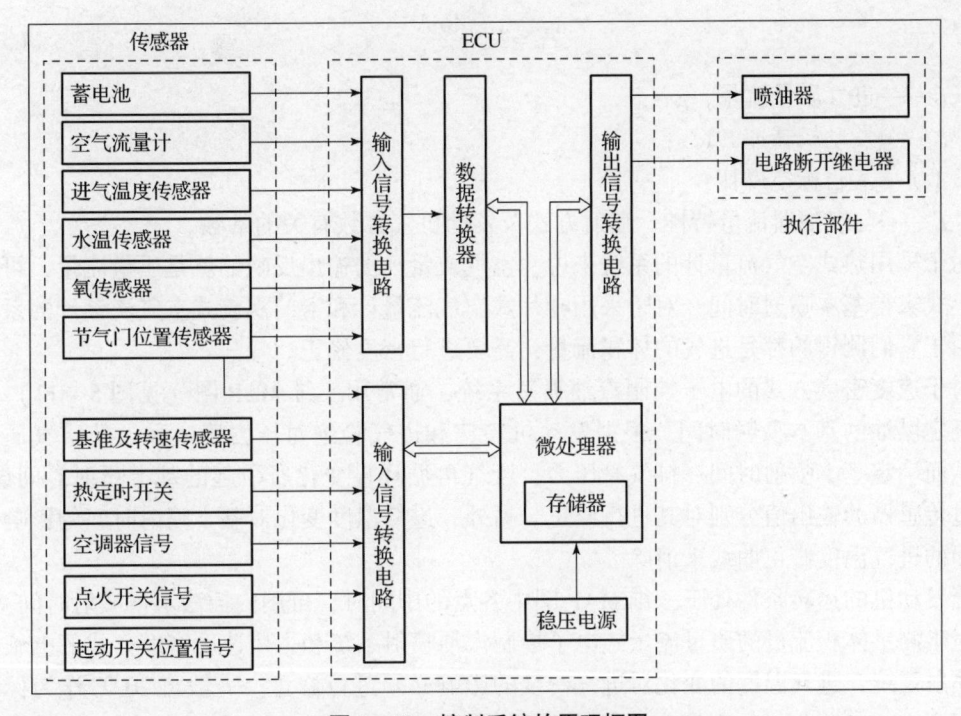

图 5 – 10　控制系统的原理框图

在车用发动机控制器中，除以上三类主要部件以外，控制系统往往还包括电源开关继电器、电路断开继电器等各类继电器，以及控制冷起动喷油器的热定时开关等。接通或断开汽油喷射系统总电源继电器的称为主继电器，控制燃油泵接通的继电器称为电路断开继电器。

喷油器是控制系统的主要执行部件，其功用是根据 ECU 发出的喷油信号，喷射出相应数量的燃油，并使燃油得到雾化。

4. 电子控制汽油喷射系统的油量控制

在电子控制汽油喷射系统中，控制喷油量实际上是控制喷油器的喷射持续时间，即喷油脉宽。该脉宽由 ECU 依据传感器提供的各种信息来确定，脉冲信号经驱动电路后输出至喷油器。

喷油脉宽通常由下式得到

$$T_I = T_P \times F_c + T_V \tag{5-1}$$

式中：T_I——汽油喷射时间，ms；

T_P——基本喷射时间，ms；

F_c——基本喷射时间修正系数；

T_V——喷油器无效喷射时间，ms。

所谓基本喷射时间就是依据发动机每个工作循环的进气量，以及给定的目标空燃比所确定的喷射时间，通常目标空燃比为理论空燃比。对于不同的进气量测量系统，基本喷射时间的计算方法也不同。喷油量的修正系数则取决于冷却水温度、进气温度、节气门位置等传感器所反映的发动机的温度状态和所处的特定工况。

控制喷油量首先要确定基本喷射时间。

对于质量流量方式的电子控制汽油喷射系统，基本喷射时间由下式确定

$$T_P = K \cdot \frac{G/N}{A/F} \tag{5-2}$$

式中：G——进气质量流量，g/s；

N——发动机转速，1/s；

A/F——目标空燃比；

K——与喷油器流量特性、喷射方式及发动机气缸数有关的常数。

对于采用热式空气流量计的系统来说，空气流量计的输出反映的就是质量流量，可直接应用上式求得基本喷射时间。对于采用叶片式空气流量计和卡门涡旋式空气流量计的系统来说，由于它们测得的都是进气的体积流量，需要进行密度修正。

对于速度密度方式的电子控制汽油喷射系统，通常用三维 MAP 图（见图 5-11）的方式来确定燃油的基本喷射时间。根据发动机转速和进气管绝对压力确定吸入的空气质量流量，从而确定基本喷射时间。排气管压力、废气再循环量变化所引起的基本喷射时间误差，可通过传感器的输出值分别对其进行修正。另外，进气温度变化对基本喷射时间的影响也通过后面的进气温度修正曲线来消除。

当发动机的运转条件处于三维 MAP 图中各点的中间时，可用内插法求得喷射时间。

对于测量体积流量的质量流量式电子控制汽油喷射系统和采用速度密度方式的电子控制汽油喷射系统，进气温度的变化对进气密度的影响必须进行修正。一般将 20 ℃ 作为标准的进气温度，ECU 根据进气温度高于或低于这一温度，增加或减少喷油量。

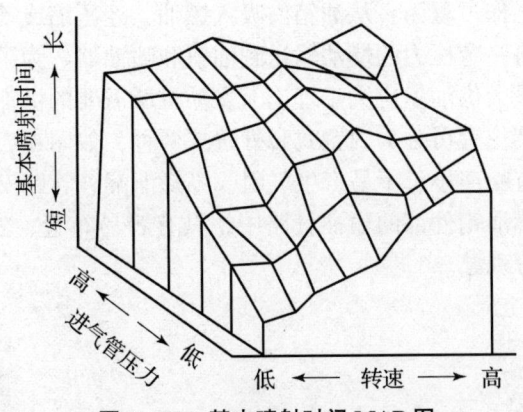

图 5-11 基本喷射时间 MAP 图

当车辆行驶在高原或平原地区时，大气压力变化引起的空气密度变化将会对质量流量的测量带来误差，因此对于测量体积流量的质量流量式电子控制汽油喷射系统，应进行大气压力修正。一般以标准大气压为基准，低于这个气压时，减少喷油量；反之，增加喷油量。

对于速度密度式电子控制汽油喷射系统，大气压力的变化对进气量测量的影响是由于排气状态的变化引起的，在相同的转速和进气管绝对压力下，大气压力下降，则排气阻力也下降，发动机排气更通畅，残余废气减少，从而使进气量相对增加，混合气变稀，反之则变浓。

根据进气量确定了基本喷射时间之后，还需按照工况变化对混合气浓度进行修正，从而满足各工况对空燃比的特定要求。这些修正包括起动加浓修正、急速稳定性修正、空燃比反馈修正等。由于喷油器针阀的开启和落座速度与蓄电池电压有关，蓄电池电压越高，速度越快，从而使相同喷油脉宽的有效喷射时间延长，喷射量增大；反之，蓄电池电压降低，相同喷油脉宽所对应的喷射量减少，即存在着无效喷射时间。因此，必须采取修正措施，确保在蓄电池电压波动的情况下，相同的喷射脉宽对应相同的燃油喷射量。其方法是减小或增大 ECU 计算得到的喷油脉宽，以抵消无效喷射时间变化带来的影响。

以上是对燃油喷射量所进行的控制，除了供油控制以外，电子控制汽油喷射系统还可以进行断油控制。

断油控制包括发动机超速断油、汽车超速行驶断油和减速断油。即为防止发动机超速运转发生事故，当转速超过其设定的最高值时，立即停止供油，迫使转速下降；同理，当车速超过限定值时也须停止供油；而当发动机高速运转中节气门突然关闭，运行急减速时，为达到节油和改善排放的目的，也要停止喷油。断油后重新供油的转速与冷却水温度有关，冷却水温度低时，重新供油的转速高，以避免熄火。

第四节　主要零部件的结构及工作原理

一、电动燃油泵

电动燃油泵是电子控制汽油喷射系统的主要组成部件之一，其功能是在规定的压力下供给系统足够的燃油。其工作过程为：从油箱内吸入燃油，经压缩或动量转换将压力提高到压力调节器要求的数值，将一定压力的燃油输送到油轨和喷油器。为了确保喷射系统所要求的喷射压力，喷射系统的最大供油量应大于理论上发动机所需要的供油量。

电动燃油泵按照安装位置可分为内置式和外置式两种，如图 5-12 所示。内置式是指燃油泵安装于油箱中，具有噪声小、不易产生气阻、不易泄漏、管路安装简单等特点；外置式是指燃油泵串联安装于燃油箱外部的输油管路中，具有容易布置、安装灵活等优点，但是，噪声大，容易产生气阻等现象。

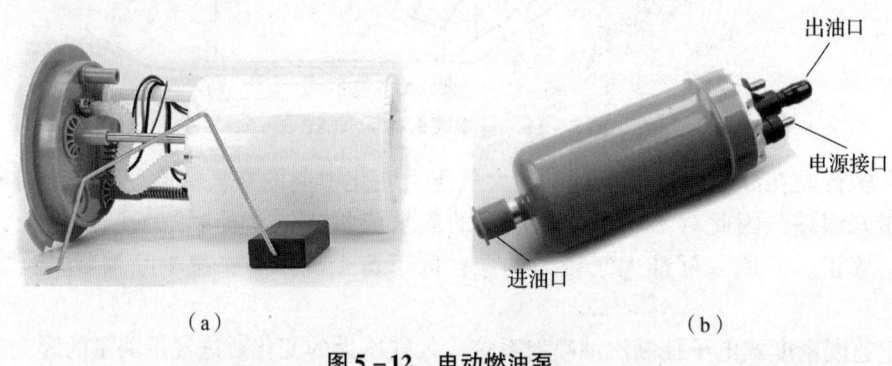

图 5-12 电动燃油泵
(a) 内置式；(b) 外置式

电动燃油泵结构由泵体、直流电动机和壳体三部分组成。其基本工作原理是直流电动机通电后带动泵壳体内的转子叶轮进行高速旋转，转子轴下端的切面与叶轮的内孔切面相结合，使当转子旋转的时候通过转子轴带动叶轮一起同向旋转，叶轮高速旋转过程中在进油口部分造成真空低压，进而将经过过滤处理的燃油从泵盖的进油口吸入，吸入的燃油经燃油泵叶轮加压后进入泵壳内部再通过出油口压出，为燃油系统提供具备一定压力的燃油，电动燃油泵结构原理图如图 5-13 所示。

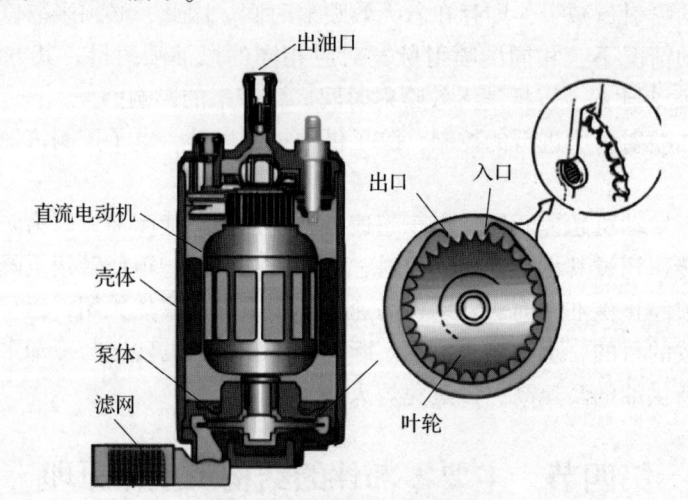

图 5-13 电动燃油泵原理图

此外，电动燃油泵上还设有安全阀和单向阀。安全阀的作用是防止在工作中，排出口下游因某种原因出现堵塞时发生管路破损和燃料泄漏。当排出口油压上升至限定压力值时，安全阀打开，高压燃油与燃油泵的吸入侧连通，燃油在燃油泵和电动机内部循环。单向阀的作用是保存残余压力。当发动机熄火，燃油泵刚刚停止输送燃油时，单向阀立即关闭，以保持燃油泵和压力调节器之间的燃油具有一定的压力，该压力可使高温情况下的起动变得容易。

二、压力调节器

在发动机的运转过程中进气管压力是经常发生变化的，为了保证喷油器入口与出口压差不变，往往在燃油系统中加装压力调节器，其任务就是保持燃油压力与进气管压力之间的压力差不变，如图5-14所示，从而使喷油器喷出的燃油量只取决于ECU所控制的喷油持续时间。

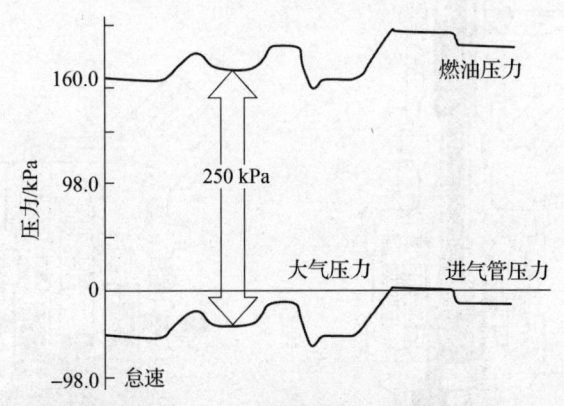

图5-14 压力调节器的工作原理

压力调节器的构造如图5-15所示，主要由金属外壳、膜片、弹簧等组成，膜片将调节器腔分割为两个腔室，一个是弹簧室，另一个是燃油室。从燃油泵送来的燃油从入口进入并充满燃油室，借助膜片把阀推开，在设定的压力下和弹簧力平衡。超过设定的压力时，由膜片控制的阀打开回油管的通口，使多余的燃油流回燃油室。压力调节器的弹簧室经一根管子和发动机进气管相通，使燃油供应系统中的压力随进气管内的绝对压力而变化，也就是说，在任何节气门位置，经过喷油器的压力降均相同。

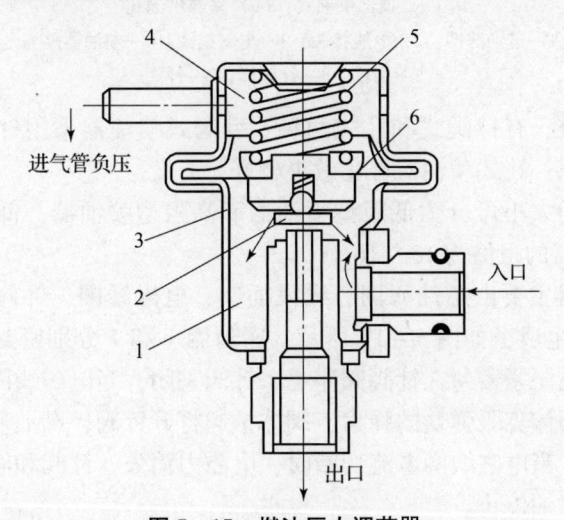

图5-15 燃油压力调节器
1—燃油室；2—阀门；3—壳体；4—弹簧室；5—弹簧；6—膜片

压力调节器的调节压力通常为 0.25~0.3 MPa，具体视汽油喷射系统的要求而定。

三、喷油器

喷油器的功用是根据 ECU 发出的喷油信号，喷射出相应数量的燃油，并使燃油得到雾化。

按照燃油供给方式的不同，可分为顶部供油方式和底部供油方式两种，如图 5-16 所示。

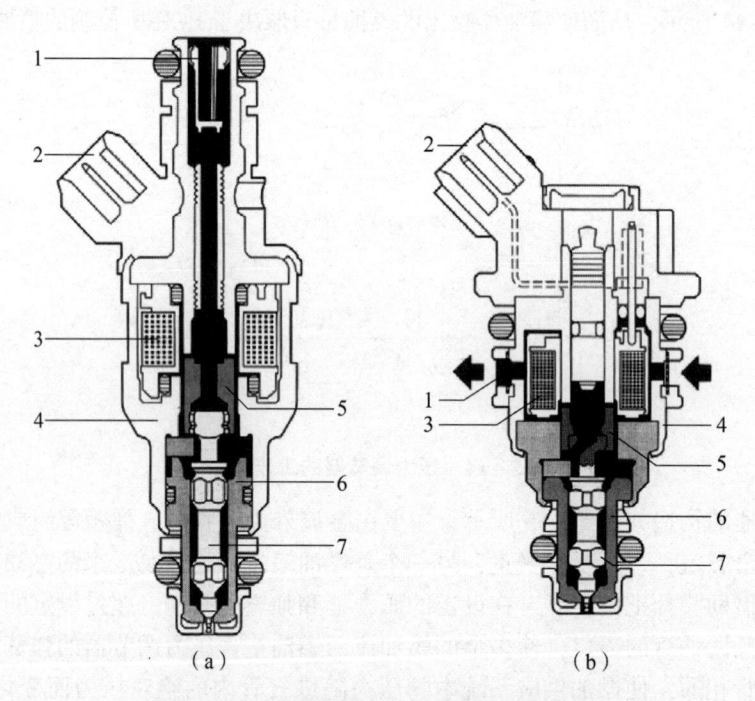

图 5-16　顶部供油式和底部供油式喷油器
(a) 顶部供油式；(b) 底部供油式
1—进油滤网；2—电线接头；3—电磁线圈；4—喷油器外壳；
5—衔铁；6—针阀体；7—针阀

按照喷口形式来分，有针阀式和孔式两种。针阀式喷油器采用针阀控制喷口开启和关闭，喷嘴不容易被堵塞；孔式喷油器雾化效果较好。

按照喷油器阻值的大小可分为低阻型喷油器和高阻型喷油器，低阻型喷油器的阻值为 2~3 Ω，高阻型喷油器的阻值为 13~16 Ω。

针阀式电磁喷油器主要由燃油滤网、线束插座、电磁线圈、针阀阀体、阀座、复位弹簧、"O"形密封圈等组成，如图 5-17 所示。密封圈 1 和 7 分别密封燃油和缸内燃气，针阀阀体在弹簧作用下被压紧密封在针阀阀座上，针阀关闭，当电磁线圈通电时，线圈电流产生的电磁吸力使针阀阀体克服弹簧的弹力，阀体抬起打开针阀，燃油便从喷孔喷出，通电时间越长，喷油量越大。当电磁线圈电流切断时，电磁力消失，针阀和阀体在复位弹簧的作用下复位，阀门关闭，喷油停止。

孔式喷油器的工作原理与针阀式喷油器的类似。

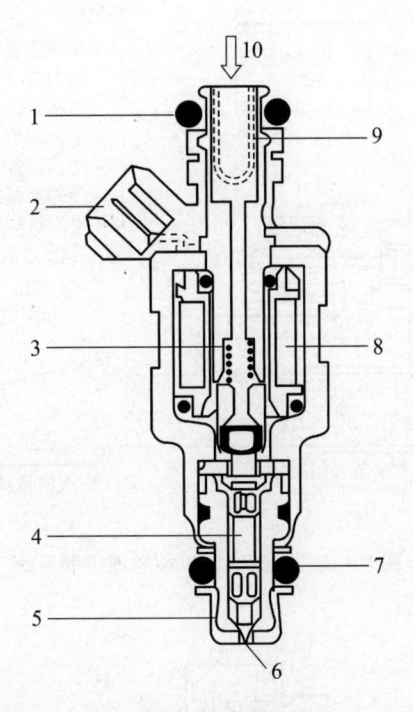

图 5-17 喷油器的结构
1，7—"O"形密封圈；2—线束插座；3—复位弹簧；4—针阀阀体；5—针阀阀座；
6—轴针；8—电磁线圈；9—燃油滤网；10—进油门

四、怠速执行器

怠速执行器的功能是在起动和怠速工况改变发动机的进气量，从而实现对起动、暖机和怠速工况的进气量控制。改变进气量的方式有两种：一种是旁通进气量调节式；另外一种是利用直流电动机直接操纵节气门的方式，即所谓的节气门直动式。

按照执行器驱动方式的不同，旁通进气量调节方式的怠速执行器又分为步进电动机型、旋转电磁阀型、占空比控制型真空开关阀及开关控制型真空开关阀。彼此关系如下：

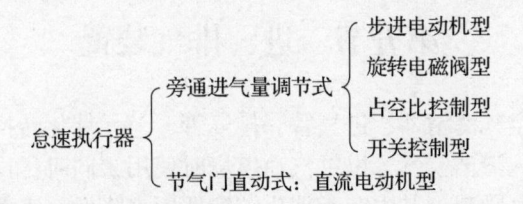

$$
怠速执行器\begin{cases}旁通进气量调节式\begin{cases}步进电动机型\\旋转电磁阀型\\占空比控制型\\开关控制型\end{cases}\\节气门直动式：直流电动机型\end{cases}
$$

步进电动机型怠速控制系统的结构如图 5-18 所示。从空气滤清器后引入的空气经怠速控制阀到达进气总管，ECU 控制步进电动机，以增减流过该旁通气道的空气量。

步进电动机型怠速控制阀（见图 5-19）由步进电动机和控制阀两大部分组成。上部为步进电动机，它可以顺时针或反时针旋转；控制阀阀轴一端的进给螺纹旋入步进电动机的转子，进给螺纹将步进电动机的旋转运动转换成阀轴的直线运动，随着步进电动机的正转或反转，阀轴上下运动，改变阀与阀座之间的间隙大小，从而调整进气量。

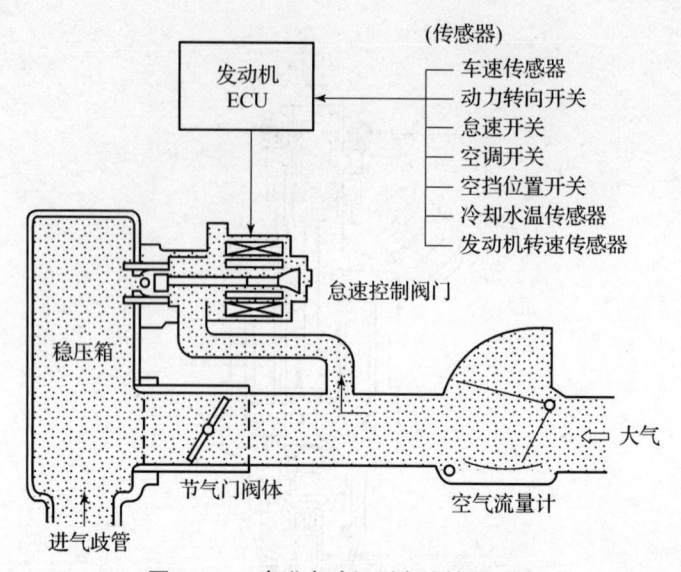

图 5-18　步进电动机型怠速控制系统

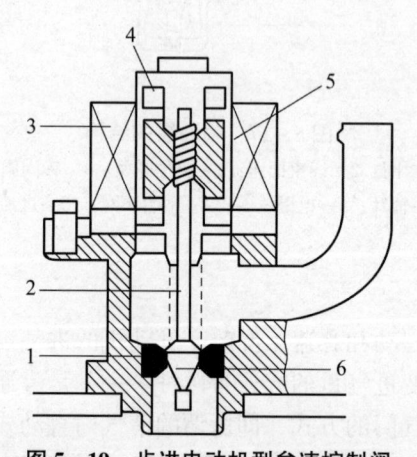

图 5-19　步进电动机型怠速控制阀
1—阀座；2—阀轴；3—定子线圈；4—轴承；5—转子；6—阀

第五节　进、排气装置

进、排气装置包括空气滤清器、进气管、排气管、三元催化转换器及排气消声器等。其功用是尽可能通畅地导入清洁空气，以供汽油燃烧时使用，同时尽可能彻底地排出废气，并降低有害气体排放及排气噪声。其中三元催化转换器用来降低有害气体的排放，是汽油机排放控制最有效的措施之一。

一、空气滤清器

空气滤清器的功用是清除进入气缸空气中的灰尘和杂质，以减小气缸和活塞组之间以及气门组之间的磨损，同时还有减小进气噪声的作用。试验表明，如果不安装空气滤清器，发动机的寿命将缩短 2/3 左右。

车用发动机最常用的空气滤清器是过滤式空气滤清器,将气流通过由金属丝、纤维、微孔滤纸或金属网制成的滤芯,使尘土和杂质被隔离黏附在滤芯上。它可以滤除微小的尘土和杂质。其中,纸质空气滤清器具有价格便宜、结构简单、更换方便等特点而受到广泛使用,如图5-20所示。

车用发动机除了常用的纸质滤清器外,还有适用于大型卡车用的离心式空气滤清器和油浴式空气滤清器等形式。

离心式空气滤清器主要装用在大型卡车上。在这种空气滤清器中装有使空气旋转的装置。进气在空气滤清器中旋转,旋转的离心力使空气中的杂质甩到壳体壁面上再落下,从而达到过滤空气的目的。

油浴式空气滤清器又称为综合式空气滤清器,空气以很高的速度从滤清器盖与壳之间的夹缝中由上至下进入,较大的尘粒在气流由下行转为上行时被滤清器中的机油所黏附,而小的尘粒又在气流上行经过滤芯时被过滤,最后干净的空气从上方经气流管进入发动机进气管,这样空气在综合式空气滤清器中经过了两级过滤。油浴式空气滤清器的滤清效率为95%~97%,标准空气流量下的压力降为1.47~2.45 kPa,容尘能力比纸质空气滤清器大。为了保证油浴式空气滤清器的滤清效果,必须保持油池中机油液面的规定高度。油面过低时,影响滤清效果;油面过高时,气流流通面积减小,流动阻力增加,使发动机进气量下降,也影响发动机的性能。

二、进气管

发动机进气管是指将燃烧所需要的空气导入发动机气缸管路。一般来说,为了减少进气系统阻力,进气管必须保证足够的流通面积,避免转弯及截面突变,改善管道表面的光洁度等要求。因此,在高性能的汽油机上往往尽可能设计直线形或大弧度进气系统,并布置适当的稳压腔容积,如图5-21所示。

图5-20 纸质空气滤清器

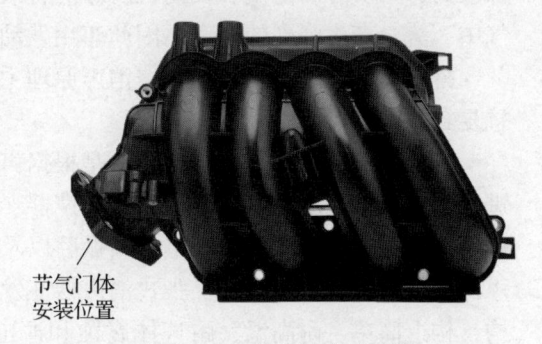

图5-21 发动机的进气管

三、排气管系统

汽油和空气的混合气在气缸内燃烧后产生废气,排气系统的作用就是将废气顺利排除,排气系统的主要装置包括排气管、排气总管、排气消声器等零部件。

1. 排气管

排气管的功用是将各气缸的废气汇集之后经排气消声器排入大气,排气时气体流动阻力对发动机的功率会产生影响，因此排气管内壁应尽量光滑，以防止产生排气紊流。

把多缸发动机的排气集中在一起是为了把气体归到一起送入排气消声器，虽然从车身设计、汽车质量、成本方面看，这种排气方式的效果比较好。但由于排气集中，各气缸之间相互产生干扰，会引起逆流或使流动性变差。这种排气干扰现象会提高排气背压，造成排气困难，引起发动机输出功率的损失。为减少排气干扰，在排气管设计时应遵循以下原则：使用尽可能长的排气歧管，尽可能使各缸排气歧管独立，设计独立式排气管；各缸排气歧管长度应相等，设计等长度排气管，如图5-22所示。

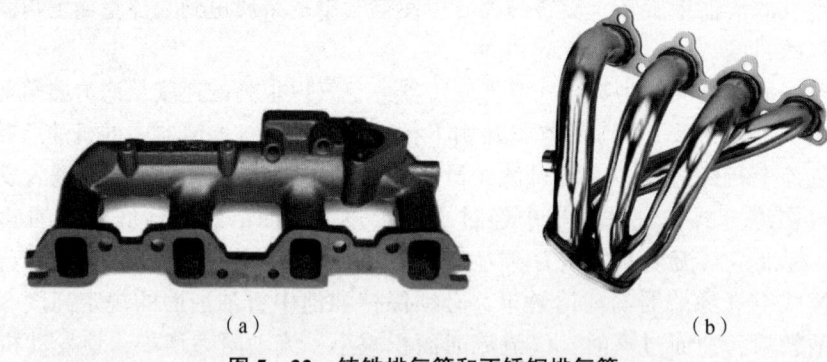

图 5-22 铸铁排气管和不锈钢排气管
(a) 铸铁排气管；(b) 不锈钢排气管

排气管一般用铸铁制造，但近年来采用不锈钢排气管的发动机越来越多，主要原因是不锈钢排气管质量轻，耐久性好，内表面光滑因而使排气阻力减小等很多优点。

2. 排气总管和排气消声器

排气总管是发动机排气管和排气消声器之间的连接管，排气消声器的功能是降低排气噪声。发动机排出的废气量相当于进气量，它的温度（230~830 ℃）和压力（200~500 kPa）都较高，其所含的能量和发动机所做的有效功相当，并具有很大的脉冲性，如果直接排入大气中，势必产生强烈的噪声，因此车用发动机一般都装用排气消声器。

排气消声器的种类很多，按消声原理主要可以分为三类：抗性消声器、阻性消声器和阻抗复合式消声器。

抗性消声器又称声学滤波器，是根据声学滤波原理制成的，主要是利用控制声抗的大小进行消声。抗性消声器包括扩张式消声器、共振式消声器和干涉式消声器等几种，都是通过利用一定尺寸和形状的扩张室、共振腔以及一定长度的管道的适当组合使某些频率成分的噪声得到衰减的装置，其中扩张式消声器在发动机上的应用最多。由于这类消声器是全金属结构，构造简单、耐高温、耐气体腐蚀和冲击，使用寿命长，因此在发动机上得到了广泛应用。抗性消声器对中、低频噪声的消声效果好，但对高频的消声效果差，因此在实用上往往还需要利用一些对高频噪声消声效果较好的消声结构，如穿孔板或多节组合来达到消声的目的。

阻性消声器是利用吸声材料来消减噪声的，吸声材料大多由松软多孔，且孔与孔之间互相连通的材料构成。把吸声材料固定在气流流动的管道内壁或按一定的方式排列在管道中，就构成了阻性消声器。当声波进入阻性消声器时便会引起吸声材料孔隙中的空气和细小纤维的振动。由于摩擦和黏滞阻力，声能变为热能而被吸收，从而起到消声作用。这类消声器的优点是能在较宽的中高频范围内消声，特别是能有效消减刺耳的高频声。但是这类消声器所使用的吸声材料，在高温、腐蚀性气体、焦油、碳粒存在的情况下会很快失效，使用寿命短。阻性消声器一般不单独使用。

阻抗复合式消声器综合了抗性和阻性消声器的特点，将扩张室、共振腔和吸声材料组合在一起构成消声器，因而这类消声器在很宽的频率范围内都具有良好的消声性能。

思 考 题

1. 电子控制汽油喷射系统有何优点？它由哪几个主要系统组成？各系统的功用及工作原理如何？

2. 电子控制汽油喷射系统中空燃比是如何检测的？

3. 什么是空燃比闭环控制？电喷发动机闭环控制中空燃比的目标值是多少？为什么要采用闭环控制？

4. 为什么在电喷系统中要有压力调节器？为什么当汽油喷射系统确定之后喷射量与喷油器的喷射脉宽成正比？

5. 电子控制汽油喷射系统的节气门在起动和怠速工况处于什么状态？在这两种工况下汽油机的进气量是如何控制的？

第六章
柴油机燃油供给系统

第一节 柴油机燃油供给系统的功用与组成

由于柴油燃料特性与汽油燃料特性的差异，导致柴油机与汽油机存在很大不同，包括着火方式、混合气形成方式以及功率控制方法等，进而导致柴油机与汽油机供给系统有很大差别，主要表现在以下几个方面。

(1) 调节方式导致的不同：柴油机并不采用节气门来控制进气量，而是通过控制供给气缸中的燃油量来适应负荷的变化。所以，柴油机混合气浓度变化很大，空燃比由怠速时的 85：1 左右到满负荷时的 20：1~25：1，在起动工况时，空燃比比满负荷时的还要浓。

(2) 着火方式导致的不同：由于柴油机是压燃的着火方式，故柴油喷入气缸的时刻决定着柴油机燃烧过程的进程，因而对柴油机性能有着重大影响。

(3) 油气混合方式导致的不同：柴油机利用高压喷射方式将很高压力的柴油供入气缸，在压缩上止点附近快速混合，混合时间短。

(4) 燃烧方式导致的不同：柴油机的燃烧过程是扩散燃烧，即混合气边混合边燃烧，所以喷油器供油的规律决定了燃烧的放热规律，同样对柴油机的性能有着重大的影响。

柴油机燃油供给系统的功用就是根据柴油机的不同工况，定时、定量地将具有一定压力的柴油按所需的供油规律供入气缸，使柴油与经空气供给装置进入气缸的空气混合燃烧，并将燃烧以后的废气排出气缸外，如图 6-1 所示。

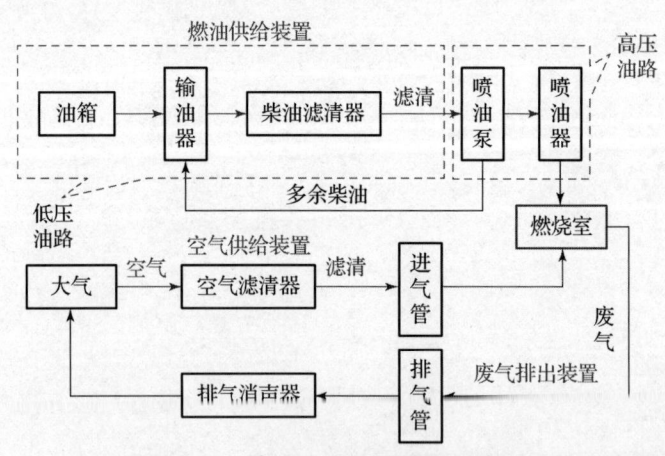

图 6-1 柴油机燃油供给系统示意图

柴油机燃油供给系统由燃料供给、空气供给、混合气形成及废气排出四部分组成。空气供给和废气排出部分也称为进排气系统。

一、柴油机进排气系统

目前车辆用柴油机通常采用增压技术，增压柴油机的进排气系统通常由空气滤清器、增压器、中冷器、进排气管路和排气消声器等部件组成，如图6-2所示。其工作过程为：在发动机活塞运动的作用下，新鲜的空气通过进气管路进入废气涡轮增压器的压气机，经增压后的空气压力一般为 2~3 bar（1 bar = 10^5 Pa），但是由于空气的温度也会因为压缩而增加，不仅限制了进气密度和发动机功率的提高，而且还会导致柴油机的 NO_x 的排放增加，所以在进入发动机前一般将增压后的空气引入中冷器进行降温，将温度控制在 50~90 ℃。经过中冷的空气经进气管路和进气歧管进入各气缸参与燃烧。燃烧后的废气经排气歧管和排气管进入废气涡轮增压器的涡轮，在这里排气能量推动涡轮做功，被部分利用，经过涡轮的废气温度和压力下降，最后经排气管、排气消声器以及尾气后处理装置排入大气。

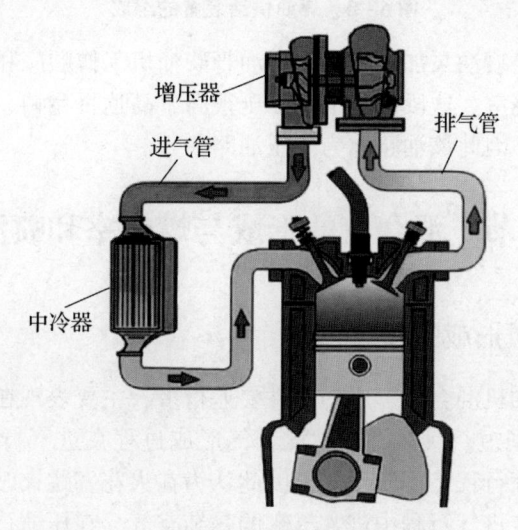

图6-2 柴油机空气供给和废气排出装置

二、柴油机传统燃油供给装置

传统燃油供给装置采用机械泵作为燃油输送和高压供给装置，其结构组成如图6-3所示，由油箱、燃油滤清器、输油泵、高压油泵（喷油泵）、高压油管、喷油器等部件组成。

输油泵将经过燃油滤清器过滤后的柴油从油箱吸入高压油泵，这部分柴油压力较低，一般为 0.15~0.3 MPa，称为低压油路，该油路完成从油箱到高压油泵燃油的清洁与输送。输油泵的供油量大于喷油泵的供油量，多余的燃油经回油管回到燃油滤清器。有的燃油系统在燃油滤清器上装有受柴油温度控制的阀，可以根据燃油温度的高低决定汇集至燃油滤清器的柴油回流的流向：当柴油温度低时，从各部位汇集的回油直接进入燃油精滤器，进行下一轮的循环，这样保证了燃油温度的快速升温、改善低温条件下柴油的雾化；而当燃油温度高于某一温度后，温控阀就将汇集来的回油引回到油箱进行散热，避免了由于柴油机温度过高引起的高压油泵的泵油量降低、发动机功率下降和油泵的过度磨损，并且能够减小油路气阻。

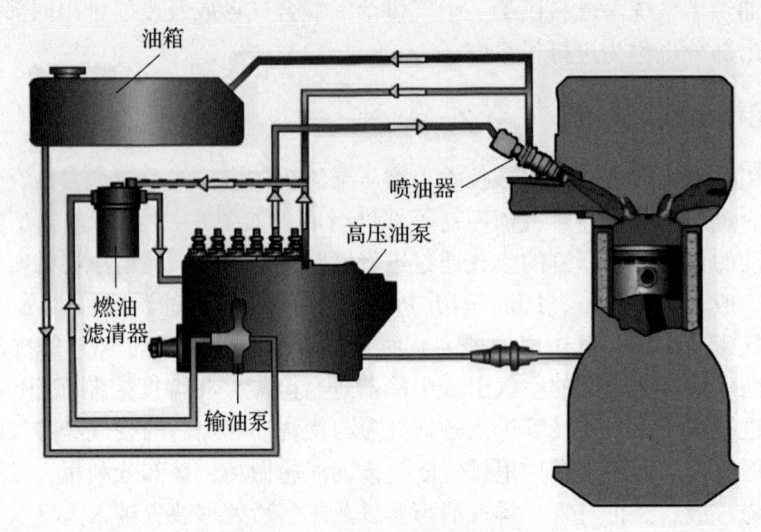

图6-3　燃油供给装置的组成

进入喷油泵的燃油经喷油泵加压后由高压油管柴油机工作顺序和喷油时刻定时定量供给到喷油器，最终喷入燃烧室。这段油路中的油压很高，高达百兆帕，以保证高压柴油通过喷油器呈雾状喷入燃烧室，因此该油路称为高压油路。

第二节　混合气的形成与燃烧室和喷油器

一、柴油机混合气形成的特点

与汽油机相比，柴油机混合气形成的条件要差得多，主要表现在以下几个方面。

（1）混合气形成时间短。汽油机可燃混合气形成过程在进气行程开始，并在进气道和气缸中继续进行直到压缩行程终了时为止，因此认为在火花塞跳火时，已形成了品质较好的可燃混合气。而柴油机在进气行程中进入气缸的是纯空气，在压缩行程接近终了时，柴油才被喷入气缸，经一定准备后即自行着火燃烧，故混合气形成时间极短。

（2）柴油的蒸发性和流动性较汽油差。混合气形成条件差就会导致燃烧过程的着火延迟期延长，在着火延迟期内喷入气缸的柴油增加，引起柴油机的工作粗暴。为了改善混合气形成条件，柴油机除了选用十六烷值较高的柴油、采用较高的压缩比，以提高气缸内空气温度、促进柴油蒸发外，还对柴油机供给系统提出了以下要求：①喷油压力必须足够高，以利于柴油雾化；②在燃烧室内组织强烈的空气运动，促进柴油与空气的均匀混合。

二、柴油机燃烧室

柴油机的燃烧室在结构上分为统一式燃烧室和分隔式燃烧室两大类。

1. 统一式燃烧室

统一式燃烧室又叫直喷式燃烧室，有由凹形活塞顶与气缸盖底面所包围的单一内腔，几乎全部容积都在活塞顶面上。常见类型有ω形燃烧室和球形燃烧室两种，如图6-4所示。

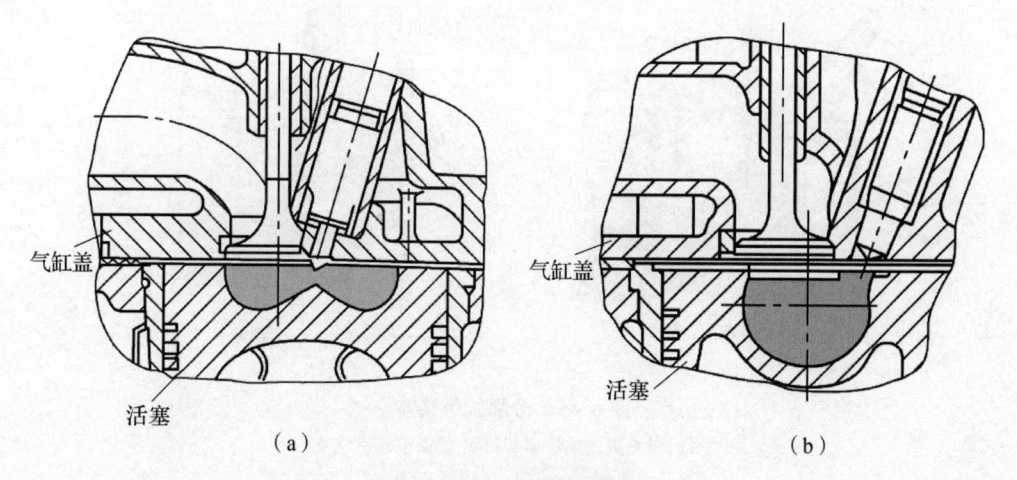

图 6-4　统一式燃烧室
(a) ω形燃烧室；(b) 球形燃烧室

ω形燃烧室的活塞凹顶剖面轮廓呈ω形，混合气的形成以空间混合为主，需要依靠螺旋气道或切向气道形成中等强度的进气涡流，以及喷油器对柴油的雾化作用加速混合。因而喷油器采用中心布置的小孔径的多孔喷油器，喷油压力较高，具有结构紧凑、散热面积小、热效率高、起动容易等优点，但着火延迟期内形成的混合气较多，工作暴烈。

球形燃烧室的活塞顶表面轮廓呈球形，同样也需要配合较强的螺旋进气道，形成强烈的进气涡流，可以采用单孔或双孔喷油器将柴油顺气流或沿燃烧室切线喷入燃烧室，绝大部分燃油在燃烧室壁上形成比较均匀的油膜。混合气的形成主要靠油膜吸热蒸发来完成。混合气形成速度在开始比较慢，以后逐渐加快，因而工作比较柔和，具有较高的动力性和经济性，但是由于起动时油膜蒸发困难，起动性较差。

统一式燃烧室具有如下特点：

①燃烧迅速，燃油经济性好、有效燃油消耗率低。比分隔式有效燃油消耗率低10%～20%，经济性好是直接喷射式柴油机的突出优点，但存在工作粗暴、压力升高率大、燃烧噪声大等缺点。

②燃烧室结构简单，面容比小，因此散热损失小，另外也没有主、副室之间的流动损失，一方面改善了冷起动性能，另一方面也是经济性好的重要原因。

③对喷射系统的要求较高，对气道也有较高的要求。

④NO_x的排放量比分隔式燃烧室高，特别是在较高负荷的区域内，高1倍左右，统一式燃烧室的微粒排放量相对较低。

⑤对转速变化比较敏感，较难同时兼顾高速和低速工况，因而其转速适应性比分隔式柴油机低。

2. 分隔式燃烧室

分隔式燃烧室由两部分组成，一部分位于活塞顶与缸盖底面之间，称为主燃烧室；另一部分在气缸盖中，称为副燃烧室。结构上常见的有涡流室式燃烧室和预燃室式燃烧室两种，如图6-5所示。

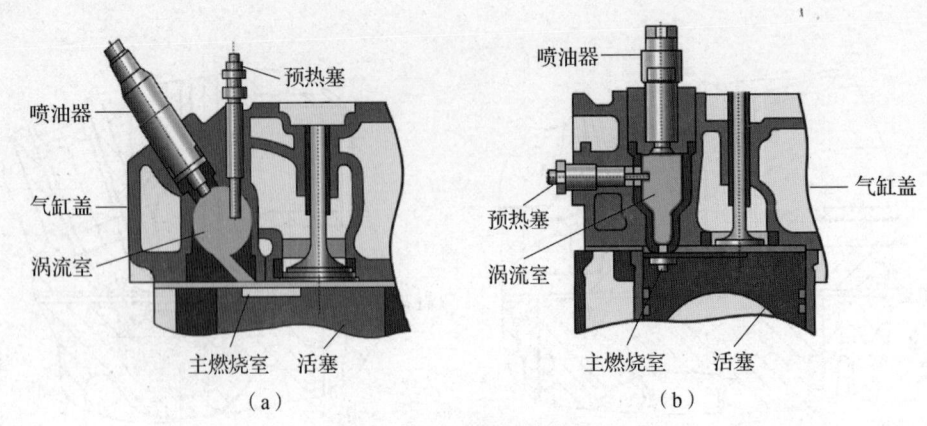

图 6-5 分隔式燃烧室
(a) 涡流室式燃烧室；(b) 预燃室式燃烧室

涡流室式燃烧室的副燃烧室又叫涡流室，其容积占燃烧室总容积的50%~80%，通过与其内壁相切的通道与主燃烧室相通。由于通道面积较大，因而在压缩行程中空气被挤入涡流室内形成强烈的有规则的涡流。喷入的燃油在这种强烈的涡流作用下与空气迅速地完成混合，大部分燃油即在涡流室内燃烧，未燃部分在做功行程初期与高压燃气一起通过切向孔道喷入主燃烧室，进一步与空气混合而燃烧。

预燃室式燃烧室的副燃烧室占总燃烧室容积的25%~45%，由孔径较小的通道与主燃烧室相连，因而在压缩行程中压缩空气进入副燃烧室后产生无规则的紊流运动，使喷入的燃油与空气初步混合形成品质不高的混合气。少部分柴油燃烧后使副燃烧室内压力急剧升高，将未燃的大部分燃油连同燃气高速喷入主燃烧室，由于通道的节流作用使燃油进一步雾化并与空气混合而达到完全燃烧。

分隔式燃烧室由于借助强烈的空气流动加速混合气形成，故可以采用喷油压力较低的轴针式喷油器。

分隔式燃烧室具有以下特点：
①混合气形成主要靠强烈的空气运动，对喷油系统要求不高，因而故障少。
②燃烧是在副燃烧室和主燃烧室内先后进行的，燃烧比较完全，主燃烧室内燃气压力升高比较缓和。
③发动机工作比较平稳，曲柄连杆机构承载较小，排气污染少。
④这种燃烧室在小排量的汽车柴油机中得到广泛应用。
⑤由于散热面积大、流动损失大，故燃油消耗率较高、起动性较差。因而，一般在副燃烧室中装有预热塞以改善起动，预热塞是一种电加热塞。起动发动机时蓄电池的电源给预热塞通电，提高燃烧室内空气的温度，达到改善起动的目的。在大型载重汽车和公共汽车等大排量发动机上大多采用统一式燃烧室。

现在由于环保和能源危机的双重压力，通过缸内气流的合理组织、先进的喷油系统等使统一式燃烧室的性能得到了极大的提高，小排量柴油机上也广泛地采用了统一式燃烧室。

三、喷油器

喷油器的作用是将柴油雾化成较细的颗粒，并把燃油以高压雾状形态快速分布到燃烧室中，要求喷油器应有很高的喷射压力、射程、喷射锥角等。同时，要求喷油器应能在停止喷油时刻迅速地切断燃油的供给，不发生滴漏现象。常见的喷油器有孔式和轴针式两种类型。

1. 孔式喷油器

孔式喷油器主要用于统一式燃烧室的柴油机。喷油孔数目一般为 1~8 个，喷孔直径在 0.15~0.6 mm。喷孔数与喷孔角度取决于燃烧室的形状、大小及空气涡流情况。孔式喷油器的结构如图 6-6 所示，喷油器主要由针阀、针阀座、顶杆、弹簧等零件组成。

由喷油泵来的高压柴油经进油口进入高压油腔，高油压作用在针阀的承压锥面上产生向上的作用力，通过顶杆克服弹簧压力将针阀抬起，高压柴油从阀座喷口喷出，当喷油泵停止供油时，油压下降，针阀在弹簧作用下及时回位，喷油停止。喷射开始时的压力取决于弹簧的预紧力，可以通过调整螺钉实现喷油开启压力调整。

喷油器针阀和针阀座是一对由优质合金钢制成的精密偶件，称为针阀偶件。针阀偶件有导向部、承压带和密封带三个部分。其中，偶件的导向部分是非常高精度的滑动配合，配合间隙为 0.002~0.003 mm。如果该间隙过大，则可能发生漏油而使油压下降，影响喷雾质量；如果该间隙过小，则有可能发生卡滞现象。针阀下端的锥面是密封与针阀座的锥面配合，实现喷油器内腔的密封。针阀偶件是经过相互研磨保证配合精度的，而且针阀偶件不能互换。

2. 轴针式喷油器

轴针式喷油器的工作原理与孔式喷油器的相同。其构造特点是针阀下端的密封锥面以下有一个轴针，其形状是圆柱形或倒锥形的，如图 6-7 所示。针阀体上只有一个 1~3 mm 的喷油孔，轴针工作时在喷孔内上下运动，所以不易积炭。轴针式喷油器适用于对喷雾质量要求不高的分隔式燃烧室。

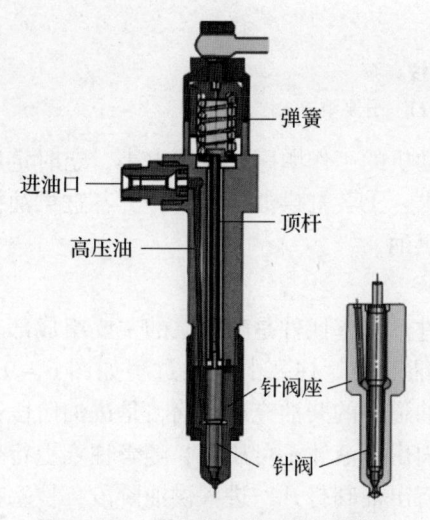

图 6-6 孔式喷油器和针阀偶件

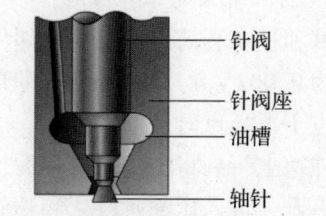

图 6-7 轴针式喷油器针阀偶件

第三节 直列式喷油泵

喷油泵是为柴油机提供高压油的核心部件，主要有柱塞泵、叶片泵、转子分配泵三种类型，其中，柱塞泵中的直列柱塞泵（简称直列泵）是柴油机中应用最广泛的一种结构。柴油机喷油泵总成通常将喷油泵、调速器等部件集成到一起,调速器是保障柴油机的低速运转和对最高转速的限制,确保喷射量与转速之间保持一定关系的部件。

一、直列柱塞泵

1. 直列柱塞泵的基本结构

直列柱塞泵的结构如图6-8所示,包括喷油泵、调速器、输油泵等部分,喷油泵主要由柱塞偶件、油量调节机构、驱动凸轮、出油阀偶件等部分构成。其中,柱塞偶件是产生高压油的关键部件,油量调节机构是根据柴油机工况需求调节供油量的机构,驱动凸轮是用来驱动柱塞往复运动产生高压油的部件,出油阀偶件是控制高压油输出至喷油器的装置。

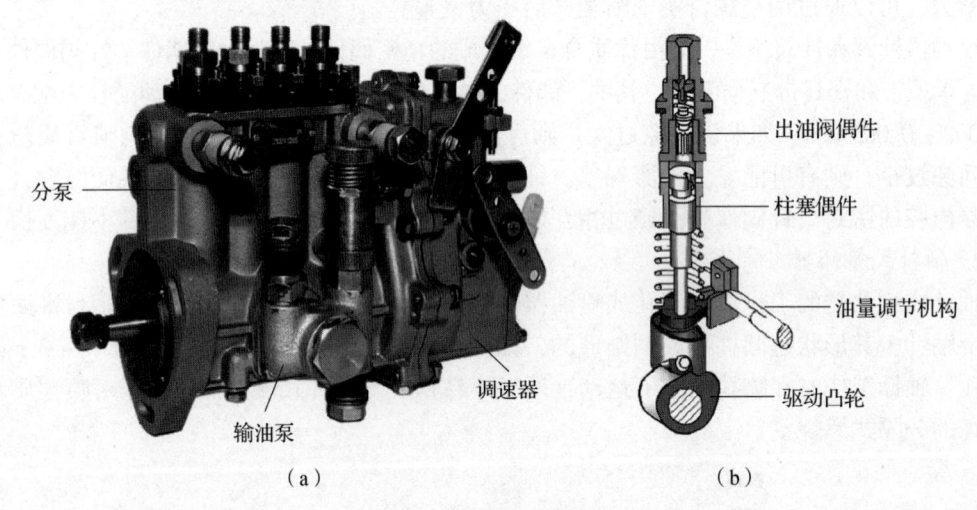

图6-8 直列柱塞泵
(a)直列柱塞泵结构;(b)分泵结构

直列柱塞泵的功用是提高柴油压力,按照发动机的工作顺序、负荷大小,定时定量地向喷油器输送高压柴油。直列柱塞泵应满足以下要求:①各缸供油量相同;②各缸供油提前角相同;③各缸供油持续角相同;④能够迅速停止供油。

2. 直列柱塞泵的工作原理

柱塞和柱塞套筒是一对精密偶件,叫柱塞偶件。柱塞偶件是喷油泵的主要组成部分,配合间隙为0.002~0.004 mm,需研磨和选配,不能互换。柱塞的泵油过程如图6-9所示。当柱塞位于下止点时进油口开启,由输油泵送入油道中的柴油充满套筒,是进油阶段;当凸轮驱动柱塞上行到将进油口关闭后,在封闭容腔内由于液体不可压缩,随着柱塞上行柴油压力迅速上升,进入压油阶段;当达到一定压力后将出油阀打开,进入供油阶段;柱塞在凸轮驱动下继续上行,柴油不断被供到喷油器;当柱塞运动到斜槽与进油孔连通位置时,斜槽将进油口打开,被压的柴油通过中间油孔和斜槽与进油口低压接通,压力迅速降低,出油阀在弹簧作用下迅速关闭,供油停止。出油阀是在弹簧作用下关闭,以保证高压油路中高压柴油不会倒流。这时即使柱塞在凸轮作用下继续上行也不会向喷油器供油。喷油泵供油始于柱塞顶部边缘关闭进油口时而止于斜槽打开进油口时,这期间柱塞移动的距离称为柱塞的有效行程。

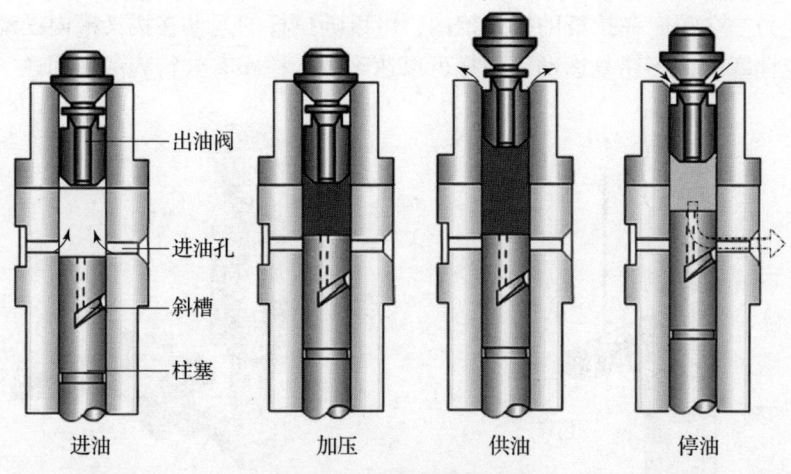

图 6-9　柱塞的泵油过程

柱塞偶件和出油阀偶件如图 6-10 所示。

3. 喷油泵各分泵供油间隔角调整

喷油泵各分泵之间的供油间隔角取决于喷油泵凸轮轴上相应凸轮间的夹角，并受柱塞在柱塞套筒内的轴向相对位置影响。通过调整挺柱滚轮与凸轮之间的调整螺钉可实现分泵供油提前角，一般要求各分泵的供油提前角差别不大于 0.5°CA。

4. 喷油泵循环供油量调整

喷油泵循环供油量取决于柱塞上行过程中斜槽打开有孔的位置，即柱塞的有效行程，如图 6-11 所示，从柱塞上沿关闭进油孔开始，至柱塞斜槽与进油孔接通柱塞运动的距离 Δh，该距离是供油的有效行程，决定喷油泵的循环供油量。当柱塞斜槽转到最小时往往设计成直接与进油口相通，即有效行程为 0，停止供油。当柱塞逆时针旋转时，有效行程逐渐增加，循环供油量也随之增大，反之，循环供油量逐渐减小。因此，通过调节柱塞与进油孔的相对位置就可以实现循环供油量的调节。在实际喷油泵中，调节柱塞转动的方式有齿杆式、拨叉式等结构。

图 6-10　柱塞偶件和出油阀偶件

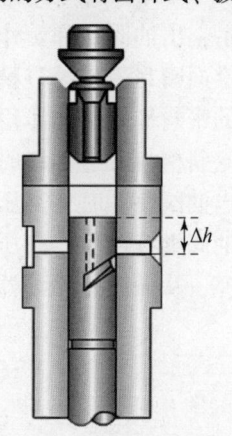

图 6-11　柱塞的有效行程

齿杆式调节方式如图 6-12 所示，齿圈套在柱塞上，柱塞可在齿圈内随齿圈一起转动，同时可以上下滑动，齿杆与齿圈啮合运动可控制柱塞转动，进而控制斜槽与进油孔的相对位置，使有效行程改变，进而改变循环供油量。拨叉式调节方式如图 6-13 所示，拨叉的一端与柱塞连接，另一端镶嵌在拉杆的拨叉槽内，可以随拉杆的运动在拨叉槽内摆动的同时上下滑动，以适应柱塞的上下往复运动，同样可以达到改变柱塞有效行程的作用。

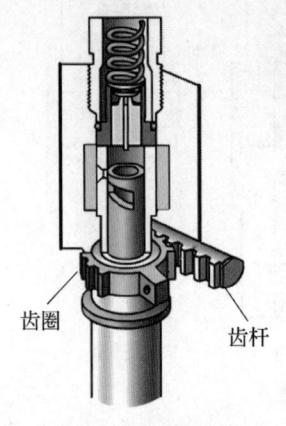

图 6-12　齿杆调节

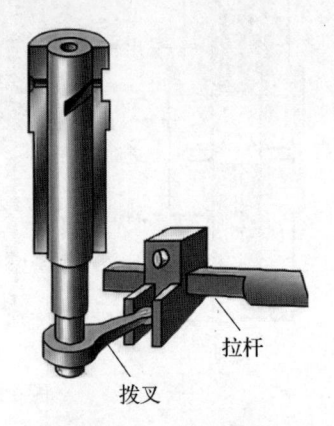

图 6-13　拨叉调节

为了保证多缸机喷油泵各个分泵的循环供油量一致，将喷油泵各分泵的调节机构由同一根供油齿杆或拉杆控制。

喷油泵的泵油量除受供油齿杆的控制外，还受柴油机转速的影响。当供油齿杆位置不变时，在柴油机的工作转速范围内，转速越高，柱塞偶件进油孔和泄油槽之间的节流作用越明显，导致柱塞还没完全关闭进油孔，柱塞腔内的柴油就已经开始被压缩；另外，当泄油槽与进油孔相通时，同样，由于节流作用，柴油压力不能及时下降，两方面结果就导致柱塞的实际有效行程增加，导致在齿杆位置不变的情况下循环供油量加大。喷油泵泵油量随转速的这种变化关系，称为喷油泵的速度特性。

5. 出油阀偶件及工作原理

喷油泵的出油阀及阀座是柴油机供油系统中的另一对精密偶件，称为出油阀偶件（见图 6-14），它与针阀偶件、柱塞偶件合称为柴油机的"三大精密偶件"。出油阀的工作原理如图 6-15 所示，出油阀在弹簧作用下利用锥面密封带将高压柴油与低压柴油分开。为保证可靠的密封，锥面密封带是经过精细研配的。当喷油泵柱塞在凸轮作用下上行时，由于出油阀对柱塞套筒的密封作用使油压得以建立，当柱塞腔内的柴油压力大于弹簧压力时，将出油阀抬起。当柱塞斜槽打开进油口时，柱塞套筒内油压下降，出油阀在弹簧作用下迅速回位。当减压带进入出油阀座孔时，高压油腔与柱塞套筒油腔隔开，防止高压系统燃油过多地流回低压系统。出油阀继续回位，高压油管容积迅速增大，使高压油管内的油压迅速下降，喷油器针阀及时落座，从而防止喷油器产生滴油现象。

图 6-14　出油阀偶件

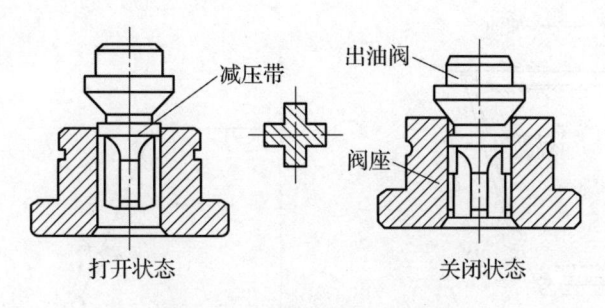

图 6–15 出油阀的工作原理

二、调速器

根据前述对喷油泵的速度特性分析可知，即使供油齿杆位置不变，如果受外界阻力减小影响导致柴油机转速增加时，由于柱塞泵的节流作用会使柱塞的有效行程增大，进而导致循环供油量增加，使柴油机的转速进一步升高，而转速升高则节流作用进一步加剧，有效行程进一步增大，导致转速继续增加，如此下去，会导致柴油机转速不断上升，这被称为柴油机"飞车"；相反地，当受到外界阻力增大影响导致柴油机转速降低时，柴油机转速降低使节流作用减弱，甚至会出现泄漏情况，导致柱塞有效行程减小，循环供油量减少，使转速进一步降低，如此往复，导致柴油机转速越来越低，最终熄火。

可见当外界阻力变化时，尽管齿杆位置不变，也会导致柴油机高速"飞车"、低速熄火现象的发生，影响柴油机正常工作。为了避免上述情况发生，当外界阻力发生变化时，通过调节供油齿杆位置才能使柴油机转速趋于稳定。由于汽车用柴油机是在负载经常变化的情况下工作的，为了在外界阻力变化时喷油泵能自动调节供油量，在直列式喷油泵上往往集成安装调速器。调速器的功用就是当外界阻力在一定范围内变化时，根据转速的变化自动调节喷油泵的供油以调节齿杆位置，相应改变供油量，使发动机输出扭矩与外界阻力相平衡，发动机转速保持稳定。

调速器根据转速调节的范围可分为单程式、两极式和全程式三种。单程式调速器只在一种转速下起作用，一般用于驱动发电机、空气压缩机及离心泵等用途的柴油机上；两极式调速器的作用是稳定柴油机怠速、限制最高转速，柴油机在怠速和最大、最小转速之间工作时调速器不起作用，由驾驶员控制柴油机的供油量；全程式调速器的作用不仅具有两极式调速器的作用，还能在柴油机工作转速范围内的任何转速下自动调节发动机的供油量，使柴油机转速稳定。

两极式及全程式调速器都用于车用柴油机上。其中行驶阻力多变的越野汽车及工况变化频繁的城市车辆用柴油机的调速器更宜采用全程式调速器，以减轻驾驶员的劳动强度。

1. 调速器的工作原理和供油特性
1) 单程式调速器的工作原理和供油特性

单程式调速器的工作原理和供油特性示意图如图 6–16 所示。所谓调速器的供油特性是指调速器的供油量随柴油机转速变化的调节特性。

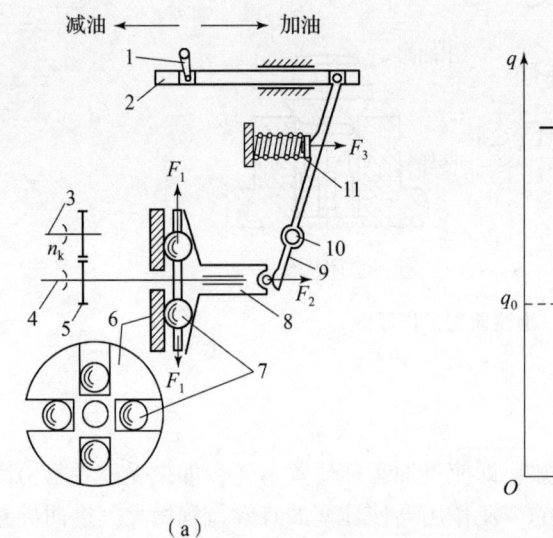

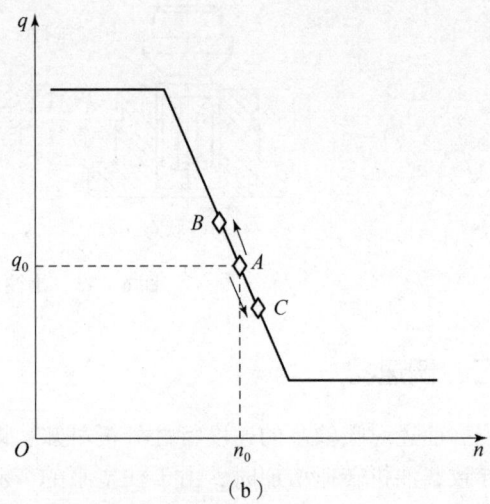

图 6-16 单程式调速器的工作原理和供油特性

(a) 工作原理图；(b) 供油特性图

1—调节臂；2—油量调节杆；3—曲轴；4—调速器轴；5—齿轮；6—主动盘；
7—钢球；8—滑套；9—调速杠杆；10—定轴；11—调速弹簧

当柴油机工作在转速 n_0 时，曲轴带动调速器轴转动，钢球产生的离心力 F_1，推动滑套 8 产生向右的作用力 F_2，F_2 与调速弹簧 11 的弹力 F_3 正好使调速杠杆平衡，喷油泵的循环泵油量为 q_0，对应图 6-16 (b) 中的 A 点位置。当柴油机遇到负载加大情况时，转速将降低，钢球产生的离心力减小，滑套 8 向右的推力不能维持调速杠杆的平衡，调速杠杆绕定轴 10 顺时针转动，带动油量调节杆向右运动增大供油量，对应图 6-16 (b) 中 B 点位置，柴油机供油量增加，输出转矩增加，阻止柴油机转速的进一步降低；相反，当柴油机的负载减小时，转速将升高，钢球产生的离心力增加，滑套 8 向右的推力 F_2 克服调速弹簧 11 的弹力 F_3，调速杠杆绕定轴 10 逆时针转动，带动油量调节杆向左运动，减小供油量，对应图 6-16 (b) 中 C 点位置，则柴油机输出转矩减小，阻止柴油机转速的进一步升高。这样就可以将柴油机的转速稳定在给定转速。

2）两极式调速器的工作原理和供油特性

两极式调速器的基本工作原理和单程式调速器类似，只是在结构上增加了对应高速区域和低速区域的控制机构。两极式调速器的工作原理和供油特性曲线示意图如图 6-17 所示。

两极式调速器在结构上设计了两个调速弹簧，即外弹簧 11 和内弹簧 12，分别用于稳定怠速和防止超速。位于外侧的弹簧 11 具有较小的预紧力，当操纵杆位于怠速位置时，外弹簧座 13 位于最右侧位置，柴油机处于怠速运转工况，怠速供油量的位置位于图 6-17 (b) 中的 C 点，调速杠杆 9 刚好能够克服外弹簧的预紧力。当外界阻力减小、转速升高时，由于钢球离心力增加，外弹簧 11 被调速杠杆 9 压缩、N 点左移，油量调节杆 2 左移，控制喷油量减小；当外界阻力增加、转速降低时，钢球离心力减小，在外弹簧 11 伸长作用下 N 点右移，油量调节杆 2 右移，增大喷油量。油泵供油量的变化如图 6-17 (b) 中的虚线所示，实现了防止柴油机怠速工况熄火的作用。

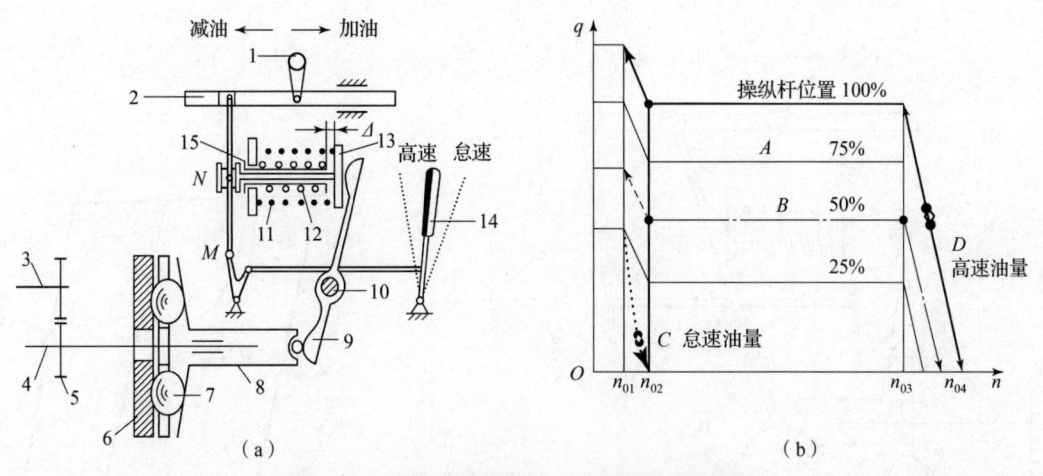

图 6-17 两极式调速器的工作原理和供油特性
（a）工作原理图；（b）供油特性图
1—调节臂；2—油量调节杆；3—曲轴；4—调速器轴；5—齿轮；6—主动盘；
7—钢球；8—滑套；9—调速杠杆；10—定轴；11—外弹簧；12—内弹簧；
13—外弹簧座；14—操纵杆；15—内弹簧座

内弹簧 12 则具有较大的刚度和预紧力，当操纵杆位于高速位置时，外弹簧座 13 在杆件作用下位于左侧，克服外弹簧 11 的作用力与内弹簧 12 接触，柴油机处于最高速运转工况，如图 6-17（b）中的 D 点位置，调速杠杆 9 刚好能够克服外弹簧 11 和内弹簧 12 预紧力的合力。当外界阻力减小、转速升高时，钢球离心力增加，弹簧 11 和 12 被调速杠杆 9 压缩、N 点左移，油量调节杆 2 左移，控制泵油量减小；当外界阻力增加转速降低时，钢球离心力减小，在弹簧 11 和 12 伸长作用下 N 点右移，油量调节杆 2 右移，控制泵油量增加。油泵供油量随转速变化趋势如图 6-17（b）中的粗实线所示。

当转速降低到 n_{03} 点时，内弹簧座 15 的左侧与外弹簧左侧的弹簧座相互接触，内弹簧将因受到约束而不能进一步伸长，于是当转速进一步下降时油量调节杆不能继续右移，供油量维持不变，如图 6-17（b）中的粗实线 A 所示。当转速进一步降低到 n_{02} 点时，钢球产生的离心力将不足以克服外弹簧 11 的预紧力，这时外弹簧 11 右侧的弹簧座 13 将与内弹簧脱离接触而继续右移，所以 N 点继续右移，油量调节杆 2 右移增加泵油量，如图 6-17（b）中的粗实线所示。

从上述分析可知，外弹簧的调速区域是 n_{01}~n_{02}，内弹簧的调速区域是 n_{03}~n_{04}，当柴油机转速位于怠速和最高转速之间即 n_{02}~n_{03} 时，由于内、外两个弹簧的左、右两侧的弹簧座分别相互接触，内弹簧 12 因内弹簧座 15 限制不能伸长，外弹簧 11 因不能克服调速杠杆 9 传来的离心力也不能伸长，于是 N 点处于固定状态，油量调节杆 2 的位置不受转速的影响，而只由操作杆 14 的位置决定：向怠速位置拨动操纵杆 14，供油量减小；向高速位置拨动操纵杆 14 可增加供油量。操纵杆位于 50% 供油位置时油泵循环供油量变化如图 6-17（b）中的点画线所示，当柴油机转速在 n_{02}~n_{03} 之间变化时供油量线为 B 线。

3）全程式调速器的工作原理和供油特性

全程式调速器是指在柴油机工作转速范围内均进行调速，全程式调速器的工作原理和供油特性示意图如图 6-18 所示。

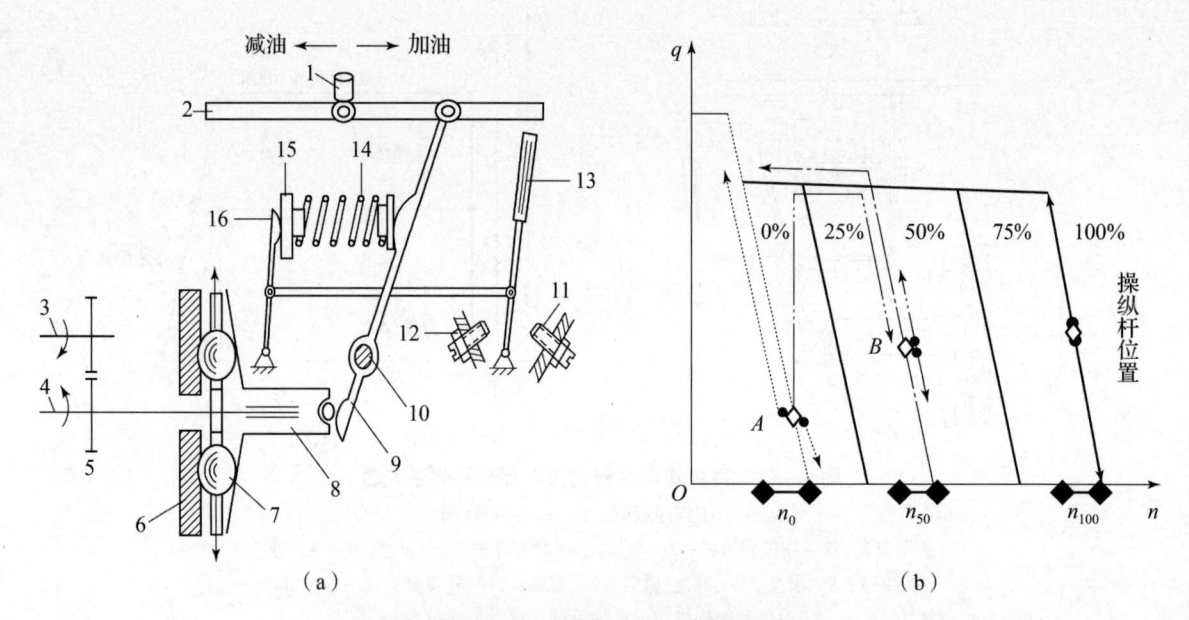

图 6-18　全程式调速器的工作原理和供油特性

(a) 工作原理图；(b) 供油特性图

1—调节臂；2—油量调节杆；3—曲轴；4—调速器轴；5—齿轮；6—主动盘；
7—钢球；8—滑套；9—杠杆；10—定轴；11—最高转速限位；12—最低转速限位；
13—操纵杆；14—调速弹簧；15—调速弹簧座；16—调节杆

全程式调速器的操纵杆 13 通过杆件将力施加到调速弹簧座 15 上，从而改变调速弹簧 14 的预紧力，所以调速弹簧起调速作用的转速范围发生变化。在全程式调速器中，司机操纵杆 13 的位置反映了司机对柴油机转速的需求，而柴油机喷油泵的供油量则是取决于柴油机的外界负载大小。图 6-18（b）中分别表示了不同操纵杆位置时，柴油机外界阻力变化引起的喷油泵供油量的变化曲线。

2. 调速器的结构和调速过程

车用柴油机的调速器结构如图 6-19 所示，调速器离心飞块的作用力以及调速弹簧的作用力都是通过杆系的相互作用才传到供油拉杆上，使供油量发生变化。当柴油机工作在调速器最高控制转速而外界负载很小的状态，控制杠杆位于最大调整转速位置，弹簧摇臂转动使调速弹簧预紧力最大。这时由于调速器飞块离心力很大，调速滑套右移将扭矩校正弹簧压缩并推动拉力杠杆逆时针转动，浮动杠杆和导动杠杆使柴油机供油齿杆位于很小供油量的位置，以便能与外界负载相平衡，限制了转速的进一步提高。当外界阻力增加时，由于外界负载增加，转速下降，飞块的离心力减小，在调速弹簧和起动弹簧的共同作用下，调速滑套左移，带动浮动杠杆逆时针转动将供油量增加，使柴油机扭矩与增加了的外界负载相平衡，限制了转速的进一步降低。

当控制杠杆位于不同的位置时，调速弹簧具有不同的预紧力，因而调速器起作用的转速也就不同，但是无论是在哪一个转速，当外界阻力变化时，调速器都会自动调节喷油泵的供油量在最大和最小供油量之间自动变化。

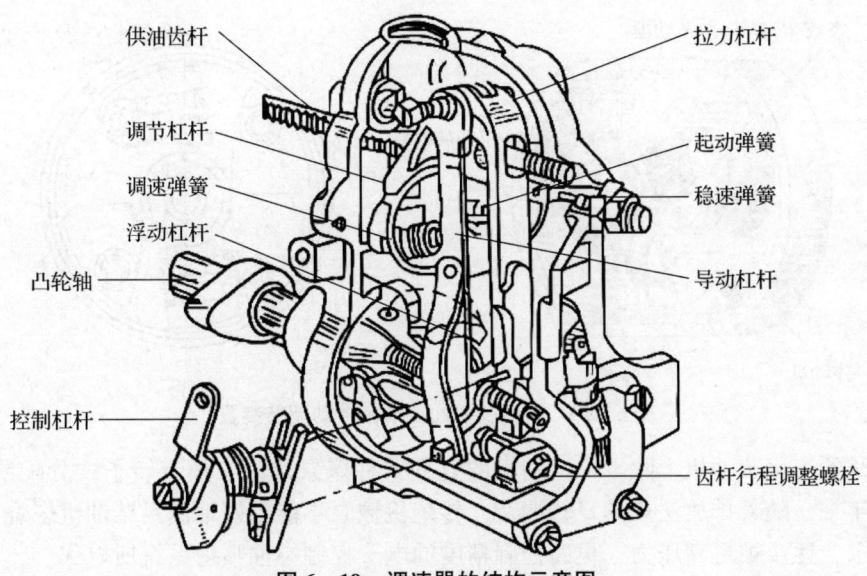

图 6-19 调速器的结构示意图

三、喷油泵喷油提前角调节装置

喷油提前角是指从喷油器开始将柴油喷入气缸到活塞到达压缩上止点时曲轴所经过的转角。喷油提前角对柴油机工作过程影响很大。喷油提前角对柴油机性能也有很大影响，当提前角过大时由于喷油时缸内空气温度低，混合气形成条件差，着火延迟期较长，将导致柴油机工作粗暴并使压缩功增加；而喷油提前角过小将会使后燃严重，热效率降低。为了保证柴油机具有良好的性能，必须选择最佳的喷油提前角。最佳喷油提前角是指在转速和供油量一定的条件下，能获得最大功率及最小燃油消耗率的喷油提前角。

最佳喷油提前角不是常数，而是随供油量和转速而变化的。喷油量越大，转速越高，则最佳的喷油提前角越大。另外，最佳喷油提前角还与柴油的燃烧室结构密切相关。一般采用直喷式燃烧室时最佳喷油提前角比采用分隔式燃烧室时要大些。

喷油提前角实际上是由喷油泵供油提前角决定的，而调节喷油提前角的方法是改变柴油机曲轴与喷油泵凸轮轴的相对位置。一般情况下喷油泵供油提前角是根据某个设定工况范围而选择一个固定供油提前角，例如直喷式燃烧室为 28°CA～35°CA，分隔式燃烧室约为 15°CA～20°CA。车用柴油机常装有机械式供油提前角自动调节装置，以适应转速的变化而自动改变供油提前角，这种调节器的结构和工作原理如图 6-20 所示。调节器由主动盘、从动盘和飞块等组成。主动盘与联轴器相连，在曲轴带动下运动，飞块通过轴销与主动盘相连，随主动盘一起转动。飞块另一端的滚轮在弹簧作用下紧靠在从动盘两臂的弧形侧面上。从动盘通过键与喷油泵凸轮轴相连。

当柴油机静止时，在弹簧作用下，滚轮和弧形侧面相互作用使飞块的自由端位于向心极限位置。这时喷油提前角取决于联轴器所调定的值。当发动机工作时，主动盘和飞块一起在曲轴带动下旋转。在离心力作用下飞块自由端的滚轮由内侧向外侧位置移动，从而使从动盘沿主动盘旋转方向提前一个角度 α。发动机转速越高，飞块自由端位置越靠外，提前角度 α 越大，从而使喷油提前角随转速升高而增加。

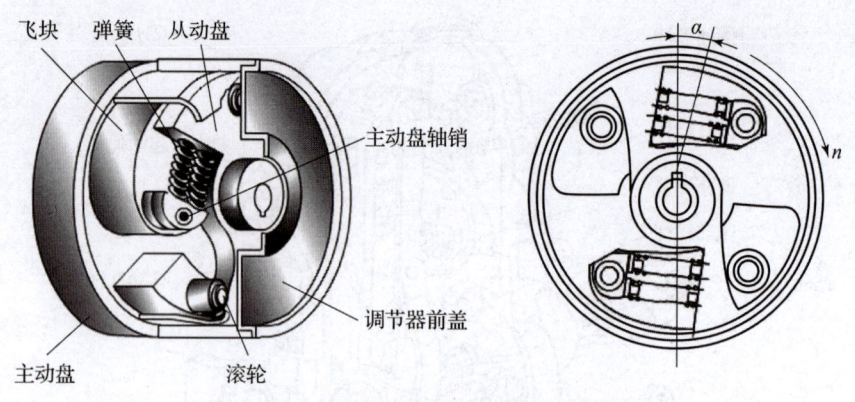

图 6-20 机械式供油提前角自动调节装置

在传统的车用柴油机上除了广泛使用的直列式柱塞泵之外,还有转子式分配泵等机构。但是,近年来,随着排放法规的日趋严苛,传统机械泵不能很好地满足柴油机燃烧、排放等性能的需求,逐步被更高压力、更高控制精度的电子控制燃油喷射系统所取代。

第四节 柴油机电子控制燃油喷射系统

随着世界范围内的能源危机和环境污染问题的日益严重,对车辆发动机在节能、减排、碳排放等方面的要求日趋严苛。虽然柴油机在经济性、CO、HC 等排放量方面与汽油机项目相比具有明显优势,但其碳烟和微粒的排放量很高,采用先进的燃油共轨电控喷射技术,可以极大地改善污染物的排放,结合排放后处理技术,可以达到欧Ⅵ、国Ⅵ等严格的排放标准。因此,目前的车用柴油机大多采用电子控制燃油喷射技术,其中,高压共轨技术也是柴油发动机技术的一项重大变革,对发动机的动力性、经济性、排放量等综合性能有很大提高。

柴油机电子控制燃油喷射系统的明显优点在于:通过先进的燃油共轨电控喷射技术的使用,柴油机的燃油喷射更均匀,燃烧控制更为精准,使柴油机能够不断降低燃烧噪声,得到更高的比功率,在车辆上得到更广泛应用。

自 20 世纪 80 年代以来,柴油汽车的排放法规越来越严格,很多汽车公司和发动机制造商开始对柴油机电子控制技术展开深入的研究。特别是进入 21 世纪以来,随着对气候变暖的关注,对 CO_2 排放限制的呼声不断高涨,现代欧洲的奥地利、法国、比利时等国家的柴油机轿车比例高达 50% 以上。我国在重型柴油机方面也取得了长足的发展与进步。

随着柴油机技术和电子控制技术的不断进步,柴油机的燃油供给系统发生了巨大的变化,基本类型和发展历程可概括如下。

(1) 位置控制式:用比例电磁铁取代机械调速器来控制直列泵供油齿杆的位置,实现对发动机供油量的调节,称之为电子调速器。

(2) 时间控制式:油量通过高速电磁阀的通电时间控制的燃油系统,如电控泵-喷嘴燃油系统(EUI、UIS)、电控单体泵燃油系统(EUP、UPS)。

(3) 时间-压力控制式:喷油压力不受发动机转速的影响,在一定高压力条件下通过控制喷油脉宽实现喷油量的控制,如高压共轨燃油系统、中压共轨燃油系统。

一、位置控制式电控燃油喷射系统

位置控制式电控燃油喷射系统也称为电子调速器系统,它的基本原理是在传统直列机械泵燃油喷射系统的基础上,用比例电磁铁取代机械调速器而控制供油齿杆位置,其基本组成包括供油齿杆位置传感器、比例电磁铁、发动机转速传感器等,如图6-21所示。其控制模式有转矩控制模式和转速控制模式两种。

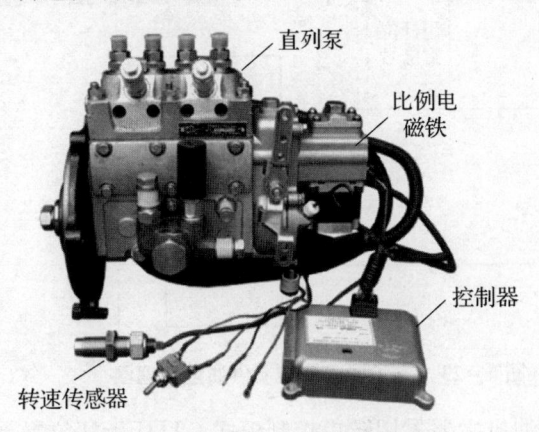

图6-21 电子调速器系统

博世公司的电控直列泵喷油系统原理如图6-22所示。在直列泵中取消了传统的机械式调速器,用一个比例电磁铁控制直列泵供油齿杆的位置,实现对发动机供油量的调节,同时,加装了供油齿杆位置传感器、发动机转速传感器和水温、油温、进气温度等传感器,电控单元(ECU)通过采集来的发动机信号,计算并判断发动机运行状态,ECU控制电磁铁电流信号对供油齿杆位置进行调节,实现对供油量的调节。

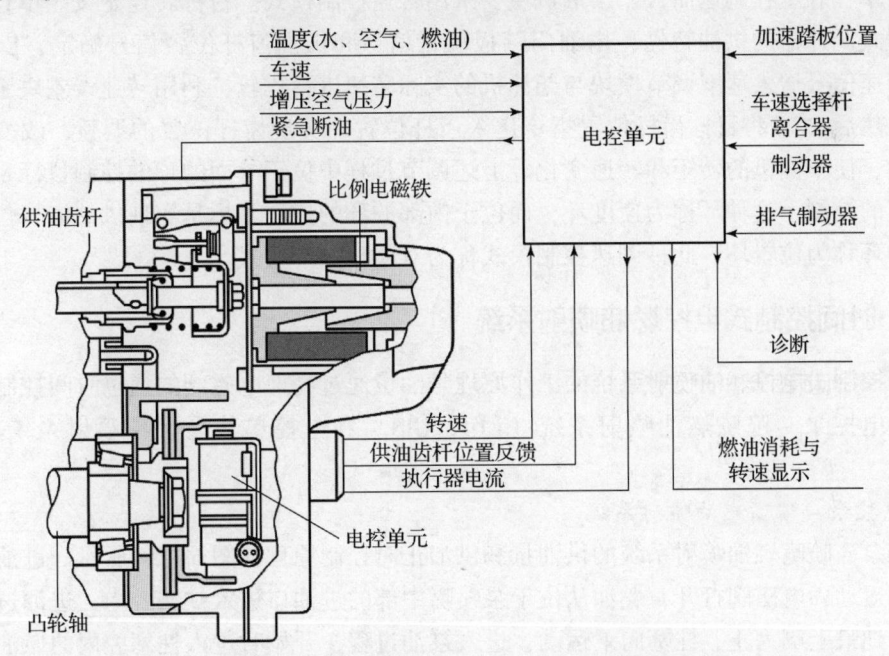

图6-22 博世公司的电控直列泵系统原理图

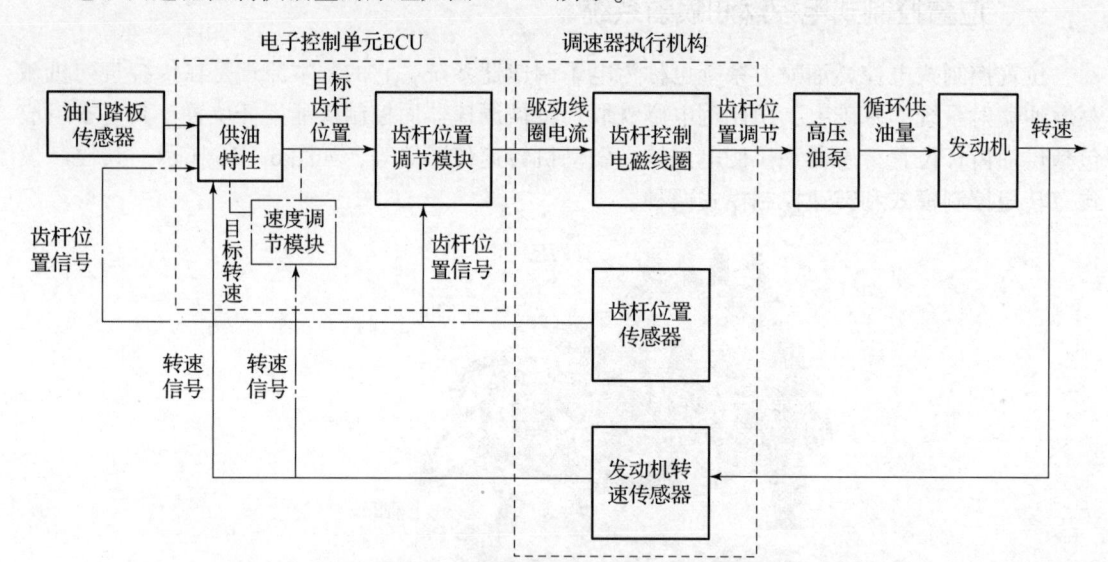

电子调速器控制供油量的原理如图 6-23 所示。

图 6-23 电子调速器控制供油量原理图

对于两极调速而言，柴油机主要采用转矩控制模式。目标齿杆位置是按照两极调速器的供油特性，由油门踏板位置信号和转速信号确定的。目标齿杆位置指令被送至齿杆位置调节模块，通过与实际齿杆位置比较，根据二者的误差信号改变供给电磁线圈电流的大小，实现对齿杆位置的调整，实现了齿杆位置的闭环调节，形成的这种闭环称为齿杆位置环。在齿杆位置环的调节作用下齿杆位置发生变化，从而调整喷油泵的供油量，影响发动机的输出转矩和转速，使发动机按照所要求的调速特性运转。

对于单程和全程调速而言，柴油机主要采用转速控制模式。目标转速是按照单程式调速器或全程式调速器的供油特性，由油门踏板位置信号和供油齿杆位置信号确定，ECU 将这一目标转速信号送入速度调节模块与柴油机的实际转速进行比较，利用转速误差决定目标齿杆位置。然后 ECU 将目标齿杆位置指令送入齿杆位置环实现齿杆位置的调整，改变喷油泵的供油量，使柴油机的转矩和转速变化。上述调节过程中位于外面的环的控制目标是实现柴油机转速的控制，这种环称为速度环，而位于内部的环的控制目标是实现供油齿杆位置的控制，这种环称为位置环，此种调速控制模式称为双闭环调节模式。

二、时间控制式电控燃油喷射系统

时间控制式电控燃油喷射系统的工作原理是油量通过高速电磁阀的通电时间控制。主要类型包括电控泵-喷嘴燃油喷射系统（EUI、UIS）和电控单体泵燃油喷射系统（EUP、UPS）。

1. 电控泵-喷嘴燃油喷射系统

电控泵-喷嘴燃油喷射系统的供油量和供油正时控制原理如图 6-24 所示。进油过程中柱塞向上运动，电磁阀打开，燃油从位于泵喷嘴中部的进油口进入柱塞腔内，进油过程直至柱塞运动到最上端为止。柱塞向下运动，进入泵油过程，开始时进入柱塞腔内的燃油受压缩经电磁阀回流到进油道。当电磁线圈通电、阀芯关闭时，柱塞腔、喷油器压力室以及高压油道内的燃油压力因压缩而急剧升高,当喷油器压力室产生的向上的力高于喷油器针阀弹簧的预紧力时,针阀开启、喷油器开始喷油,直到电磁线圈断电。当电磁阀断电后,阀芯开启,柱塞腔、喷油器压力室以及高压油道内的燃油压力因与低压油道接通而迅速下降,针阀压力室推力消失,针阀在针阀弹簧的作用下迅速关闭,停止喷油。这时即使柱塞进一步下移,由于电磁阀阀芯开启,所以燃油在柱塞作用下经进油道返回至油道。电控泵-喷嘴喷油器如图6-25所示。

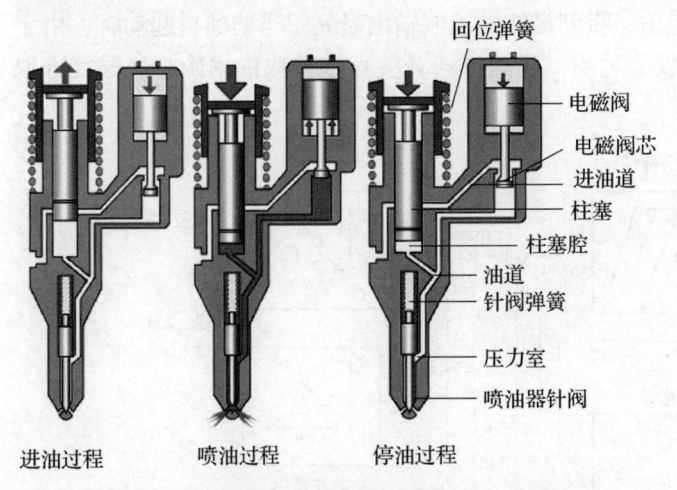

图6-24 电控泵-喷嘴燃油喷射系统原理图

图6-25 电控泵-喷嘴喷油器

2. 电控单体泵燃油喷射系统

电控单体泵燃油喷射系统与电控泵-喷嘴燃油喷射系统的主要区别在于:单体泵和喷油器之间有一个短的高压油管,而控制喷油量的高速电磁阀位于单体泵的出口处,其工作原理如图6-26所示。电控单体泵燃油喷射系统的组成和工作原理与电控泵-喷嘴燃油喷射系统的组成基本一致。燃油被输油泵泵入位于柴油机缸体内的燃油道,单体泵柱塞在凸轮驱动下将燃油加压,与传统机械泵不同的是循环供油量不再是靠供油齿杆控制斜槽的有效形成实现,而是通过高速电磁阀控制高压油的循环供油量,实现高精度控制。

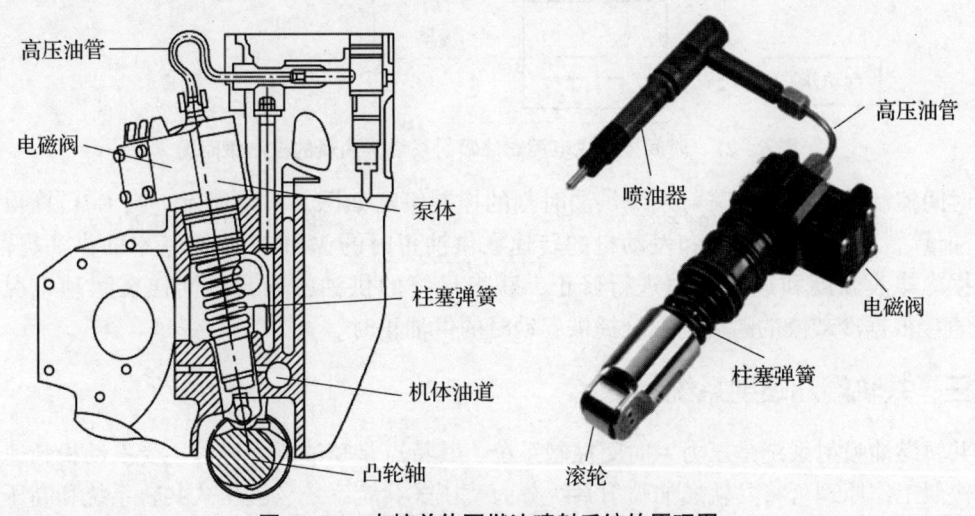

图6-26 电控单体泵燃油喷射系统的原理图

3. 时间控制式电控燃油喷射系统的控制策略

时间控制式电控燃油喷射系统供油量的控制策略如图 6-27 所示。ECU 根据转速和油门位置在预设的供油特性中获取需要的油量，若为冷车起动，则直接在查表前添加油门偏移量再去查表，若为怠速工况，则根据实际转速与目标转速的差在调速特性获得的油量基础上加修正量。此油量与根据转速、进气压力和进气温度算得的冒烟极限油量相比较取小值，经过油泵特性换算得到喷油持续角。油泵特性是通过柴油机的转速和循环供油量查取供油角度，并加上依据转速查取的供油延迟角，得到最终的控制输出量 θ_f。当柴油机起动时，由于系统的不确定性很强，则 ECU 短路以上过程，通过选通开关直接获取依据冷却液温度查取的油量和正时供给系统。

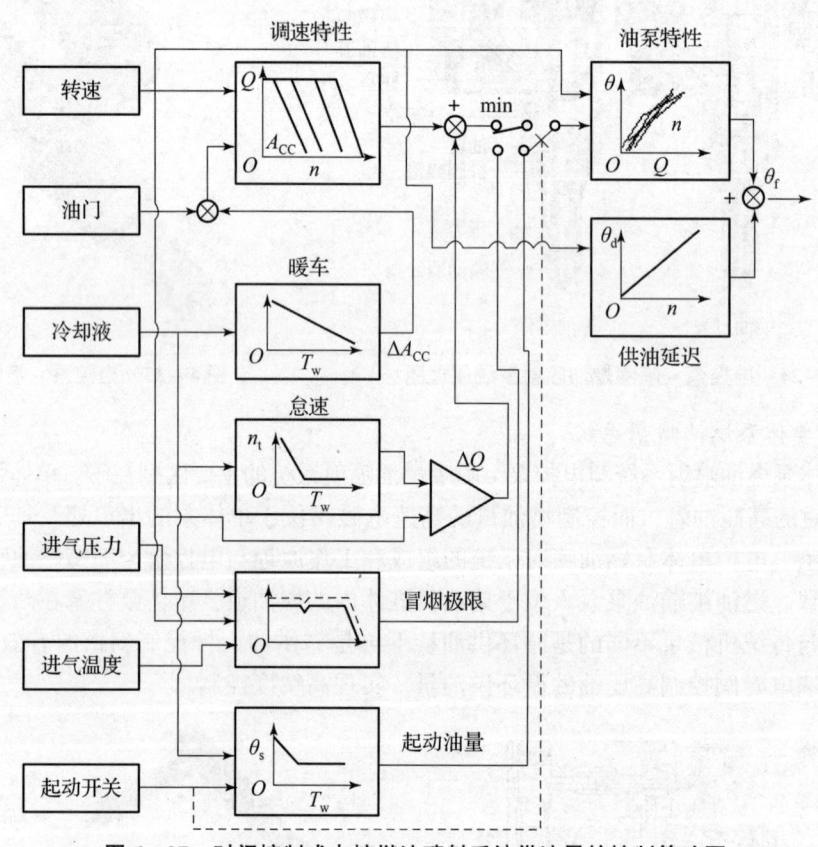

图 6-27 时间控制式电控燃油喷射系统供油量的控制策略图

时间控制式电控燃油喷射系统供油时刻的控制策略如图 6-28 所示。当 ECU 算得系统的供油量后，根据这一数值和发动机的转速在供油正时的 MAP 中查取基本的供油提前角，再根据冷却液温度和进气压力进行修正，获得最终的供油提前角。同样在起动工况，则 ECU 直接根据冷却液的温度向系统提供起动时的供油正时。

三、共轨燃油喷射系统

共轨燃油喷射系统是压力-时间控制系统，其特点是喷油压力可以不受发动机转速的影响。按照工作原理可将共轨燃油喷射系统分为蓄压式共轨系统、液压式共轨系统和高压共轨系统；按照共轨压力又可将共轨燃油喷射系统分为中压共轨和高压共轨。在中压共轨燃油系

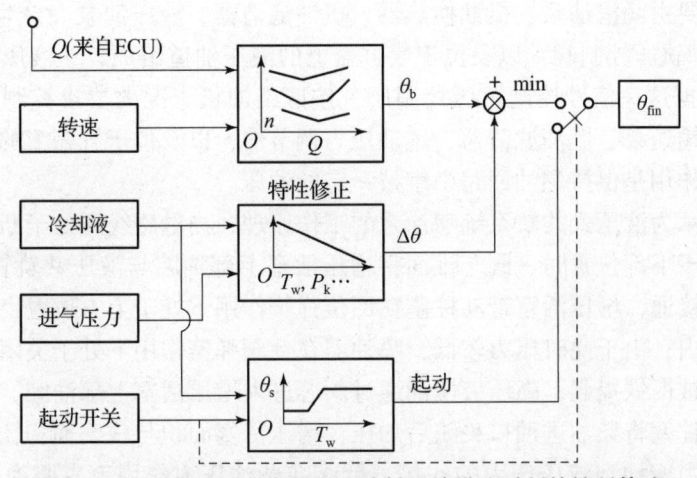

图 6-28　时间控制式电控燃油喷射系统供油时刻的控制策略

统中，共轨管压力通常较低，需要经增压活塞达到高喷油压力，典型系统有卡特皮勒公司（CATs）的液压式共轨系统（HEUI）和 BKM 公司的 Servojet 共轨蓄压式系统。

1. 卡特皮勒公司液压式共轨系统

卡特皮勒公司的液压式共轨系统的组成图和工作原理如图 6-29 所示。燃油系统由两个液压回路组成。一个是以柴油机润滑油为工作液的液压回路，主要用于给液压喷油器提供驱动柱塞的中压共轨压力（15～22 MPa）；另一个为燃油回路，主要是为液压喷油器提供燃

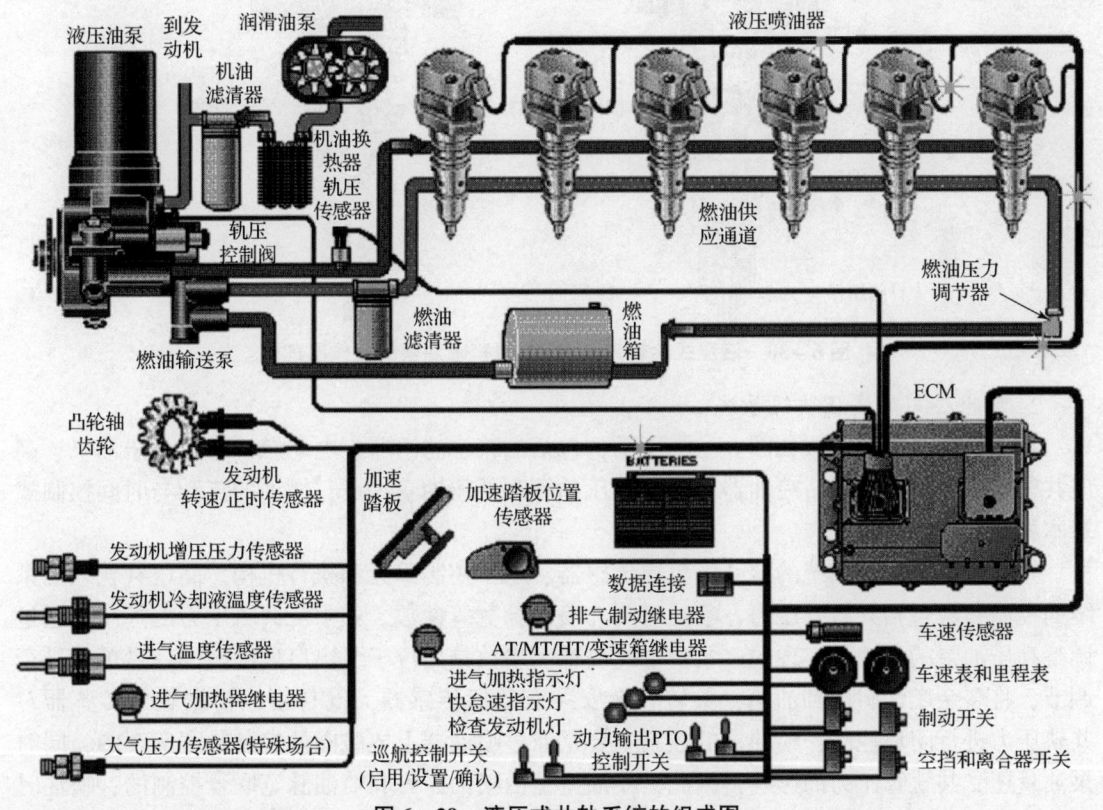

图 6-29　液压式共轨系统的组成图

油。液压回路主要由润滑油泵、机油换热器、机油滤清器、液压油泵（产生 15~22 MPa 的中压共轨压力）、轨压控制阀，以及位于气缸盖上的液压油道组成。在液压油轨上装有轨压传感器，ECU 根据这一信号控制轨压控制阀，按照柴油机工况的要求控制共轨压力。燃油回路主要由燃油输送泵、燃油滤清器、燃油压力调节器，以及位于缸盖上的燃油道组成，燃油压力调节器的作用是保持燃油回路中维持一定的油压。

图 6-30 所示为液压式共轨系统喷油泵的工作原理，当电磁线圈处于断电状态时，阀芯在弹簧作用下处于下部位置时，阀芯锥面将增压活塞上部油腔与液压共轨管内的油腔隔离，而与液压回油口接通，增压活塞带动柱塞在回位弹簧作用下处于上方位置，燃油经过柴油进油口进入柱塞腔内，由于此时压力较低，喷油器在针阀弹簧作用下处于关闭状态；当电磁线圈通电时，阀芯被衔铁提起，高压液压油通过阀芯进入增压活塞上部油腔，液压推动增压活塞及柱塞下移，柱塞将柴油进油口关闭后加压，增压活塞面积与柱塞面积比为 6∶1，因此，柱塞可将柴油压力增加到液压压力的 6 倍，针阀在柴油压力作用下克服弹簧压力将针阀提起，开始喷油，喷油量的大小取决于增压活塞上部共轨压力大小和电磁线圈的通电时间长短：共轨压力越大、电磁线圈的通电时间越长，则喷油量越大；反之，共轨压力越小、电磁线圈的通电时间越短，则喷油量越小。液压喷油器的喷油时刻是由电磁线圈的通电时刻决定的。

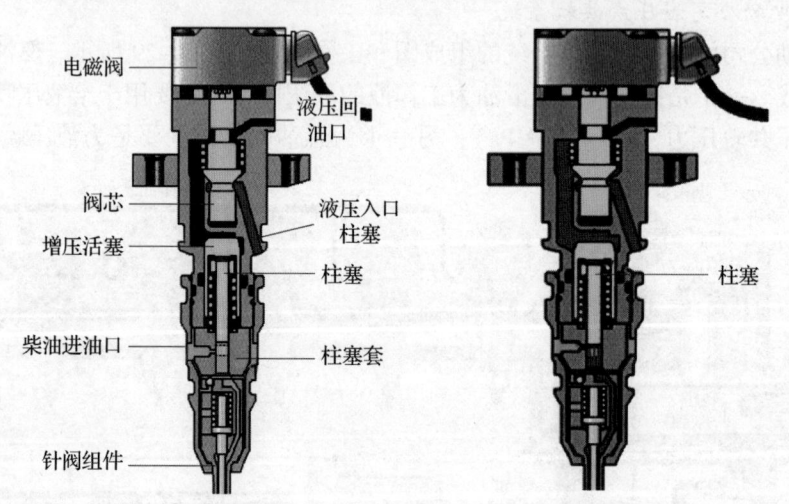

图 6-30 液压式共轨系统 (HEUI) 喷油泵的工作原理图

2. 博世公司的高压共轨系统

高压共轨系统的组成如图 6-31 所示，包括油箱、滤清器、电动燃油泵、高压油泵、高压共轨管、流量限制器、喷油器，以及高压油管和低压油管组成，燃油的流动与时间控制式基本相似。

控制系统是燃油系统的核心，包括传感器、电子控制单元和执行机构。高压共轨燃油系统的控制参数包括共轨管压力、喷油时刻、喷油脉宽等参数。其中，共轨压力的控制是通过调整高压油泵的泵油量实现的，泵油量的调整大多数是用位于泵出口处的燃油计量单元进行调节，将多余燃油引回到油箱，共轨管上安装有轨压传感器，ECU 可以根据轨压传感器对共轨压力进行闭环控制；喷油量的控制主要是通过喷油器上电磁阀的控制脉宽实现的，同时泵油量还受共轨管压力的影响，因此，喷油量是由共轨压力和喷油脉宽联合控制的；喷油时刻的控制主要是通过电磁阀的通电时刻控制的。

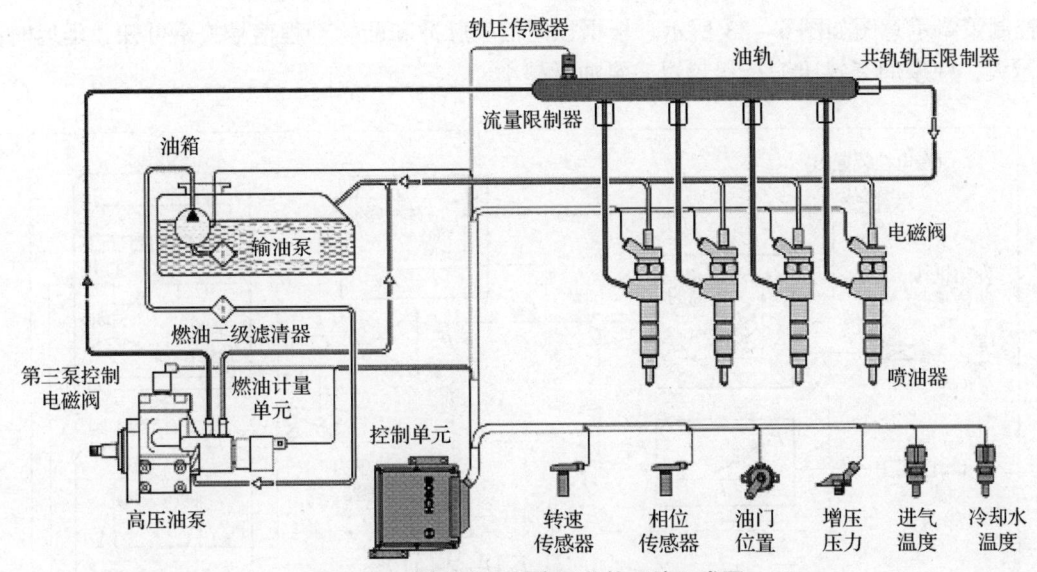

图 6-31　博世公司的高压共轨系统组成图

高压共轨系统的电控喷油器的工作原理如图 6-32 所示。当电磁阀处于断电状态时，球阀将控制活塞腔的泄流通道切断，控制活塞腔压力和针阀压力室压力相等，由于控制活塞面积大于压力室面积，所以两个受力面合力向下将针阀关闭，喷油器关闭，不喷油；当电磁阀通电时，球阀打开泄流通道，控制活塞顶部油压下降，针阀压力室截面产生的向上推力大于针阀弹簧的预紧力，针阀抬起，喷油器喷油；当电磁线圈再次断电时，控制活塞腔的泄流通道切断，控制活塞腔内的压力因共轨管内的燃油不断进入而升高，直至与共轨压力相等，在此过程中，喷油器控制活塞和针阀因活塞上部不断增加的向下压力而向下移动，关闭针阀，喷油器停止喷油。

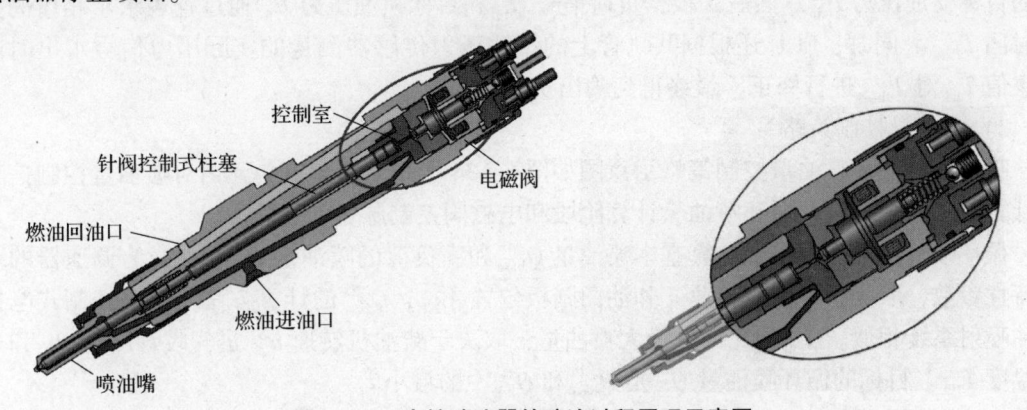

图 6-32　电控喷油器的喷油过程原理示意图

由于电磁阀具有极高的响应特性，因而在柴油机的一个循环内多次给喷油器电磁线圈通电，就可以实现多次喷射、完成对喷油器喷射速率的控制，一般高压共轨喷油器可以实现 3 次甚至 7 次喷射。

3. 高压共轨系统的控制策略

1）共轨管压力的控制策略

共轨管压力是通过控制高压泵上的油泵控制阀（PCV）的控制脉冲实现的。共轨管压力的控制策略示意图如图 6-33 所示。根据控制信号脉冲和凸轮升程信号关系可知，延迟时间 T_f 越大，柱塞的有效压缩行程越短，泵油量越小。

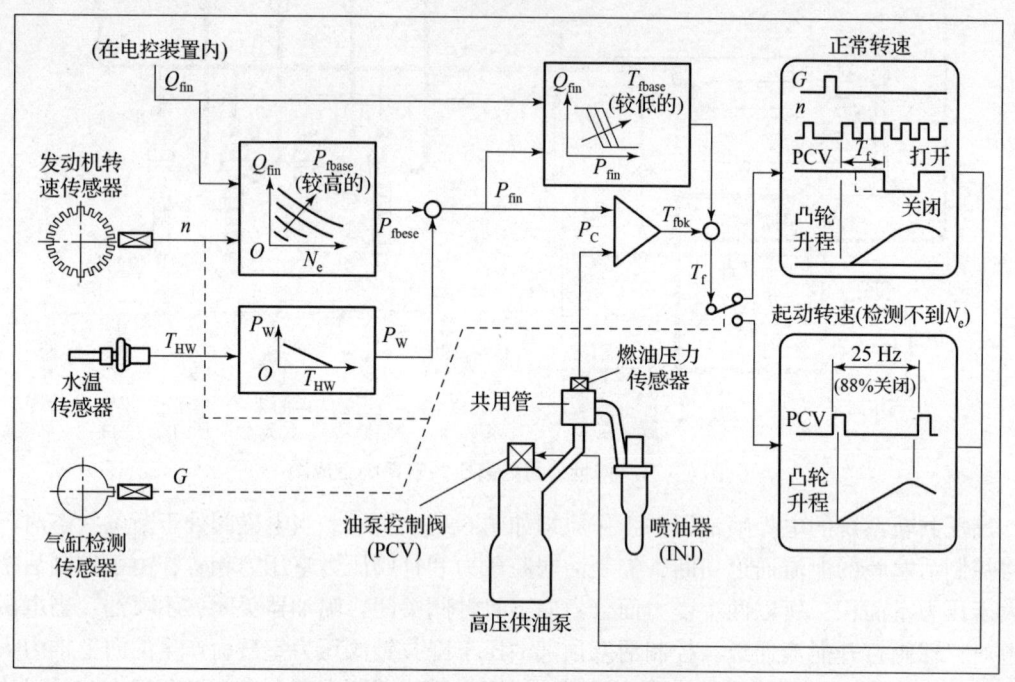

图 6-33　共轨管压力的控制策略示意图

共轨管压力控制策略为：首先控制单元根据柴油机的转速 n、循环喷油量 Q_{fin} 通过查表获得与柴油机工况相符合的喷油压力 P_{fbase}，同时，按照水温对喷油压力加以修正，得到最终的目标喷油压力 P_{fin}。然后，根据负荷信号 Q_{fin} 和目标喷油压力 P_{fin} 通过查表求出相应的控制时间 T_{fbase}。同时，ECU 还根据共轨管上的燃油压力传感器测量的实际压力信号求出时间修正值 T_{fbk} 对 T_{fbase} 进行修正，最终得到输出 T_f。

2) 喷油量控制策略

喷油器的循环喷油量控制策略示意图如图 6-34 所示。在控制单元内对喷油量控制信号的计算包括两个阶段：循环喷油量计算阶段和电磁阀控制脉宽计算阶段。

循环喷油量的确定需要计算基本喷油量 Q_{base} 和满负荷的喷油量 Q_{full}，Q_{base} 为调速器的基本特性参数，取决于柴油机转速 n 和油门踏板位置 A_{CCP}，Q_{base} 的计算方法与时间控制式电控燃油喷射系统相似。Q_{full} 为允许的最大喷油量，取决于柴油机转速 n、进气歧管压力 P_{IM} 和进气温度 T_{HA}。目标的循环喷油量 Q_{fin} 是 Q_{base} 和 Q_{full} 中的最小者。

在高压共轨系统中，由于喷油器的喷油量与共轨管压力和控制喷油电磁阀的喷油脉宽两个参数有关，所以在高压共轨系统中喷油脉宽的计算采用"时间-压力计算模型"。控制系统是根据计算出的循环喷油量参数 Q_{fin} 和共轨管上的燃油压力传感器测量的实际喷油压力 P_C，经查表得到相应的喷油脉宽 T_q。

3) 喷油时刻控制策略

高压共轨系统的喷油时刻控制策略示意图如图 6-35 所示，由图中可知电磁阀控制信号和柴油机检测信号 G、转速信号 n 以及电磁阀电流、喷油速率等之间的关系，喷射控制信号

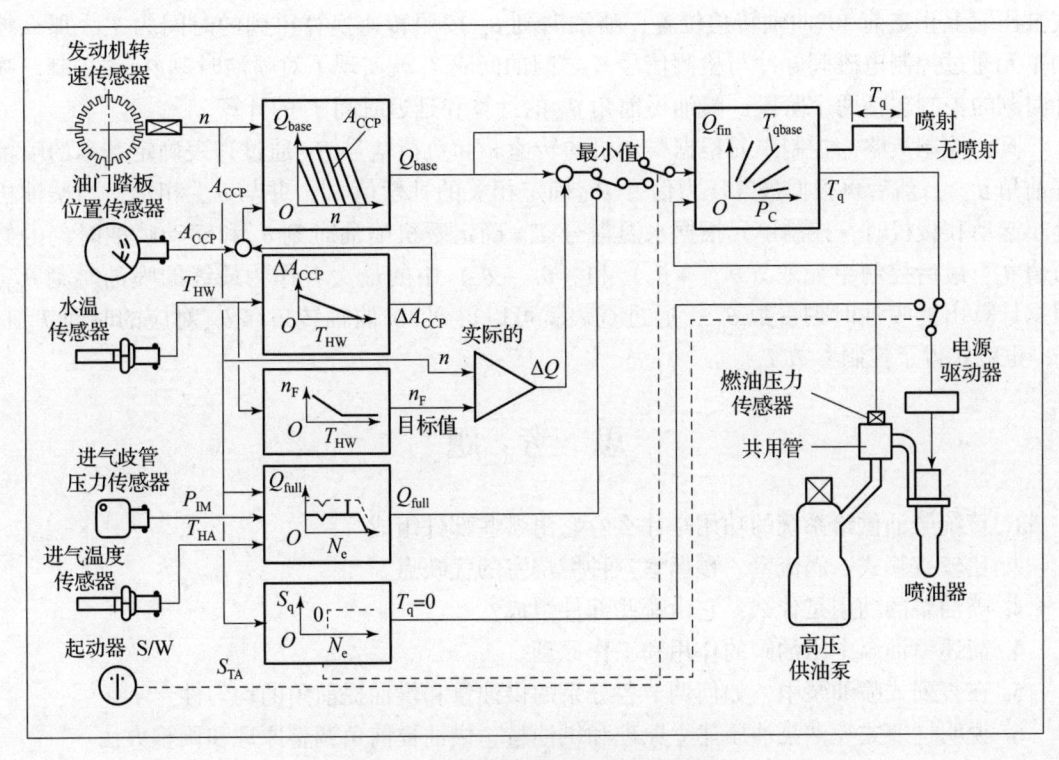

图 6-34 喷油量的控制策略示意图

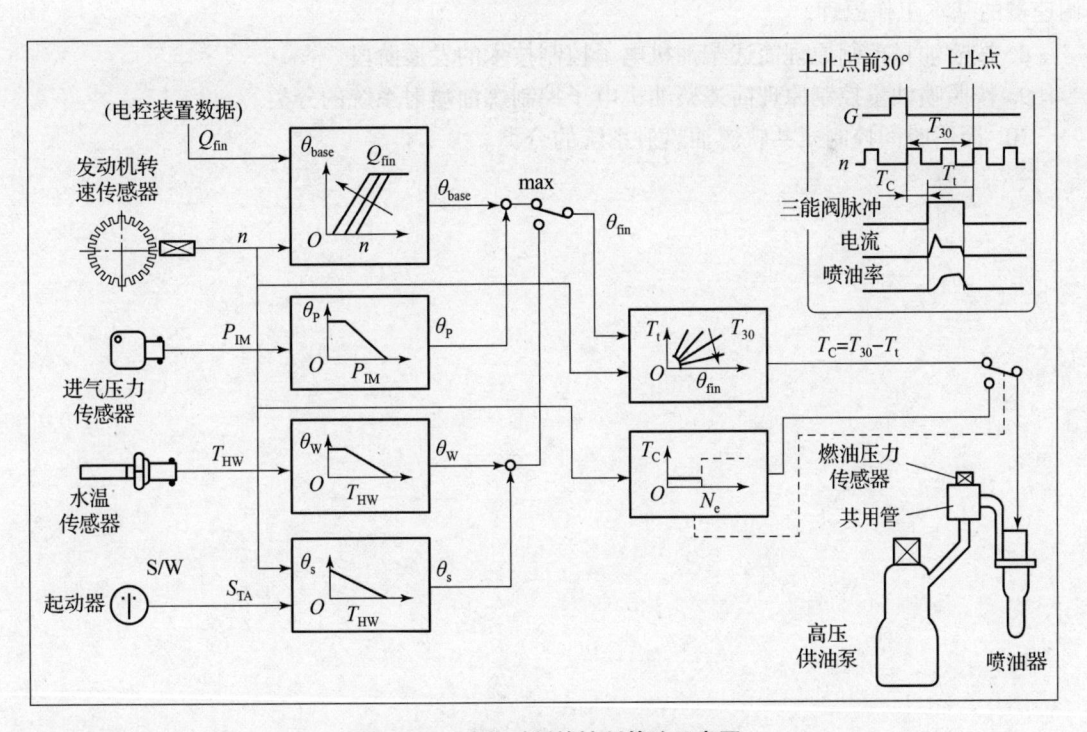

图 6-35 喷油时刻的控制策略示意图

的输出时刻是通过控制喷油脉冲与检测信号 G 之间的时间间隔 T_C 实现的。假设 G 信号位于气缸压缩上止点前 30°曲轴转角位置,喷油时刻 θ_fin 按照转速换算得到的时间为 T_t,那么控制单元通过控制电磁阀脉冲与检测信号 G 之间的间隔 T_C 就实现了对喷油时刻 θ_fin 的控制。喷油时刻的控制包括两个阶段:喷油提前角 θ_fin 的计算和延迟时间 T_C 的计算。

具体控制策略为控制单元根据柴油机的转速 n 和负荷信号 Q_fin 通过查表确定基本的喷油提前角 θ_base,然后再根据进气压力信号 P_IM 确定相关的补偿值 θ_P,并与 θ_base 相加,当柴油机处于起动和暖机时,控制单元根据水温信号 T_HW 确定暖机喷油时刻 θ_W 和起动喷油时刻的修正值 θ_s,最后控制单元取 $(\theta_\mathrm{base}+\theta_\mathrm{P})$ 和 $(\theta_\mathrm{W}+\theta_\mathrm{s})$ 中的最大者作为最终的喷油时刻 θ_fin。根据计算出的喷油时刻参数 θ_fin,通过查表就可以得到 30°曲轴转角和 θ_fin 对应的时间 T_{30} 和 T_t,也就获得了控制参数 T_C。

思 考 题

1. 传统柴油供给系统的功用是什么?它由哪些部件组成?
2. 比较直喷式、涡流室、预燃室三种燃烧室的优缺点。
3. 喷油泵的功用是什么?它由哪些部件组成?
4. 简述喷油泵中出油阀的作用和工作原理。
5. 在直列式喷油泵中,如何调节各分泵的供油量和供油提前角的均匀性?
6. 说明柱塞式喷油泵油压建立原理和供油量、供油提前角调整原理和调整方法。
7. 调速器的功用是什么?按转速调节范围分类调速器可分为哪几种类型?简述全程式调速器的基本工作原理。
8. 按喷油量控制原理简述柴油机电子控制技术的发展阶段。
9. 按照喷油量控制原理简述柴油机电子控制燃油喷射系统的分类。
10. 简述时间控制式共轨燃油喷射系统的分类。

第七章
汽油机的点火系统

第一节 点火系统与汽油机性能

　　按照汽油机的工作顺序按时在各气缸的火花塞电极间产生火花的全部设备称为汽油机的点火系统。点火系统性能的好坏将直接影响汽油机的燃烧过程，进而影响汽油机的动力性、经济性和排放特性。由于气缸内混合气的燃烧需要一定的时间，所以火花塞必须在活塞到达压缩上止点前点火。从火花塞点火到活塞到达压缩上止点，曲轴所转过的角度称为点火提前角。试验和经验表明，当点火提前角可以使发动机缸内气体压力在上止点后 10°～15° 曲轴转角（°CA）达到最大值时，热能得到最有效的利用，汽油机具有最好的动力性和经济性，称之为最佳点火提前角。当点火提前角过大时，一方面不完全燃烧的废气在缸内停留时间延长，热损失增加；另一方面在压缩行程后期由于过早点火导致活塞上行阻力增加，使汽油机的有效输出功减小，燃油经济性变差。当点火提前角过小时，缸内混合气后燃增加，燃烧等容度下降，导致燃烧压力降低，发动机功率和效率也降低。试验表明，点火提前角偏离最佳值 5°CA 时，效率将下降 1%；偏离 10°CA 时，效率将下降 5%；偏离 20°CA 时，效率将下降 16%。

　　最佳点火提前角与转速、负荷、空燃比、温度、湿度、大气压、燃油的辛烷值等诸多因素有关。通常在发动机标定和使用过程中主要考虑转速和负荷的影响。汽油机在不同转速和负荷（一般用进气管真空度表示）情况下点火提前角和发动机功率的关系如图 7-1 所示。从图中可以看出：当转速增大时，最佳点火提前角应增大；而当负荷增大（进气管真空度减小）时最佳点火提前角应减小。这是因为当节气门开度一定时，发动机转速增高，燃烧过程所占曲轴转角增大，这时应适当加大点火提前角，否则燃烧会延续到膨胀过程中，造成功率和经济性下降。当转速一定时，随着负荷的加大，进入缸内的可燃混合气增多，压缩行程终了时的压力和温度增高，同时残余废气在缸内混合气中所占的比例减小，因而燃烧速度增大，点火提前角应适当减小，反之当负荷减小时，点火提前角应增大。

　　最佳点火提前角与汽油的抗爆性也密切相关，使用辛烷值较高的汽油时，允许的点火提前角也较大。反之，当辛烷值低时，则所允许用的点火提前角应较小。当点火提前角增大时，末端气体受火焰面的挤压和强烈的热辐射，更容易导致爆震的发生，故温度、压力升高，使末端气体更易于自燃，发生爆震的倾向性加大。

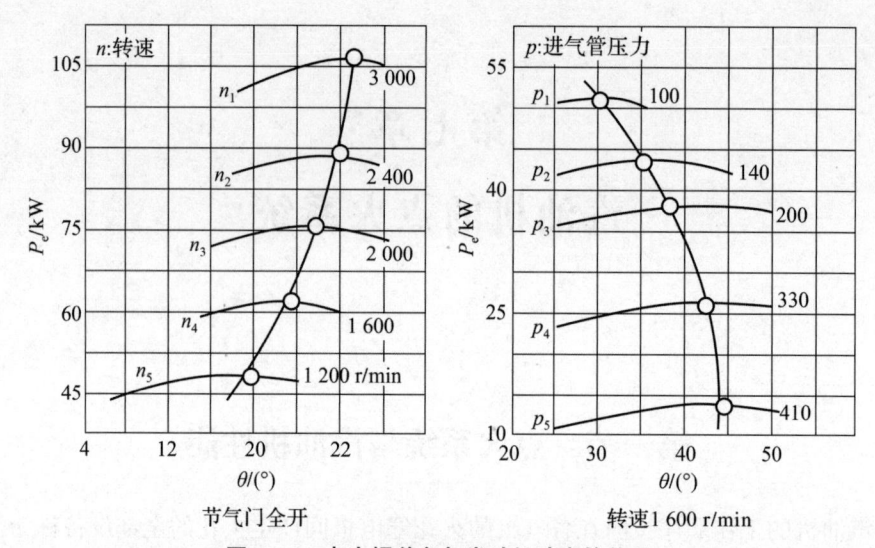

图 7-1　点火提前角与发动机功率的关系

点火提前角不仅影响汽油机的动力性和经济性，而且还影响汽油机的排放性能。汽油机的有害排放物主要有一氧化碳（CO）、碳氢化合物（HC）及氮氧化物（NO_x）。试验表明，点火提前角对 CO 的影响较小，除非过分推迟点火而使 CO 没有充分的时间完全氧化。推迟点火，则可以使 HC 和 NO_x 的排放减少。

第二节　点火系统的类型与性能要求

一、汽油机点火系统的类型

点火系统按使用的电源、储能方式不同有多种分类方法。按电源形式分类，可分为蓄电池点火系统和磁电机点火系统；按储能方式不同，可分为电感放电式点火系统和电容放电式点火系统两种。

目前，汽油发动机上应用最多的两种是蓄电池电感放电式点火系统和磁电机电容放电式点火系统。蓄电池电感放电式点火系统利用蓄电池供电，将电感储存的电能转化为电火花，应用于车用汽油机。磁电机电容放电式点火系统用磁电机供电，将电容储存的能量转化为电火花，多应用于摩托车发动机上。

随着汽油机不断发展，点火系统也经过了不断的改进，如晶体管点火系统、无触点电子点火系统以及微机控制的点火系统等。这些改进不仅改善了汽油机的性能，而且也大大减少了使用、维护的费用和时间，越来越被广泛采用。

二、点火系统的性能要求

点火系统的功用就是按照汽油机工作顺序按时在各气缸的火花塞电极间产生足够能量的电火花。为了保证点火系统可靠、高性能工作，汽油机对点火有如下要求：

（1）在火花塞两电极间产生足够高的次级电压。

为了使火花塞电极之间产生足够的点火能量，要求点火系统能够在火花塞两电极间产生足够高的次级电压,才能使火花塞电极间的气体迅速电离并被击穿产生电火花。使火花塞两电极间产生电火花所需的电压,称为击穿电压。击穿电压的数值与电极间的距离(即火花塞间隙)、缸内的压力和温度状态以及混合气的浓度等因素有关。一般地,火花塞电极间的间隙越大、缸内气体压力越高、温度越低、混合气浓度越稀时,则需要的击穿电压越高。对于一般汽油机,击穿电压达 7 000 ~ 8 000 V。但是为了使点火系统工作可靠,一般要求实际上作用于火花塞两电极间的电压应提高到 10 000 ~ 15 000 V。

(2) 火花塞的电火花要具有足够的能量。

汽油机气缸内混合气着火就是依靠火花塞跳火产生的能量点火的,因此,要保证汽油机顺利着火,就要求火花塞跳火时具有足够的能量。同样,点火能量与混合气的压力、温度和成分有关。一般汽油机火花能量应在 40 ~ 60 mJ 范围,而对于稀薄燃烧的汽油机,点火能量可以达到 100 mJ 以上。通常可用示波器观察火花持续时间的方法来估计点火能量大小,对一般汽油机,火花持续时间为 1 ~ 1.5 ms,而对于高能点火系统可达 2 ms,而火花持续 2 ms以上是没有意义的。

(3) 在任何工况下都要保证最佳点火提前角。

最佳点火提前角是保证汽油机性能的另一个重要因素,因此,对点火系统要求发动机在任何工况下都要保证最佳的点火提前角,理想的点火系统应能根据工况来任意调整点火提前角,使之达到最优。

三、蓄电池点火系统的组成与工作原理

蓄电池点火系统的组成如图 7 - 2 所示,该系统主要由蓄电池、点火开关、点火线圈、分电器及火花塞等部件组成。

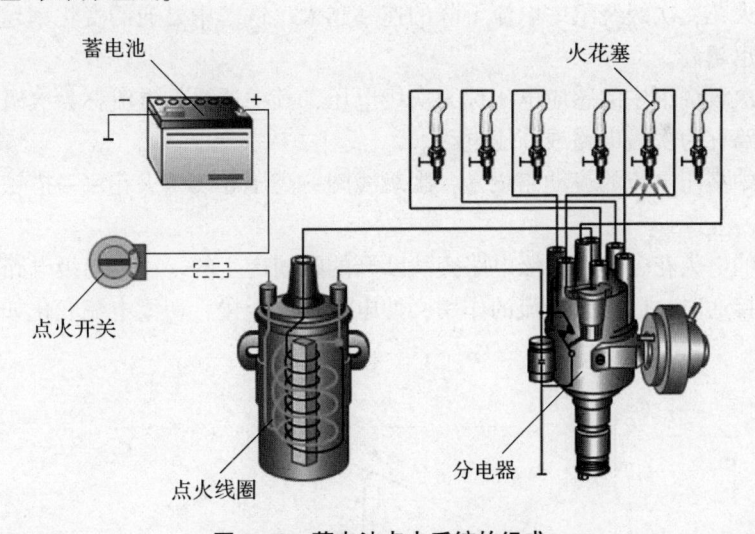

图 7 - 2 蓄电池点火系统的组成

点火线圈的原理和变压器原理类似,由两个线圈绕组组成,其中,初级绕组绕线直径较大、匝数较少,与蓄电池、分电器中断电器的触点臂等构成的回路称为初级回路,如图 7 - 3 所示;次级绕组绕线直径小、匝数多,与蓄电池、火花塞等构成的回路称为次级回路。

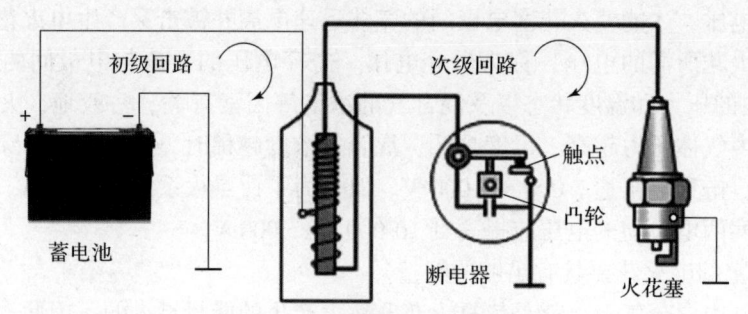

图7-3 初级回路与次级回路

分电器中的断电器是一个由凸轮控制的触点开关,断电器的凸轮一般由发动机配气凸轮驱动,与配气凸轮具有相同的转速,即曲轴每转两圈断电器凸轮转一圈,保证曲轴每转两圈各缸轮流点火一次,断电器凸轮的凸起棱数等于发动机的气缸数,每个凸起完成一个气缸的点火任务,断电器的触点与点火线圈的初级绕组串联,用来接通或切断点火线圈初级绕组的电路。

点火系统就是将蓄电池12 V或24 V的低压直流电通过点火线圈、断电器共同作用转变为10 000 V以上的高压电,再由分电器中的配电器分配到各缸火花塞,产生电火花。

汽油机工作时带动断电器凸轮转动,使断电器触点不断地闭合与打开,触点闭合时,蓄电池提供的电流路线为:蓄电池正极→点火线圈初级绕组→触点臂→断电器触点→搭铁→蓄电池负极。初级线圈中有电流通过时,在铁芯周围产生磁场,并由于铁芯的作用而加强。断电器凸轮顶开触点时,初级电路被断开,初级电流迅速下降,铁芯中的磁通随之迅速衰减以致消失,而在匝数多导线细的次级绕组中感应出很高的电压,使火花塞两电极之间的间隙被击穿,产生电火花,次级绕组中电流下降的速率越大,铁芯中磁通的变化率越大,次级绕组中的感应电压也越高。

点火线圈次级绕组中的感应电压称为次级电压,其中通过的电流称为次级电流,次级电流所通过的电路称为次级电路或高压电路。

点火系统中高压电流的流动路线是:次级线圈→高压导线→火花塞→搭铁→蓄电池→导线→次级线圈。

火花塞上的电火花,是在初级电路突然断开的瞬间产生的。由于初级电路是一个电感电路,故当电路接通时,因自感电流的作用,使电流上升缓慢,初级电流变化如图7-4中 *abc* 曲线所示。

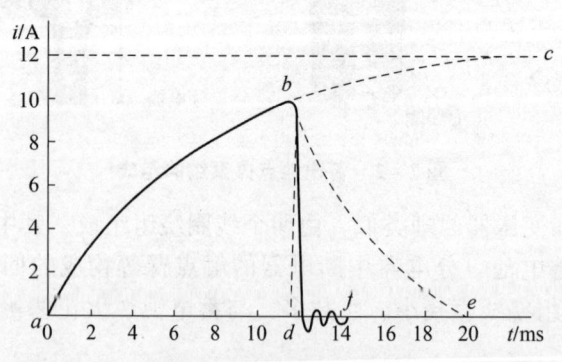

图7-4 初级电流的变化

当电路断开时，也由于自感电流的作用，使初级电流按图7-4中be曲线消失。电路断开时的电流变化速率虽比接通时大，但往往仍不能使初级线圈产生足够高的穿透电压，所以在断电器触点间并联一个电容器，使断开电路时初级线圈产生的自感电流向电容器充电，加快电流变化速率，如图7-4中bd曲线，既满足了击穿电压的要求，又避免了自感电动势使断电触点间产生电火花。

点火系统工作时，断电器触点不断闭合、打开，初级电路不断接通、闭合。因此初级电流实际上是一个脉动的电流，如图7-5所示，初级电流有效值的大小与触点闭合时间的长短有关系，触点闭合时间长断开时间短，初级电流就大，反之则小。而触点闭合时间的长短又受汽油机转速的影响，汽油机转速越高，触点闭合时间就越短，以致初级电流未能达到最大值之前，触点已经打开，因此初级电流的有效值随着汽油机转速的升高而下降，初级电流下降使次级感应电动势也随转速的升高而下降。

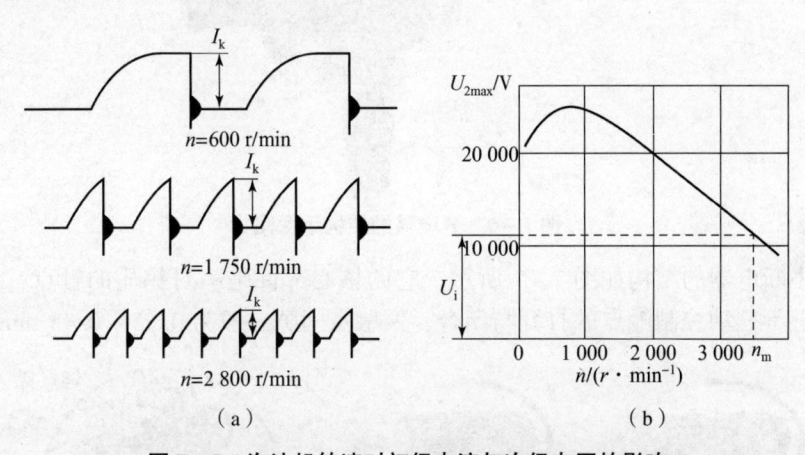

图7-5 汽油机转速对初级电流与次级电压的影响
（a）汽油机转速对初级电流的影响；（b）次级电压随汽油机转速变化的规律

为解决这一矛盾，在初级电路中串联一个附加电阻，该电阻随温度升高时，阻值迅速增大，而温度降低时阻值变小。当汽油机转速低时，触点闭合时间长，初级电流大，使附加电阻温度增高、阻值变大，防止低速时因初级电流过大而使点火线圈发热损坏。当汽油机转速高时，初级电流减小，流过附加电阻的电流也减小，因而使附加电阻温度降低，电阻值随之减小，使高速时初级电流不致显著下降，以保证能产生足够高的次级电压。由此可见，附加电阻减少了初级电流随汽油机转速变化而产生的变动，改善了点火系统的工作特性。

当汽油机起动时，由于起动电机需要很大的起动电流，这使蓄电池大量放电而使电压剧降。为了保证起动时初级电流有足够的强度，在电路中接入一个起动开关，起动时将附加电阻短路，初级电流不经过附加电阻而直接流入初级线圈以提高起动时的点火能量。

第三节 蓄电池点火系统的主要部件

一、分电器

分电器是蓄电池点火系统中一个非常重要的部件，其主要功能是根据发动机各缸点火需求控制初级电路通断,按顺序分配高压电到各缸火花塞。分电器主要应用于传统点火系统和普通电子点火系统。分电器的结构如图7-6所示,由断电器、配电器、电容器以及各种点火提前装置组成。

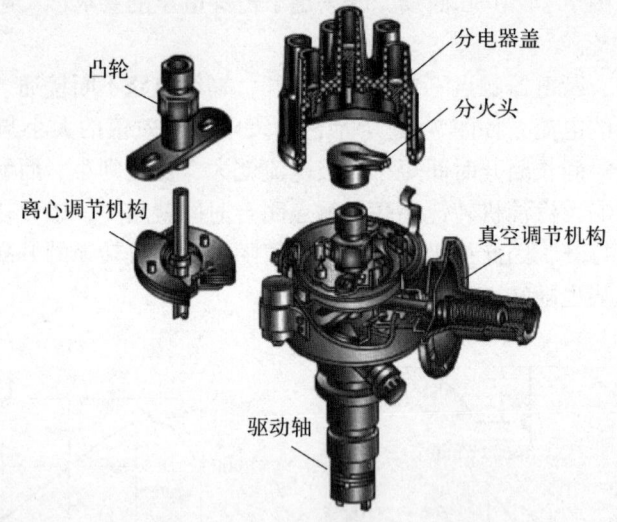

图7-6 分电器的结构示意图

分电器中断电器的结构如图7-7所示,它的核心部件是一对钨质的触点,触点臂在凸轮的驱动下上下摆动控制触点的打开与闭合,两触点间隙一般为0.35~0.45 mm。

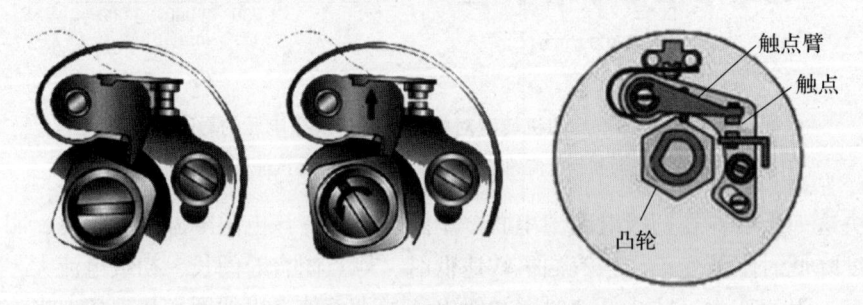

图7-7 断电器的结构

点火提前角的调节装置就是通过调整凸轮与触点之间的相对相位实现点火时刻的调整,一般有离心式机械调节机构和真空式调节机构。离心式机械调节机构是利用发动机转速不同对离心飞块的不同作用力调节上述相位关系;真空式调节机构的作用主要是随发动机负荷的变化而自动调节点火提前角,是利用进气管内压力来控制膜片移动实现触点与凸轮的相位关系的调节。

目前分电器式点火系统基本被淘汰,这里简单介绍分电器式点火系统以助于理解点火系统的基本原理,现在的汽车发动机基本上都是无分电器的电子控制点火系统。

二、火花塞

火花塞的功用是将点火线圈产生的脉冲高压电引入燃烧室,并在两极之间产生电火花,以点燃可燃混合气,火花塞的结构如图7-8所示,主要由接线螺母、绝缘体、接线螺杆、中心电极、侧电极以及外壳组成。火花塞侧电极与中心电极之间的间隙对火花塞的工作有很大影响。间隙过小,则火花微弱,并且容易因产生积炭而漏电;间隙过大,所需击穿电压增高,发动机不易起动,且在高速时容易发生"缺火"现象,故火花塞间隙一般为 0.6 ~ 0.8 mm,高能点火的火花塞间隙可达 1 mm 以上。

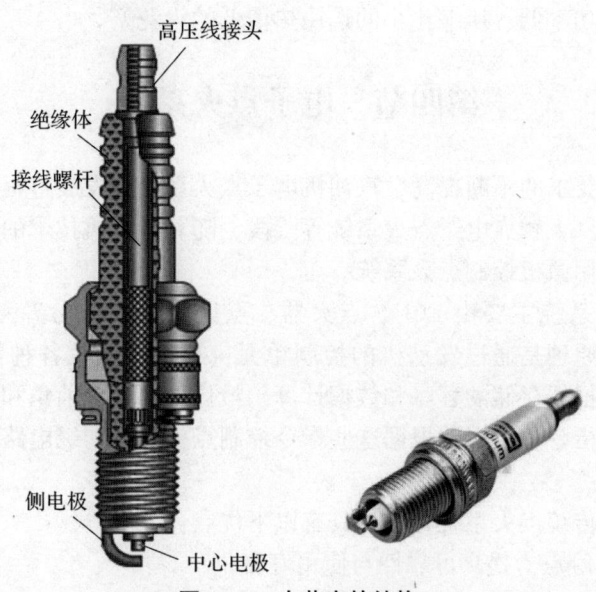

图 7-8 火花塞的结构

火花塞绝缘体部分直接与燃烧室内的高温气体接触而吸收大量的热。吸入的热量通过外壳分别传到缸体和大气当中,火花塞绝缘体裙部温度为 500 ~ 600 ℃,若温度低于此值,则会在绝缘体裙部形成积炭而引起电极间漏电,影响火花塞跳火。但是,若绝缘体温度过高,则混合气与这样炽热的绝缘体接触时,将发生炽热点火,从而导致发动机早燃。

由于不同类型发动机的热状况不同,所以火花塞根据绝缘体裙部的散热能力分为冷型、中型和热型三种,如图 7-9 所示。绝缘体裙部短的火花塞,吸热面积小,传热途径短,称为冷型火花塞,如图 7-9 (a) 所示。反之,绝缘体裙部长的火花塞吸热面大,传热途径长,称为热型火花塞,如图 7-9 (c) 所示。裙部长度介于二者之间的则称为中型火花塞,如图 7-9 (b) 所示。火花塞的热特性划分没有严格界限。一般来说,将火花塞绝缘体裙部长度为 16 ~ 20 mm 的划为热型,长度为 11 ~ 14 mm 的为中型,长度小于 8 mm 的则为冷型。

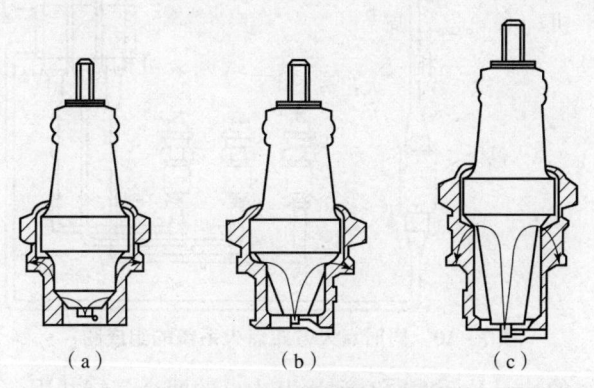

图 7-9 不同热值的火花塞
(a) 冷型;(b) 中型;(c) 热型

在火花塞的标准中通常以热值来表征火花塞的热特性。所谓热值表示火花塞绝缘体裙部吸热与散热的平衡能力。热值越高则吸热与散热平衡能力越强,因而热型火花塞热值低,冷型火花塞热值高。所以在选用火花塞配发动机时,一般功率高、压缩比大的发动机选用热值高的火花塞,相反,功率低、压缩比小的选用热值低的火花塞。

第四节 电子点火系统

随着汽油机性能要求的不断提高,汽油机电子点火系统在发展过程中经历了晶体管半导体辅助触点点火系统、无触点电子点火系统等阶段,随着计算机技术的不断发展,目前汽油机电子点火系统都采用微机控制点火系统。

汽油机电子点火系统主要由ECU、点火器、点火线圈、火花塞、传感器等部分组成,电子点火系统的工作原理是通过发动机的控制单元(ECU)接收各种传感器信号,判断发动机的运行工况,并根据存储的程序和数据计算出最佳的点火提前角和通电时间,然后向点火器发出相应的点火指令。点火器根据这些指令控制点火线圈初级电路的通断,从而产生高压电火花点燃混合气。

电子点火系统与传统点火系统相比,具有以下优点:
(1) 取消了点火触点,提高可靠性与使用寿命。
(2) 改善发动机高速时的点火性能。
(3) 提高点火能量,可实现稀薄燃烧。
(4) 减轻了对无线电的干扰。
(5) 结构简单,质量轻,体积小,使用和维修方便。

根据结构和点火方式的不同,电子点火系统可以分为两缸同时点火和每缸独立点火两种。同时点火方式的组成如图7-10所示,某六缸机的六个火花塞共用三个点火线圈。

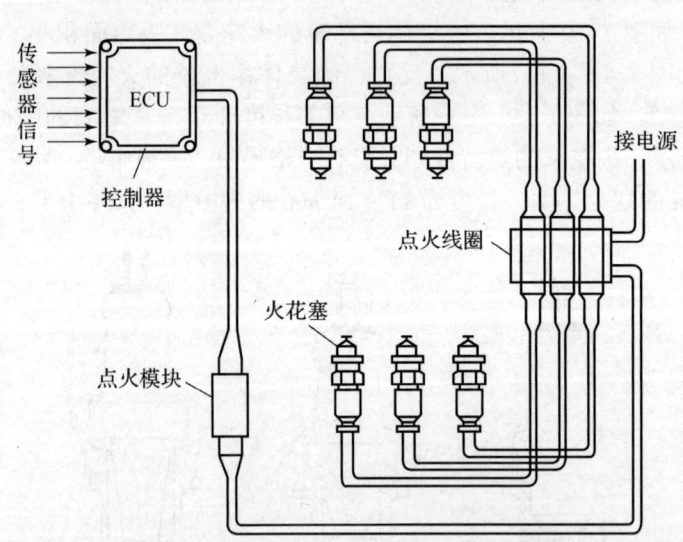

图7-10 同时点火方式点火系统的组成图

两缸同时点火系统的特点是活塞同时到达上止点的两个气缸共用一个点火线圈,即点火线圈的数量等于气缸数的一半,系统原理如图7-11所示。

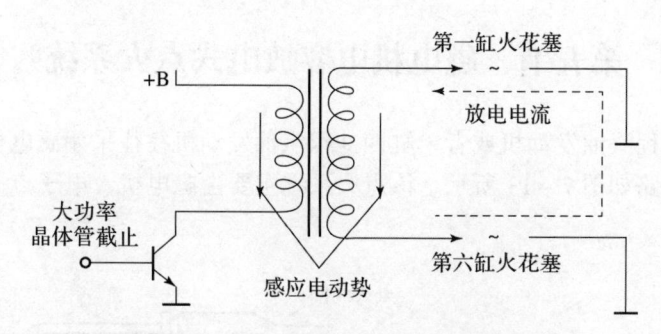

图7-11 同时点火方式点火线圈连接方式

点火线圈的初级电路连接在控制电路中由控制器进行控制，其次级线圈的两端分别连接在两个同步缸的火花塞上。当初级电路断开后，将在这两个缸的火花塞上同时产生电火花。由于同时到达上止点的两个气缸一个在压缩行程，一个在排气行程，当点火线圈产生高压电时，在压缩上止点附近的气缸着火做功；而运行在排气上止点附近的气缸有一次无效点火。另外，由于处于排气上止点的气缸缸内压力低，燃烧废气中有较多的导电离子，这个气缸火花塞的电极很容易被击穿放电，所以，其消耗的能量也非常小，不会对着火缸的火花能量造成太大影响。

每缸独立点火方式点火系统的特点是每个气缸都有独立的点火线圈。由于一个线圈向一个气缸提供点火能量，因此在同样的发动机转速下，单位时间内线圈中通过的电流要小得多，线圈不容易发热。所以，这种线圈的初级电流可以设计得比较大，而体积却非常小巧。

独立点火方式的控制方法大致相同，具体控制电路则因车型的不同存在一定的差异。主要是在点火驱动模块的数量上，有的采用几个驱动模块，每个驱动模块控制一个点火线圈，而有的则采用一个点火模块输出多路驱动信号，驱动多个点火线圈。

如图7-12所示为某五缸汽油机每缸独立点火的点火系统，ECU输出5路点火控制信号，控制信号分别由两个点火驱动模块驱动，控制5个点火线圈，实现电子控制。

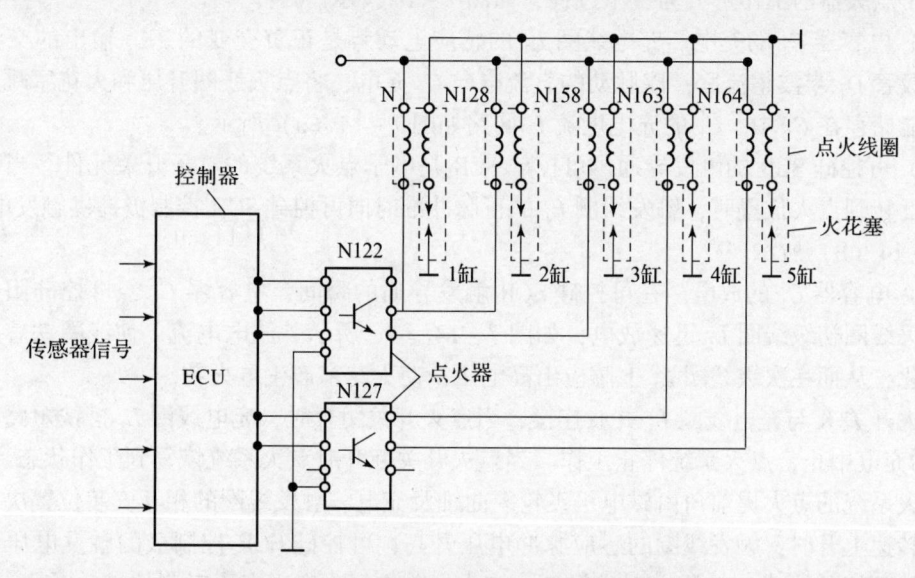

图7-12 五缸发动机独立点火方式的点火系统

第五节　磁电机电容放电式点火系统

摩托车用二冲程汽油发动机或者单缸四冲程汽油发动机往往采用磁电机电容放电式点火系统，其结构和电路如图7-13所示。该点火系统主要由磁电机、电子点火器、点火线圈和火花塞等组成。

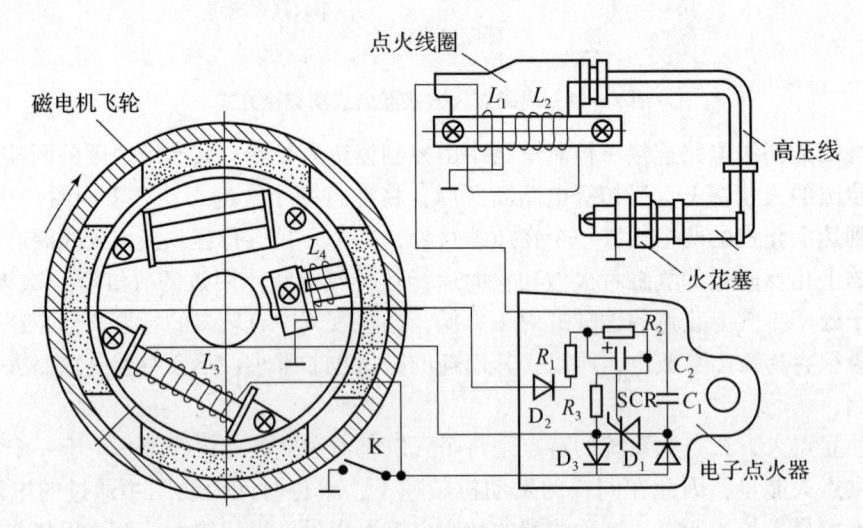

图7-13　磁电机电容放电式点火系统

磁电机是该点火系统的电源，磁电机底板上的充电线圈 L_3 和触发线圈 L_4 与旋转飞轮进行电磁感应而产生感应电动势。充电线圈 L_3 的一端搭铁，另一端与电子点火器相连，向电子点火器中的储能电容器 C_1 充电。触发线圈 L_4 的一端也搭铁，另一端与电子点火器相连，用以使电子点火器的可控硅SCR在适当的时刻触发导通。

电子点火器的工作可分为三个过程，如图7-14所示。

（1）电容器 C_1 的充电。充电线圈 L_3 的感应电动势是正负交变的。L_3 输出的交流电经整流二极管 D_1 半波整流后，以脉动的直流电向 C_1 充电，将点火线圈升压和火花塞跳火所需要的电能储存在 C_1 中。C_1 的充电电流 I_c 回路如图7-14（a）所示。

（2）可控硅SCR的触发导通。可控硅SCR是电子点火系统的电子开关元件，当飞轮随发动机运转到点火位置时，触发线圈 L_4 的正脉冲准时向可控硅SCR控制极提供触发电流 I_g，如图7-14（b）所示。

（3）电容器 C_1 的放电。在可控硅SCR触发导通的瞬间，电容器 C_1 经可控硅阳极和阴极向点火线圈初级线圈 L_1 迅速放电，如图7-14（c）所示。放电电流 I_e 使线圈铁芯的磁通迅速变化，从而在次级线圈 L_2 上感应出高电压，使火花塞产生电火花。

点火开关K与充电线圈 L_3 并联连接，当点火开关闭合时，充电线圈 L_3 搭铁短路，电容器 C_1 的充电中止，点火系统停止工作。当点火开关断开时点火系统恢复到工作状态。

点火系统的点火提前角由磁电机飞轮、曲轴及充电、触发线圈的相互安装位置决定。当发动机转速上升时，触发线圈的感应脉冲电压升高，可控硅SCR控制极的触发电压也提前达到，从而使可控硅SCR提前触发导通，点火提前进行，实现点火时刻的自动提前。

（a）

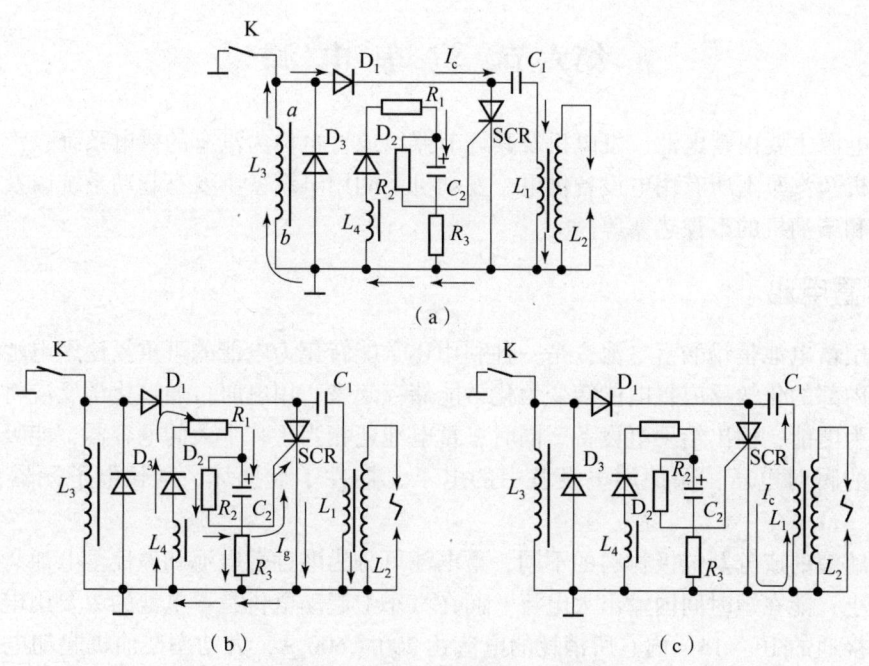

（b） （c）

图 7-14　电子点火器的工作过程
（a）电容器 C_1 的充电；（b）可控硅 SCR 的触发导通；（c）电容器 C_1 的放电

磁电机采用四极的外转子式飞轮，在飞轮旋转一周中，充电、触发线圈两次产生正脉冲，即 180°为一个信号周期，如图 7-15 所示，电容器完成两个充、放电循环，火花塞相差 180°CA 跳火两次。对于四冲程发动机，在两个火花中，有一个在压缩行程是有效的，另一个在排气行程是无效的，不会影响发动机的正常工作。

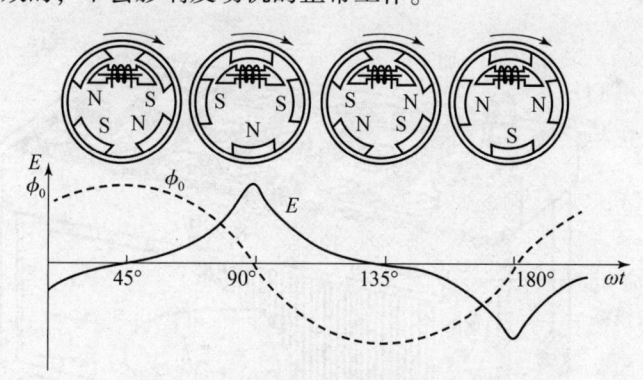

图 7-15　四极外转子式磁电机的工作过程

电容放电式点火系统与电感放电式点火系统相比有以下特点：

（1）可以比较方便地通过提高电容 C_1 端电压和提高电容器储能的方法，提高点火系统的火花电压和火花能量。

（2）点火系统的工作转速具有大幅度提高的潜力，完全可以适应现代摩托车发动机向高速方向发展的需要。

（3）电容放电点火方式使火花电压上升时间较短，可以减轻积炭对火花塞工作的影响，提高了火花塞的寿命。

第六节 汽车电源

汽车电源主要由蓄电池、发电机及其调节器组成，也称为汽车的供电系统。汽车电源系统为发动机及汽车上所有用电设备供电。发动机上的用电设备主要有起动系统以及汽油机的点火系统和柴油机的电预热塞等。

一、蓄电池

汽车用蓄电池是铅酸蓄电池，是一种利用化学能转化为电能的可重复使用电池，在充电时由电池内部的化学反应将电能转变为化学能储存起来；用电时再通过化学反应将储存的化学能转变为电能，输出给用电设备。同时，蓄电池还相当于一个大的电容器，能吸收电路中随时出现的瞬时电压，保护用电设备中的电子元器件不被损坏，延长电子元器件的使用寿命。

按电解液的成分及电极材料的不同，蓄电池可分为酸性蓄电池和碱性蓄电池。酸性蓄电池的内阻小，能在短时间内输出大电流。而在汽车上起动电机是蓄电池的主要用电设备，在起动电机接通的10～15 s 内它所消耗的电流达200～600 A，大功率柴油机起动电流可达到1 000 A，因此，目前绝大多数汽车上使用的是酸性蓄电池。酸性蓄电池的极板材料主要是铅和铅的氧化物，故又称为铅酸蓄电池。

铅酸蓄电池由正极板、负极板、隔板、电解液和壳体组成。车用蓄电池一般包括多个单格蓄电池，每个单格蓄电池的端电压为2 V 左右。汽油机所用蓄电池一般为12 V，由6个单格蓄电池串联而成，柴油机和摩托车上所用蓄电池一般为24 V 和6 V。12 V 的铅酸蓄电池结构如图7 – 16 所示。

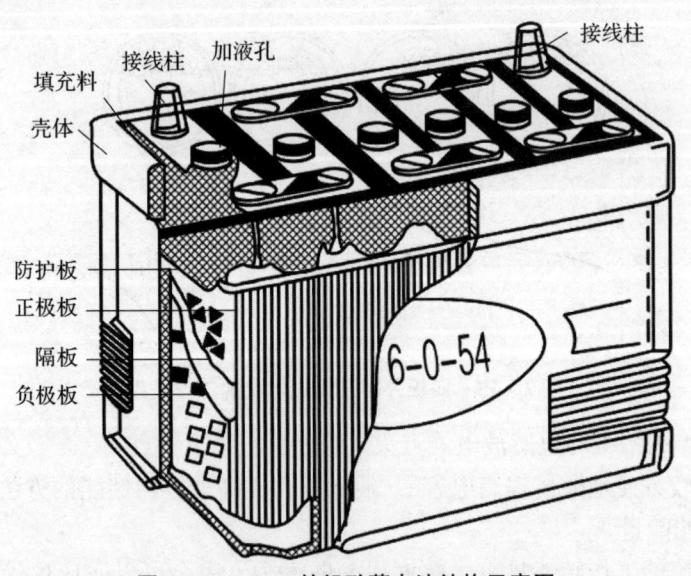

图7 – 16　12 V 的铅酸蓄电池结构示意图

蓄电池在放电允许的范围内输出的电量称为蓄电池的容量，单位为"安·时"（A·h），其容量与放电电流及电解液的密度、温度有关，电解液是由专用硫酸和蒸馏水配制而成的，密度一般为 1.24～1.28 kg/m³。密度越大，蓄电池的电动势和容量越大，但密度过大又会使电池的内阻增加。蓄电池放电量越大，电解液密度下降越多。一般情况下，电解液密度每下降 0.04 kg/m³，蓄电池约放电 25%。

电解液的温度对容量也有很大影响，一方面温度低使蓄电池内阻增加、电动势降低；另一方面低温使蓄电池极板上的活性物质不能充分利用，所以温度越低容量越小。正是由于这一原因给我国北方地区冬季行车带来一定困难。特别是在起动时，由于蓄电池的端电压下降很多，往往导致点火困难，所以在冬季应注意铅酸蓄电池的保温工作。

放电电流不仅对蓄电池的容量影响很大，而且还影响蓄电池的寿命。放电电流越大容量越小，并且容易出现"终了"电压之后的过放电，加速极板上活性物质的脱落，使蓄电池过早损坏。所以在起动发动机时必须严格控制起动时间，每次起动时间不得超过 5 s，而且相邻两次起动之间应有 15 s 的间隔。

二、发电机和电压调节器

目前国内外广泛使用的发电机是硅整流三相交流发电机，通过 6 个或 8 个二极管进行三相全波整流后输出直流电。硅整流交流发电机的结构与原理示意图如图 7-17 所示，主要由转子、定子、电刷总成和整流器组成。转子包括 6 对或 8 对爪形磁极和激磁绕组，用于建立磁场；定子由呈星形连接的三相绕组组成，用于产生感应电压；整流器是由 6 个或 8 个硅二极管组成的三相桥式全波整流电路；电刷总成将直流电供给激磁绕组。

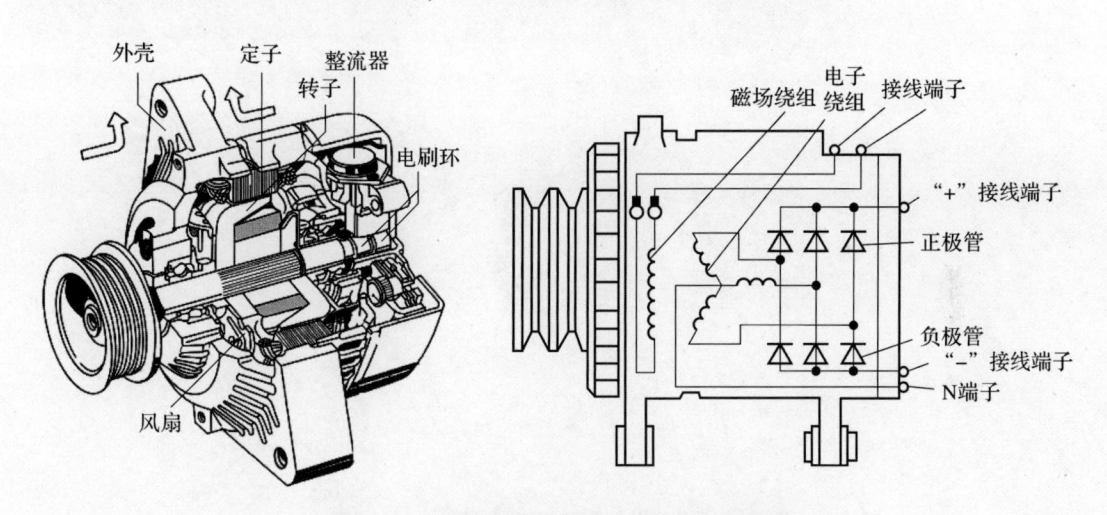

图 7-17 硅整流交流发电机的结构与原理图

当发电机工作时，通过电刷和滑环将直流电压加在磁场线圈的两端，转子和爪形磁极被磁化形成交错的磁极，转子旋转时在定子中间形成旋转磁场，使安装在定子铁芯上的三相绕组中感应生成三相交流电，经整流器整流为直流电。

在发电机上有 5 个接线端子，常用的接线端子是输出"+"端子、搭铁"-"端子和磁场接线端子，有些发电机磁场接线端子只有一个标有"F"的端子，另一个在发电机内部直接搭铁。标有"N"的中性接线柱的输出为发电机输出的一半，用来驱动如磁场继电器、防倒流继电器和充电指示灯继电器等，一般常用于 24 V 系统的柴油车上。

发电机输出电压的大小随发电机转速的升高和磁场的增强而增大。由于发动机转速变化范围很大，使发电机输出电压随之变化。为了保证供给用电设备的电压是恒定的，汽车上使用的发电机必须配用电压调节器，当发电机输出电压超过一定值后，通过调节激磁电流改变磁极磁场强度的方法，在发电机转速变化时，保持其端电压为恒定值。通常汽车用调节器的调节电压为 13.5~14.5 V。常用的调节器有触点振动式电压调节器、晶体管电压调节器以及集成电路电压调节器等多种形式。

思 考 题

  1. 发动机工作时，点火系统电路中形成几条支路？具体路径是什么？
  2. 为什么汽油发动机的点火系统必须设置真空点火提前和离心点火提前两套调节装置？它们是怎样工作的？
  3. 汽油机最佳点火提前角与转速、负荷各有什么关系？为什么？
  4. 什么是爆震控制？爆震控制的优点是什么？
  5. 汽车发电机为什么要配用电压调节器？

第八章
冷 却 系 统

第一节 冷却系统的功用及分类

一、冷却系统的功用

发动机在工作时,气缸内燃气的最高温度可达到 2 200～2 700 K。与燃气接触的气缸盖、气缸、活塞和气门等零件将吸收大量热量而使温度升得很高。若不及时将这些高温零件上的过多热量散走,发动机将会出现各种不良现象,包括:温度过高促使金属材料机械性能下降,导致零件强度降低;机油变质而导致零件之间不能保持正常油膜,零件磨损加剧;高温使零件热膨胀过大而破坏正常间隙,最终导致发动机工作过程恶化甚至不能正常工作。因此,必须对发动机进行冷却,保证与炽热气体接触的零件温度维持在一定的范围之内。

冷却系统的功用就是强制地将高温零件所吸收的热量及时散走,以保持它们能在正常的温度范围内工作,既要防止发动机过热,也要防止发动机过冷。如果发动机温度过冷,尤其是在北方的冬季,如果发动机温度过低会导致散热损失增加,缸壁温度过低会使燃油蒸发不良,燃烧品质变差;机油黏度加大,不能形成良好油膜,使摩擦损失增加,最终导致功率下降、燃油消耗增加、排放恶化、发动机工作粗暴。因此、发动机的冷却必须适度。发动机冷却系统往往要消耗一部分有用热量,一般情况下,冷却所消耗的热量约等于供给发动机全部热量的 1/4～1/3。

二、冷却系统的分类

车用发动机的冷却形式有两种类型,一种是采用冷却液冷却,称为水冷或者液冷,如图 8-1 所示,目前,绝大多数车用发动机均采用水冷方式;另一种冷却形式是风冷方式,即采用高速流动的空气对发动机受热部件进行冷却,有些对发动机紧凑性要求高的特种车辆发动机、飞机用活塞发动机等采用风冷方式。

水冷发动机的冷却系统按照冷却水的循环方式不同又可分为自然循环与强制循环两种。自然循环冷却系统是利用水的密度随温度而变的特点,使冷却水在系统中进行自然循环。温度较低的水由于密度较大而沉到冷却水套的下部,而吸热以后温度较高的水由于密度减小便上升到冷却系统的上部,将热量散于大气中。自然循环冷却无须水泵,只有较少的管路,结构简单。但是,由于采用自然循环,属于开式系统,冷却系统在吸收发动机热量后会导致冷

图8-1　水冷发动机和风冷发动机

却液蒸发，因此，冷却水的消耗量较大，必须及时补充冷却水才能保持发动机正常工作，这对车用发动机是极其不方便的。因此它仅用于采用单缸的手扶拖拉机或小型翻斗车上，如图8-2所示。

图8-2　自然循环冷却系统发动机使用场合

强制循环冷却系统是利用水泵强制将冷却液在冷却系统管路或冷却水腔中流动，与自然循环冷却系统相比，大幅度提高了冷却强度，且强制循环冷却系统一般采用闭式循环冷却系统，减少了水的消耗。同时，闭式循环冷却系统可以适当提高循环压力，进而提高冷却水的蒸发温度，改善了冷却液的散热效果，有利于提高发动机功率和减少燃油消耗。目前车用发动机绝大多数都采用闭式循环冷却系统。

三、冷却液

冷却液是水与防冻剂的混合物。冷却液一般用软水按一定比例与防冻剂配比，一方面可以防止发动机水腔中产生水垢，另一方面，防冻剂可以将冷却液的凝点降低到-50 ℃，能有效防止冷却液结冰。如果发动机冷却系统中的水结冰，其体积膨胀，可能将机体、气缸盖和散热器胀裂。尤其在我国北方地区的冬季，往往会在冷却液中加入一定比例的防冻剂，避免上述现象发生，最常用的防冻剂是乙二醇，42%的水与58%的乙二醇混合而成的冷却液，其冰点约为-50 ℃，不同配比可获得不同冰点的防冻液。

在水中加入防冻剂还同时提高了冷却液的沸点。例如，含50%乙二醇的冷却液在大气压力下的沸点是103 ℃。因此，防冻剂有防止冷却液过早沸腾的附加作用。防冻剂中通常含有防锈剂和泡沫抑制剂，防锈剂可延缓或阻止发动机水套壁及散热器的锈蚀或腐蚀。冷却液中的空气在水泵叶轮的搅动下会产生很多泡沫，这些泡沫将妨碍水套壁的散热，而泡沫抑制剂能有效地抑制泡沫的产生。在使用过程中，防锈剂和泡沫抑制剂会逐渐消耗殆尽，因此，定期更换冷却液是十分必要的。在防冻剂中一般还要加入着色剂，使冷却液呈蓝绿色或黄色以便识别。

第二节 水冷系统的组成及主要部件

一、水冷系统的组成

水冷系统具有冷却均匀性好，冷却效果好，而且发动机运行时噪声较小等优点，因此，车用发动机广泛采用水冷系统。一般车用发动机水冷系统示意图如图 8-3 所示。水冷系统中的散热器一般置于汽车的最前端，并且在散热器与发动机之间装有轴流式风扇，用于进一步增强流经散热器的空气流量以加强冷却，这种布置可以充分利用迎风气流进行冷却。

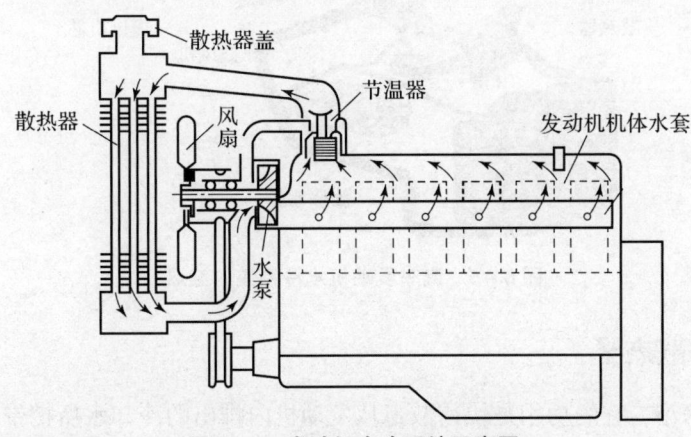

图 8-3 发动机水冷系统示意图

水冷系统的冷却液流动路线如下：水泵将经过散热器冷却的低温冷却液泵入发动机机体水套，冷却液经过机体与缸盖的分水水道流入气缸盖水套，冷却液先后流经温度较低的气缸燃烧室水腔和温度较高的气缸盖燃烧室水腔，在燃烧室周围吸收热量后冷却液温度升高，再由气缸盖出水口经过节温器后再次进入散热器，高温冷却水通过散热器芯部时将热量散至高速流过的低温空气，使冷却液温度下降，再次进入水泵，在水泵的驱动下，冷却水不断地进行循环流动。

为了控制和调节发动机冷起动时对冷却液的冷却强度，在气缸盖热水出口处加装节温器。节温器是一个由温度控制的三通阀，可以根据冷却水温度的不同控制冷却水在气缸盖出口处的流动方向，当冷却液温度较高时流入散热器，称为大循环；当冷却液温度较低时，节温器关闭去散热器的通路而直接流回水泵，称为小循环，如图 8-4 所示。

图 8-4 发动机水冷系统大循环与小循环示意图

在车用冷却系统中，发动机工作时冷却液温度较高，发动机停机时冷却液温度又较低，为了防止冷却液高温时产生气体导致压力过高，不断在高温和低温范围内变化，需要布置膨胀水箱。膨胀水箱置于整个冷却系统的最高处，它可以排除冷却系统中的蒸汽，又可在冷却系统因水分蒸发、水量减少时向冷却系统补充冷却水。大多数汽车装有暖风系统，暖风机是一个热交换器，也可称作第二散热器。在装有暖风机的水冷系统中，热的冷却液从气缸盖或机体水套经暖风机进水软管流入暖风机芯，然后经暖风机出水软管流回水泵。吹过暖风机芯的空气被冷却液加热之后，一部分送到风挡玻璃除霜器，一部分送入驾驶室或车厢。汽车发动机水冷系统的组成如图 8-5 所示。

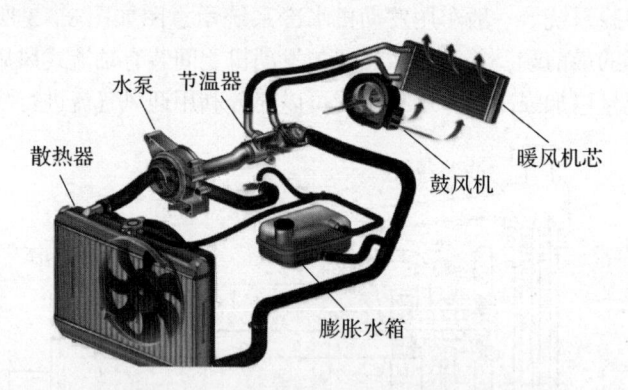

图 8-5 汽车发动机水冷系统的组成

二、风扇与散热器

散热器又称水箱，它的功用是快速散走从发动机内排出的冷却水所携带的多余热量，降低冷却水的温度。为了调节散热器的散热能力，在散热器的轴向方向布置有轴流式风扇。

发动机水冷系统中的散热器由进水室、出水室及散热器芯等部分构成，如图 8-6 所示，散热风扇往往与散热器通过螺栓连接到一起。风扇的作用是使冷却空气在风道内加速流动，以带走散热器及发动机机体上的热量。车用发动机常采用轴流式风扇，轴流式风扇所产生的风的流向与风扇轴平行。轴流式风扇具有效率高、风量大、结构简单、布置方便等优点，

图 8-6 散热器结构

因而广泛应用在汽车、拖拉机发动机上。轴流式风扇由叶片、托板铆接而成,叶片则由薄钢板冲压成型。为降低风扇噪声,使叶片具有良好的空气动力性能,现代发动机开始大量使用翼形断面叶片的整体铝合金铸造的轴流式风扇或用尼龙、聚乙烯等合成树脂注塑的轴流式风扇。风扇由2~8片叶片组成,常用的叶片数目为4、5、6片。为减少叶片旋转时的气流噪声,叶片常做成不等距的,或使叶片数为奇数。

很多轿车发动机的水冷系统采用电动风扇,电动风扇由风扇电动机驱动并由蓄电池供电,所以风扇转速与发动机转速无关,可以通过发动机控制器随工况变化和发动机需求实时调节风扇转速,进而智能调节散热能力。

冷却液在散热器芯内流动,空气在散热器芯外通过。热的冷却液由于向空气散热而变冷,冷空气则因为吸收冷却液散出的热量而升温,所以散热器是一个热交换器。按照散热器中冷却液流动的方向,可将散热器分为纵流式和横流式两种。纵流式散热器的器芯竖直布置,上接进水室,下连出水室,冷却液由进水室自上而下地流过散热器芯进入出水室。横流式散热器的器芯横向布置,左右两端分别为进、出水室,冷却液自进水室经散热器芯到出水室横向流过散热器。大多数新型轿车均采用横流式散热器,这可以使发动机机罩的外廓较低,有利于改善车身前端的空气动力性。

车用发动机散热器的芯部绝大多数采用管片式、管带式和板式等三种形式,如图8-7所示。管片式芯部如图8-7(a)所示,其散热片叠套在按一定规律排列的散热水管上,这种形式整体刚度较好,水管内部所能承受的压力较高。管带式芯部如图8-7(b)所示,其散热片呈带状并折叠成波纹形,此波纹形散热片与散热水管焊接在一起。这种散热器制造较简单,散热能力比同体积的管片式散热器增大6%~7%,但其整体刚度较差。板式散热器芯如图8-7(c)所示,冷却液通道由成对的金属薄板焊合而成。这种散热器芯散热效果好,制造简单,但焊缝多,不坚固,容易沉积水垢,且不易维修。散热器芯部的散热水管及散热片由黄铜制成,其厚度为0.08~0.20 mm。近些年来散热器以铝合金代替黄铜散热器芯,进、出水室由复合塑料制造,使散热器质量大为减轻。

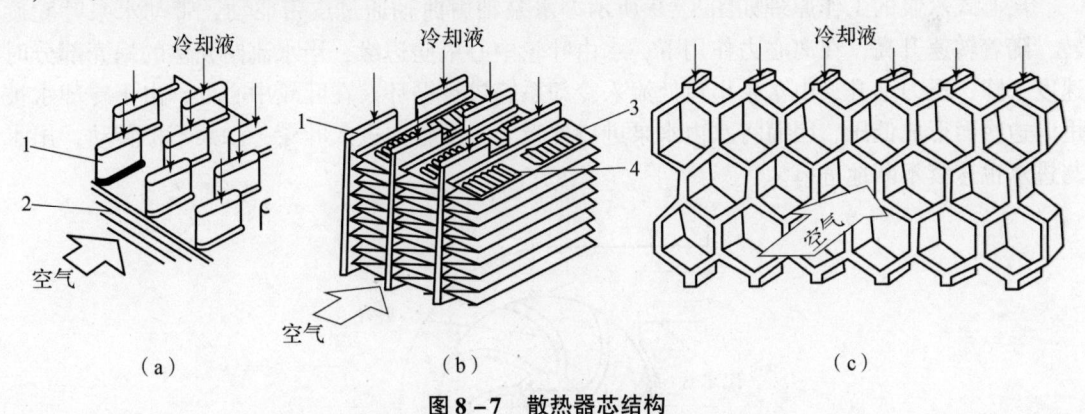

图8-7 散热器芯结构
(a) 管片式;(b) 管带式;(c) 板式
1—散热水管;2—散热片;3—散热带;4—鳍片

汽车散热器一般采用闭式循环冷却系统,即冷却系统与外界大气是隔开的。为了保持冷却系统内的正常压力,避免系统内部的压力过高或过低而损坏系统,在散热器的注水口盖上装有安全阀,称为蒸汽-空气阀,其作用是密封水冷系统并调节系统的工作压力,带有蒸汽-空气阀的加水口盖如图 8-8 所示，蒸汽阀与空气阀在正常状况下是关闭状态。当冷却系统内蒸汽压力超过一定数值时，一般车用发动机压力为 0.026~0.037 MPa，蒸汽压缩蒸汽阀弹簧，使蒸汽阀离开阀座，蒸汽即从蒸汽阀与阀座的间隙逸出，经蒸汽排出管排出。当冷却系统内压力低于一定数值时，一般为 0.01~0.02 MPa，外界空气进入阀盖体内并压缩空气弹簧，使空气阀离开阀座，空气即由此处进入冷却系统内部，达到内、外压力平衡。采用自动补偿封闭式散热器的蒸汽排水管不是直接通到大气中，而是通向膨胀水箱。膨胀水箱的作用是减少冷却液的溢失，当冷却液受热膨胀后，散热器内多余的冷却液流入膨胀水箱，而当温度降低后，散热器内产生一定的真空度，膨胀水箱中的冷却液又被吸回到散热器内，因此冷却液的损失较少。

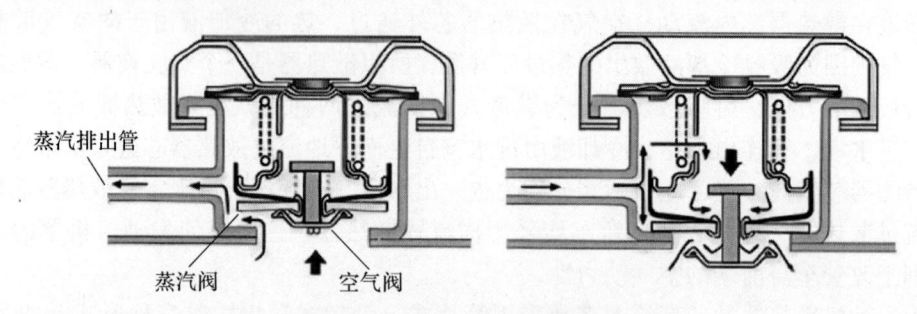

图 8-8　蒸汽-空气阀散热器盖

三、水泵

水泵的功用是对冷却水加压，并使其在冷却系统内循环流动。车用发动机大都采用离心式水泵，因为离心式水泵具有尺寸小、质量轻、供水量大等优点。特别是当发动机停机时，冷却水可以在水泵叶轮间自由流动，这对于采用水作为冷却液的发动机来说尤为重要，可以防止冬季汽车停车后，冷却水结冰导致将发动机缸体冻裂的风险。另外，在冬季起动发动机之前，可以注入热水对发动机进行预热。

离心式水泵的工作原理如图 8-9 所示。水泵轴由曲轴通过皮带驱动，带动水泵叶轮旋转，随着转速升高，在离心力作用下，水由叶轮中心甩向边缘，当水流向壳体的蜗壳部分时速度下降，压力上升，由水泵出口处流入冷却系统进行循环。在叶轮中心处，由于冷却水被甩向边缘而形成低压，因而将水由水泵进口处吸入，沿轴向进入叶轮，水泵不停转动，出水与进水也连续不断地进行。

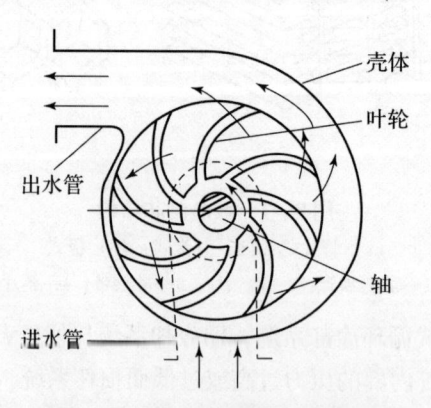

图 8-9　离心式水泵的工作原理

水泵在发动机上的安装与驱动如图 8-10 所示。水泵轴上的带轮通过发动机前端的正时带驱动,水泵壳体通过螺钉紧固在发动机机体上,一般水泵的蜗壳部分集成在发动机的机体上,与发动机冷却水路相通。离心式水泵结构简单、尺寸小、排量大且工作可靠,因此得到了广泛的应用。

图 8-10　水泵在发动机上的安装与驱动

随着发动机智能化控制的发展,机械驱动式水泵也逐渐被电动水泵所取代,电动水泵相比于传统机械水泵,不受发动机转速的影响,可以根据发动机 ECU 采集的发动机运行工况,实时控制水泵的转速,实现冷却系统的智能调控。电动水泵既能改善发动机的散热控制,提高水泵效率,又可以降低功耗,因此采用电动水泵后,可有效改善发动机的燃油经济性。

四、节温器

节温器是控制发动机冷却液流向路径的一种三通控制阀。节温器是根据冷却液温度的高低自动调节冷却液进入散热器的水量,以调节冷却系统的散热能力,当发动机冷起动时,冷却液的温度较低,这时节温器将冷却液流向散热器的通道关闭,使冷却液经水泵入口直接流入机体或气缸盖水套,称为冷却液小循环,以便使冷却液能够迅速升温。当发动机冷却液温度升高后,节温器将冷却液流向散热器的通道打开,使冷却液进入散热器,称为冷却液大循环,以便将冷却液温度快速降低。

车用发动机的节温器大多数是蜡式节温器,当冷却液温度低于规定值时,节温器感温体内的精制石蜡呈固态,节温器阀在弹簧的作用下关闭发动机与散热器之间的通道,冷却液经水泵返回发动机,进行发动机内小循环。当冷却液温度达到规定值后,石蜡开始融化逐渐变为液体,体积随之增大并压迫橡胶管使其收缩。在橡胶管收缩的同时对推杆施以向上的推力,推杆对阀门有向下的反推力使阀门推出,进而关闭通往水泵入口的通道,如图 8-11 所示,这时冷却液经节温器流向散热器入口,经散热器散热后的低温冷却液再经水泵流回发动机,进行大循环。一般情况下,节温器布置在气缸盖出水管路中,这样布置的优点是结构简单,容易排除冷却系统中的气泡;缺点是节温器在工作时经常开闭,产生振荡现象。

随着排放法规和燃油经济性要求的日益严格,以及发动机智能控制技术的发展需求,目前很多车用发动机采用电子节温器,发动机 ECU 根据冷却液温度传感器信号,通过控制电阻丝给石蜡加热来实现节温器的精确控制。

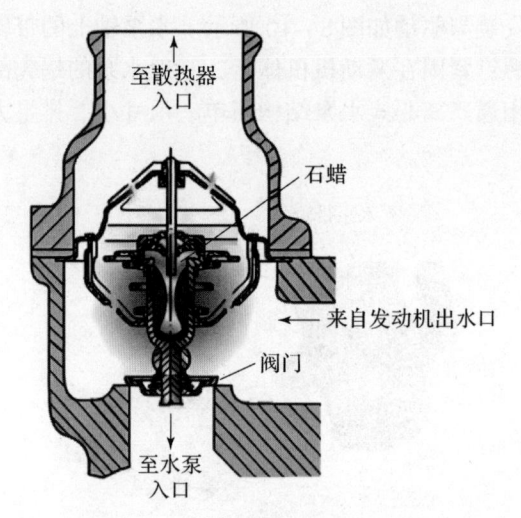

图 8-11 节温器工作原理示意图

第三节 冷却强度的调节

发动机的散热能力取决于冷却液的循环流量和风扇的扇风量，冷却液的循环流量越大，风扇扇风量越大，发动机的散热能力也越强。传统发动机冷却系统的水泵与风扇均由曲轴驱动，因此，冷却液的循环量与风扇的扇风量取决于发动机的转速，转速越高，散热能力越强。另外，发动机所需的冷却强度取决于运行工况，因此发动机的散热能力与其所需要的冷却强度往往不能保持一致。如在低转速、大负荷工况下运行时，发动机热负荷高，需要散发的热量很大，而此时水泵与风扇的转速很低，不足以将这些热量散出。相反若在高转速、中小负荷工况运行时，需要散发的热量较少，此时风扇、水泵的转速很高，往往造成散热过度。在设计冷却系统时若按低转速、大负荷工况进行设计，则容易使高转速、中小负荷发动机冷却过度；反之，若按高速、中小负荷工况来设计冷却系统，则由于散热能力不足而造成在低速、大负荷工况时发动机冷却不足，因此发动机必须能够根据运行工况调节其冷却强度。冷却系统的冷却强度可以通过改变流经散热器的水流量或空气流量的方式进行调节。

一、改变通过散热器的空气流量

车用发动机通常利用百叶窗和各种自动风扇离合器来改变通过散热器的空气流量，近年来，随着智能控制的应用，在车用发动机上采用各种自动式风扇离合器控制风扇的扇风量以改变冷却强度的方法日益增多，结构日臻完善，ECU 根据发动机的温度自动控制风扇的转速，以达到改变通过散热器的空气流量的目的。这样不仅能够减少发动机的功率损失、节省燃油，还能提高发动机的使用寿命，降低运转噪声。

1. 汽车百叶窗

老式汽车的散热器前面一般装有百叶窗，当冷却液温度过低时，可将百叶窗部分或完全关闭，减少通过散热器的空气流量。这种方法结构简单，但增大了空气阻力，使风扇的使用效率降低，一般只作为辅助调节装置使用。

2. 改变冷却风扇的转速

汽车在行驶过程中，由于环境条件和运行工况的变化，发动机的热状况也在改变。因此，必须随时调节发动机的冷却强度。例如，在炎热的夏季，发动机在低速、大负荷下工作，冷却液的温度很高时，风扇应该高速旋转以增加冷却风量，增强散热器的散热能力；而在寒冷的冬天，冷却液的温度较低时，或在汽车高速行驶有强劲的迎面风吹过散热器时，风扇继续工作就变得毫无意义了，不仅白白消耗发动机功率，而且还产生很大噪声。试验证明，水冷系统只有25%的时间需要风扇工作，而在冬季需要风扇工作的时间更短。因此，根据发动机的热状况随时对其冷却强度加以调节就显得十分必要了。常用的调节风扇方法是加装硅油风扇离合器和电子风扇等途径。

硅油风扇离合器是用硅油作为介质，利用硅油剪切黏力传递扭矩。在风扇前面装有双金属片，用其感应通过散热器的空气温度，由此控制风扇工作腔内硅油量，通过ECU采用更精细的温度-转速控制的渐开型硅油风扇离合器可以很好地控制风扇的扇风量与工作噪声。

电子风扇就是采用ECU控制的电动机驱动风扇旋转，ECU可以根据发动机工况在全负荷范围内精确地控制风扇的运行，实现精准控制，很好地实现发动机冷却系统的散热需求。

二、改变冷却液流量流速

车用发动机的冷却能力也可以通过改变冷却液的流量和流速来控制，通常节温器控制的大循环、小循环可以控制通过散热器的冷却液流量，进而控制散热量。通过自动控制的电动水泵可以根据发动机工况实时改变水泵的转速，进而控制流过散热器的冷却液流量和流速，同样也可以控制散热量。

第四节 风冷系统

风冷发动机的冷却系统是利用高速流动的空气将高温机件上的热量直接带走，以保证发动机在正常的温度范围内工作。为了加速高温机件上热量的散出，在气缸盖与气缸体上都布置了很多的散热片。由于空气的导热系数与传热系数都较低，与水冷发动机相比，风冷发动机的热量较难散出，因而风冷发动机的机体温度比水冷发动机机体温度要高。发动机温度最高、受热最多的部件是气缸盖，因此在气缸盖上应利用一切空间尽可能地布置足够数量的散热片。风冷发动机具有结构简单、质量轻、不需要专门的散热系统等优点，充分利用快速行驶形成的高速气流进行冷却，因此，在摩托车、无人机等领域受到广泛应用，如图8-12、图8-13所示，分别为摩托车用风冷发动机和无人机用风冷发动机。

在某些大型装备上有的也采用风冷发动机，为了更好地利用冷却空气，加强冷却效果，风冷发动机必须装有导流装置，以组织冷却空气的合理流动，使高温区域及散热片密集的部位能得到足够的冷却空气，带有导流装置的风冷发动机的风道示意图如图8-14所示。

风冷发动机的风扇是直接用来冷却机体的，风扇的布置受到了很大的限制。因此，风冷发动机在车辆上的布置要特别注意安排好冷却风道，而冷却风道的安排在很大程度上取决于风扇的布置。与水冷发动机（水冷机）相比，风冷发动机（风冷机）具有以下优点：

图 8-12　摩托车用风冷发动机 　　　　图 8-13　无人机用风冷发动机

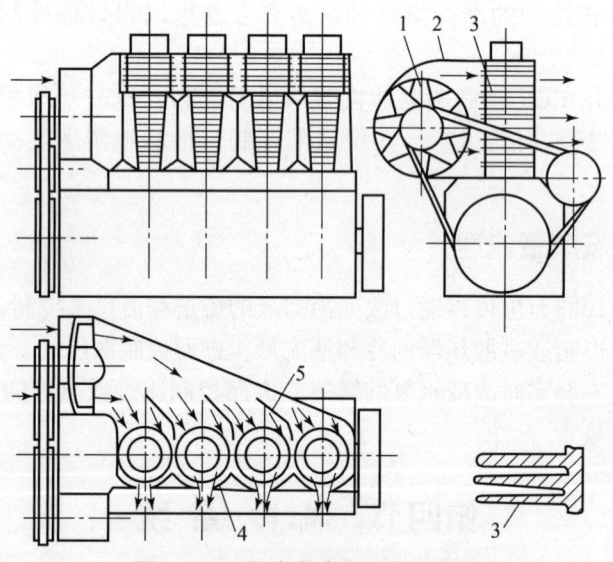

图 8-14　风冷发动机风道示意图
1—风扇；2，4—导流罩；3—散热片；5—分流板

（1）结构简单，使用、维修方便。由于风冷机没有水箱、水泵、水管及各种水封、管接头等零部件，因此没有漏水、冻裂、水垢堵塞等各种故障。而水冷机中，上述的各种故障是经常发生的。据统计，水冷机的冷却系统所产生的故障约为发动机总故障数的三分之一。V 型风冷机上所采用的几种风扇与风道的布置形式如图 8-15 所示。

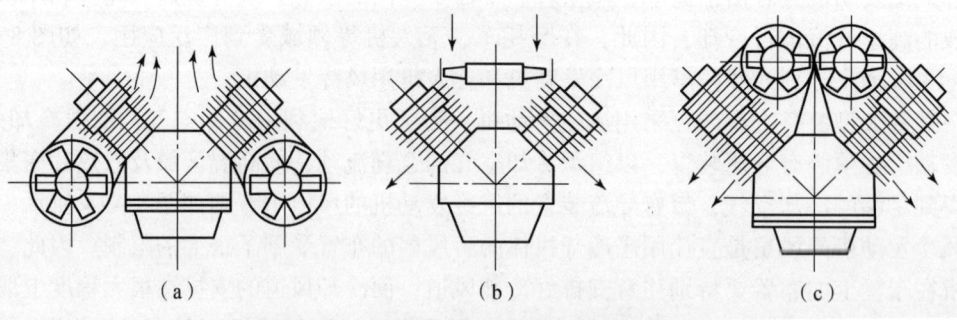

图 8-15　V 型风冷机风扇与风道的布置形式

(2) 对环境的适应性好。风冷机既可以用于缺水、无水地区，又可以用于高温、高寒地区。风冷机是依靠散热片来进行散热的，而散热片的温度约为 160 ℃，比水冷机的冷却水温度（约为 90 ℃）要高出很多。当外界环境温度变化时，风冷机的温差相对变化量比水冷机要小得多，例如环境温度由 20 ℃ 增至 40 ℃ 时，风冷机的温差从 140 ℃ 减至 120 ℃，约减小 14%；而水冷机的温差从 70 ℃ 减至 50 ℃，约减小 28.6%。由于冷却系统的传热量与壁面和传热介质之间的温差成正比，所以当环境温度变化时，风冷机不像水冷机那样敏感。

(3) 热容量小，易于起动。由于没有冷却水套，整个系统的热容量较小，风冷机在低温下比水冷机更易于起动。而且起动后暖机时间短，可以很快转入全负荷工作。

(4) 对燃料品质要求较低。由于风冷机气缸壁温度较高，可以使用含硫量较高的燃料而不致加剧气缸由于酸性腐蚀而引起的化学磨损。

(5) 有利于实现系列化。

虽然风冷机具有上述优点，但还存在着下述缺点：

(1) 与具有相同排量的水冷机相比，风冷机的功率较低。这是因为风冷机的机体，特别是气缸盖温度高，使进入气缸的气体密度减小，充气系数下降。

(2) 热负荷高。这使气缸直径不能过大，因而限制了风冷机在大排量发动机上的应用。

(3) 运转噪声大。风冷机没有水套，而水套可以起到一定的消声作用。另外，风冷机活塞与缸壁之间的间隙较大，工作时容易产生撞击。

第五节　机油冷却器

机油冷却器是一种加快发动机润滑机油散热的装置，用于保证发动机机油在正常工作温度。在高性能、大功率的强化发动机上，由于热负荷较大，机油温度升高迅速，必须加装机油冷却器强制将机油温度降低，保证润滑系统正常功能的发挥。机油冷却器的工作原理与散热器的工作原理相同，常见的有风冷式和水冷式两种类型，机油冷却器串联布置在润滑油路中。风冷式机油冷却器的芯子由许多冷却管和冷却板组成，如图 8-16 所示。在车辆行驶过程中，利用迎面风冷却热的机油冷却器芯子，进而冷却流过冷却器的高温机油。风冷式机油冷却器要求周围通风好，因此，往往在赛车、无人机等装备上使用。

图 8-16　风冷式机油冷却器

在普通轿车上往往不能保证机油冷却器的良好通风，所以通常采用水冷式机油冷却器，即将机油冷却器并入发动机的冷却水路中，利用冷却水的温度来控制润滑油的温度。当润滑油温度高时，靠冷却水降温，发动机起动时，则从冷却水吸收热量使润滑油迅速提高温度。

机油冷却器由铝合金铸成的壳体、前盖、后盖和铜芯管组成。为了加强冷却，管外又套装了散热片。冷却水在管外流动，润滑油在管内流动，两者进行热量交换。也有使油在管外流动，而水在管内流动的结构，如图 8 – 17 所示。

图 8 – 17　水冷式机油冷却器

汽车的自动变速器也需要加装机油冷却器，自动变速器在工作过程中产生热量较多，机油往往容易过热。机油过热会降低变速器性能甚至造成变速器损坏，因此变速器机油也需要机油冷却器来实现冷却。

思 考 题

1. 冷却系统的功用是什么？它有哪几种类型？
2. 水冷系统的大小循环是如何进行的？
3. 水冷系统有哪些方式调节冷却强度？

第九章
润 滑 系 统

第一节　润滑系统的功用与分类

一、润滑系统的功用

发动机在工作时，曲轴轴颈与轴承、连杆与连杆轴颈、凸轮轴轴颈与轴承、活塞环与缸壁、正时齿轮副等各摩擦面之间以很高的速度做相对运动，各金属表面之间的摩擦不仅增大了发动机内部的功率消耗，而且高频率的摩擦会导致零部件工作表面磨损；摩擦所产生的热量如果不及时散走还可能使零件表面熔化，导致发动机损坏而无法正常运转。因此，为了保证发动机的正常工作，必须对相对运动表面进行润滑，也就是在摩擦表面覆盖一层润滑剂，使金属表面之间涂布一层油膜，以减小摩擦阻力、降低功率损耗、减轻磨损、带走摩擦产生的热量，延长发动机的使用寿命。

润滑系统的基本任务就是将清洁的、具有一定压力的、温度适宜的机油不断供给运动零件的摩擦表面，使发动机能够正常工作，润滑系统的主要作用可概括为：

（1）润滑作用。润滑运动零件表面，减小摩擦阻力和磨损，减小发动机的功率消耗。一般来说，金属之间的干摩擦系数 $f=0.14\sim0.30$，而加入润滑油的液体摩擦系数 $f=0.001\sim0.005$，是干摩擦的几十分之一。

（2）冷却作用。润滑油在润滑系统内不断循环，可以带走摩擦表面产生的热量，起冷却作用。

（3）清洗作用。润滑油在润滑系统内不断循环，还可以清洗摩擦表面，带走摩擦下来的磨屑和其他异物、杂质。

（4）防锈作用。润滑油膜附着于零件表面，防止零件表面与水分、空气及燃气接触而发生氧化和腐蚀，使之减少腐蚀性磨损。

（5）密封作用。润滑油膜附着在活塞、活塞环和气缸壁面之间，有利于防止漏气，提高了活塞环与气缸壁之间的密封性。

除了上述作用外，还具有液压驱动作用，如液压气门挺柱、液压链条张紧机构等利用机油压力完成功能，因此，润滑系统在发动机上的作用十分重要。发动机工作一段时间之后，由于污垢、受热和氧化作用使机油性能逐渐下降，所以还需定期更换机油。

二、润滑系统的分类

发动机工作时由于各运动零件的运动方式、工作条件各不相同，例如，活塞与气缸是往复运动，曲轴主轴颈与轴瓦是高速旋转运动，凸轮轴与轴瓦之间是单项受力的旋转运动。因此，不同的运动表面对润滑强度的要求也不相同，因而，需要相应地采取不同的润滑方式。发动机中采用的润滑方式如下：

（1）压力润滑。曲轴主轴承、连杆轴承及凸轮轴轴承等处所承受的载荷及相对运动速度较大，需要以一定的压力将机油输送到摩擦面的间隙中，形成油膜以保证良好可靠地润滑，这种润滑方式称为压力润滑。其特点是工作可靠，润滑效果好，由于压力润滑，机油流量较大，因此具有较好的冷却效果和清洗作用。

（2）飞溅润滑。由于机油难以用压力输送到或承受负荷不大的摩擦部位，如气缸壁面、正时齿轮、凸轮表面等处，因此利用运动零件飞溅起来的油滴或油雾润滑摩擦表面，称之为飞溅润滑。

（3）掺混润滑。摩托车、无人机、园林机械等用的小型曲轴箱扫气二冲程汽油机，采用在汽油中掺入4%~6%的机油，随燃油进入曲轴箱和气缸内，附着在气缸表面、曲轴轴承、活塞销等部位，进行摩擦表面润滑，这种润滑方式称为掺混润滑。一般情况下掺混润滑适合滚动轴承的曲柄连杆机构，而滑动轴承由于载荷较大、配合间隙较小，油雾不容易进入摩擦表面，因此不能采用掺混润滑方式。

（4）定期润滑。在发动机上，还有一些辅助系统，例如水泵轴、发电机轴、曲轴前后油封等，这些零件只需要定期加注一定量的润滑脂，可工作很长时间，称为定期润滑。

三、润滑剂

润滑剂包括机油、齿轮油、润滑脂，车用发动机以机油润滑为主。高速柴油机上用的是柴油机润滑油，又称柴油机油，汽油机上用的是汽油机润滑油，也称为车用机油。机油的品质对发动机的工作可靠性和使用寿命有很大的影响。

对于润滑剂的分类，国际上广泛采用美国 SAE 黏度分类法和 API 使用分类法，而且它们已被国际标准化组织（ISO）确认。美国工程师学会（SAE）按照润滑油的黏度等级，把润滑油分为冬季用润滑油和非冬季用润滑油。冬季用润滑油有6种牌号：SAE0W、SAE5W、SAE10W、SAE15W、SAE20W 和 SAE25W。非冬季用润滑油有4种牌号：SAE20、SAE30、SAE40 和 SAE50。号数较大的润滑油黏度较大，适于在较高的环境温度下使用。上述牌号的润滑油只有单一的黏度等级，当使用这种润滑油时，需根据季节和气温的变化随时更换润滑油。目前使用的润滑油大多数具有多黏度等级，其牌号有 SAE5W-20、SAE10W-30、SAE15W-40、SAE20W-40 等。例如，SAE10W-30 在低温下使用时，其黏度与 SAE10W 一样；而在高温下，其黏度又与 SAE30 相同。因此，一种润滑油可以冬夏通用。

API 使用分类法是美国石油学会根据润滑油的性能及其最适合的使用场合，把润滑油分为 S 系列和 C 系列两类。S 系列为汽油机油，目前有 SA、SB、SC、SD、SE、SF、SG 和 SH 共8个级别。C 系列为柴油机油，目前有 CA、CB、CC、CD 和 CE 共5个级别。级号越靠后，使用性能越好，适用的机型越新或强化程度越高。其中，SA、SB、SC 和 CA 等级别的润滑油，除非汽车制造厂特别推荐，否则不再使用。

我国的润滑油分类法参照采用 ISO 分类方法。GB/T 7631.3—2013 规定，按润滑油的性能和使用场合，可分为：

（1）汽油机油：SC、SD、SE、SF、SG、SH 等6个级别。

(2) 柴油机油：CC、CD、CD-Ⅱ、CE、CF-4 等 5 个级别。
(3) 二冲程汽油机油：ERA、ERB、ERC 和 ERD 等 4 个级别。

第二节 润滑系统的组成与工作原理

一、润滑系统的组成

发动机润滑系统主要由以下几个部分组成。

机油泵：作用是将润滑油从油底壳中抽出并加压，输送至发动机所需要的各个润滑部位。

压力调节阀：用于调节润滑系统的压力，确保润滑油在适当的压力下供给各个摩擦表面。

机油集滤器：用于过滤润滑油中的杂质和较大的颗粒物，保护发动机。

机油滤清器：过滤润滑油中的细小杂质，确保润滑油路中机油的清洁，以免杂质进入摩擦表面，损坏摩擦面。

机油散热器：用于冷却机油，防止机油因过热而变质，影响润滑效果。

油压传感器：用于监测润滑油路中的机油压力，确保系统能够正常运行。

喷嘴和油道：将润滑油精确地输送到各个需要润滑的摩擦部位。

这些组成部分共同作用，确保发动机各部件得到充分的润滑，同时具备冷却、清洁、密封和防锈等功能，从而延长发动机的使用寿命并提高其工作效率。

在实际的发动机中，润滑油路是在发动机机体、缸盖、曲轴等零件上加工出来的一系列油道，通过一定的工艺将润滑油道连接起来组成复杂的循环油路。油路中加装机油滤清器、限压阀等零部件。

二、润滑系统的工作原理

车用发动机的润滑系统油路如图 9-1 所示，机油泵经过机油集滤器将机油从油底壳抽出并加压，经过机油滤清器后进入机体主油道，通过支油道进入曲轴主轴颈，曲轴主轴颈通过斜向油道进入连杆轴颈油道，连杆轴颈通过连杆油道进入连杆小头，润滑活塞销。机体主油道通过一个分支油道送入缸盖主油道，缸盖上的分支油道将润滑油送至凸轮轴的各个主轴颈摩擦表面及液压挺柱，构成完整的压力润滑油路。

由于摩擦表面间隙很小，因此对润滑油的清洁度要求很高，在润滑系统中，往往要同时加装机油粗滤器和细滤器两套滤清系统。被机油泵吸取的机油加压后分为两路：大部分机油经过粗滤器进入机体主油道，执行润滑任务。另一部分机油（占 10%~15%），经限压阀进入机油细滤器，将更细的杂质过滤后流回油底壳，起到过滤机油的作用。若机油泵出油压力低于一定值，则机油细滤器进油限压阀不打开，以保证压力油全部进入机体主油道。

进入机体主油道中的机油，通过在机体上加工的分支油道分别通往曲轴各个主轴颈，实现润滑作用；曲轴上采用斜向油道将主轴颈油道与曲柄销油道连通，实现连杆大头与曲柄销的润滑。在大功率柴油机上，连杆杆身中心加工有机油孔，将曲柄销处的高压润滑油引导至连杆小头，润滑活塞销，有的发动机为了冷却活塞底部，在连杆小头也开有机油孔，压力油润滑活塞销的同时喷出机油到活塞底部，对活塞进行冷却。

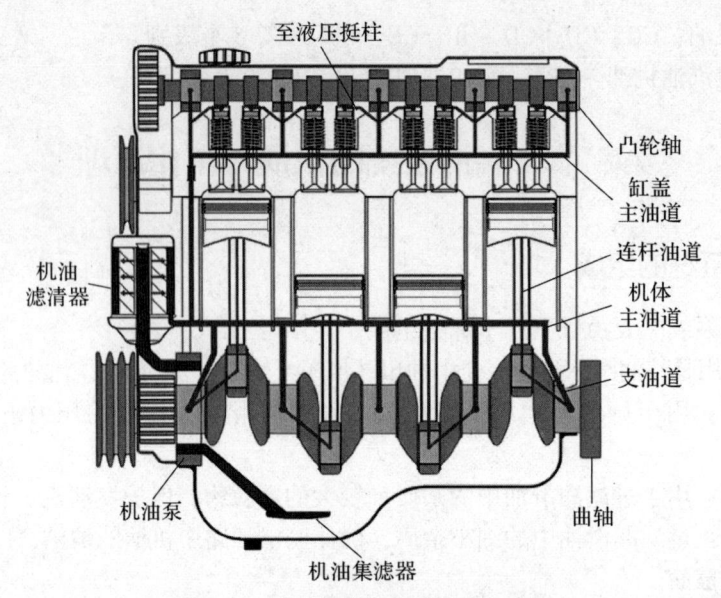

图 9-1 发动机润滑系统油路示意图

缸盖上的主油道也采用同样的方法连接到凸轮轴轴颈，同时也从凸轮轴轴颈处引一个斜向油道通向摇臂支座处，润滑摇臂轴，或者通向液压挺柱，为液压挺柱提供压力机油。一般情况下，如果发动机正时机构采用齿轮传动，在发动机上还应装设一个喷嘴，将机油喷向正时齿轮组，润滑正时齿轮副。

在机体主油道中装有机油压力传感器，实时监控机油压力情况，若机油粗滤器被杂质严重堵塞，则机油压力会升高，因此，在机油泵与机体主油道之间，与机油粗滤器并联设置一个旁通阀，当机油粗滤器进油道和出油道中的压力差达 0.15~0.18 MPa 时，旁通阀即被打开，使机油不经过机油粗滤器滤清而直接流入机体主油道，以保证对发动机各部分正常润滑。润滑系统中油压如果过高将增加发动机的功率损失，因此，在润滑系统中的机油泵端盖内设置有柱塞式限压阀，当机油泵出油压力超过 0.6 MPa 时，作用在限压阀上的机油总压力将超过限压阀弹簧的预紧力，顶开限压阀而使一部分机油流回机油泵的进油口，在机油泵内进行小循环，来调节机油压力。

第三节　润滑系统的主要部件

润滑系统的主要部件包括机油泵、机油滤清器、机油散热装置等主要部件。

一、机油泵

机油泵的作用是使机油压力升高和保证一定的油量，向各摩擦表面强制供油，使发动机得到可靠的润滑。目前广泛采用齿轮式和转子式机油泵，齿轮式机油泵又分为外齿式和内齿式两种类型。

1. 齿轮式机油泵

齿轮式机油泵的工作原理如图 9-2 所示，在油泵壳体内装有一个主动齿轮和一个从动齿轮，齿轮与壳体内壁间的间隙很小，壳体上有进油口。工作时，主动齿轮由曲轴或凸轮轴驱动旋转，从动齿轮被带着反向旋转。随着齿轮旋转，进油腔的容积由于齿轮向脱离啮合方向运动而增大，腔内产生一定的真空度，将机油吸入并充满油腔。随着齿轮旋转，将齿与齿之间的机油挤压到出油腔，由于出油腔一侧轮齿进入啮合，出油腔容积逐渐减小，油压升高，机油被加压送入发动机的机油主油道。当齿轮进入啮合时，啮合齿间的机油由于容积变小在齿轮间产生较大推力，因此，往往在机油泵的端盖上铣出一条卸压槽，使轮齿啮合时齿间挤出的机油可以通过卸压槽流向出油腔。

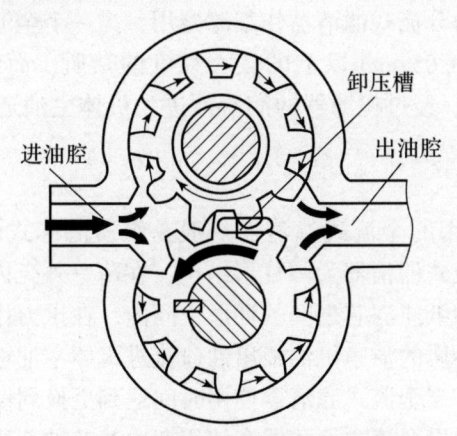

图 9-2　齿轮式机油泵的工作原理

机油泵一般装在曲轴箱内，也有的采用外挂的形式。齿轮式机油泵由于结构简单，制造容易，并且工作可靠，所以应用最广泛。

2. 转子式机油泵

转子式机油泵是利用内转子和外转子相对运动使进油腔产生负压、出油腔产生高压的一种泵，主要由内转子、外转子、油泵壳体等组成。转子式机油泵的工作原理如图 9-3 所示，转子式机油泵工作时，内转子带动外转子向同一方向转动，内转子有四个凸齿，外转子有五个凹齿，因此，其转速比是 5∶4。在转子式机油泵旋转过程中，无论转子转到任何角度，内外转子各齿形之间总有接触点，分隔成五个空腔。进油道一侧的空腔，由于转子脱开啮合，容积逐渐增大，产生真空度，机油被吸入空腔内，转子继续旋转，机油被带到出油腔一侧，这时转子进入啮合，油腔容积逐渐减小，机油压力升高并从齿间挤出，增压后的机油从出油道送出。

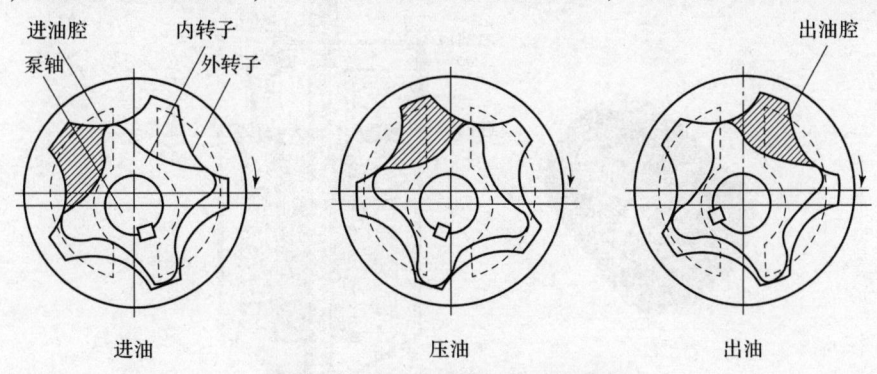

图 9-3　转子式机油泵的工作原理

转子式机油泵结构紧凑，外形尺寸小，质量轻，吸油真空度较大，泵油量大，供油均匀性好，成本低，在中、小型发动机上应用广泛。其缺点是内外转子啮合表面的滑动阻力比齿轮式机油泵大，因此功率消耗较大。

二、机油滤清器

机油滤清器有全流式与分流式之分。全流式滤清器串联于机油泵和机体主油道之间，因此能滤清进入机体主油道的全部润滑油。分流式滤清器与机体主油道并联，仅过滤机油泵送出的部分润滑油。目前，在轿车上普遍采用全流式滤清器，而在货车特别是重型货车上普遍采用双滤清器，其中之一为分流式滤清器作细滤器用，另一个全流式滤清器为粗滤器用。粗滤器滤除润滑油中直径为 0.05 mm 以上的较大粒度的杂质，而细滤器则用来滤除直径为 0.001 mm 以上的细小杂质。经过粗滤器的润滑油进入机体主油道，经过细滤器的润滑油直接返回油底壳。

1. 全流式滤清器

现代车用发动机所采用的全流式滤清器一般是纸质滤芯式的，其结构及工作原理示意图如图 9-4 所示。全流式滤清器为圆柱形结构，在薄壁外壳内装有纸质滤芯。润滑油从进油口进入全流式滤清器和纸质滤芯之间的环形空间内，在压力作用下通过滤纸进入全流式滤清器中心空腔，过滤掉杂质的洁净机油经出油口流进机体主油道。润滑油流过滤芯时，杂质被截留在滤芯上。因此，当全流式滤清器使用时间达到更换周期时，就需要及时更换新的滤芯或更换新的滤清器。如果全流式滤清器在使用期内滤芯被杂质严重堵塞，润滑油不能通过滤芯，则全流式滤清器进油口油压升高。当油压达到规定值时，全流式滤清器中的旁通阀开启，润滑油不通过滤芯经旁通阀直接进入机体主油道。虽然这时润滑油未经滤清便输送到各润滑表面，但这总比发动机断油不能润滑要好得多。有些发动机的机油滤清器除设置旁通阀之外，还加装单向阀。当发动机停机后，单向阀将滤清器的进油口关闭，防止润滑油从滤清器流回油底壳。在这种情况下，当重新起动发动机时，润滑系统能迅速建立起油压，从而可以减轻由于起动时供油不足而引起的零件磨损。机油滤清器的滤芯有褶纸滤芯、纤维滤芯和材料滤芯等。褶纸滤芯由微孔滤纸制造。微孔滤纸经酚醛树脂处理后，具有较高的强度、抗腐蚀性和抗水湿性。褶纸滤芯有质量轻、体积小、结构简单、滤清效果好、阻力小和成本低等优点，因此得到了广泛的应用。

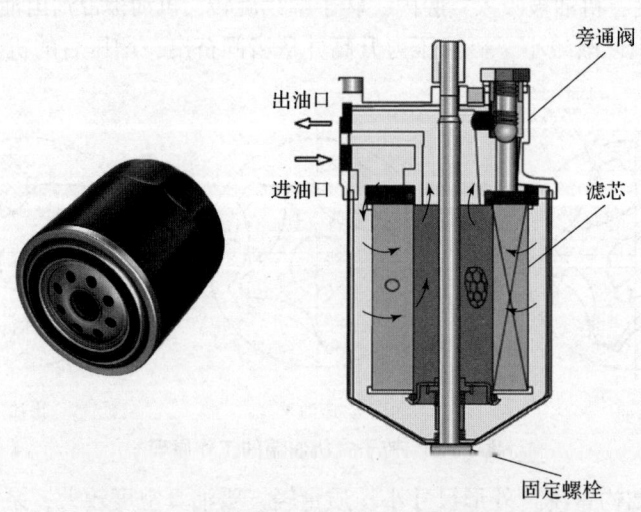

图 9-4 全流式滤清器的结构及工作原理示意图

2. 分流式滤清器

分流式滤清器有过滤式和离心式两种类型。过滤式存在着滤清与通过能力之间的矛盾，而离心式具有滤清能力高、通过能力大且不受沉淀物影响等优点。因此，商用车发动机多以离心式滤清器作为分流式细滤器。分流式滤清器的结构如图 9-5 所示，在底座 4 上装有进油限压阀 1 和转子轴 9，转子轴用止推片 2 锁止，转子体 15 套在转子轴上，在其上下镶嵌两个衬套，以限定转子体的径向位置。转子体可以绕转子轴自由转动，下端装有两个径向对称水平安装的喷嘴 3。转子体外罩有导流罩 8。紧固螺母 12 将转子罩 7 与转子体紧固在一起，形成一个空腔。用冕形螺母 14 将外罩 6 紧固在底座上。

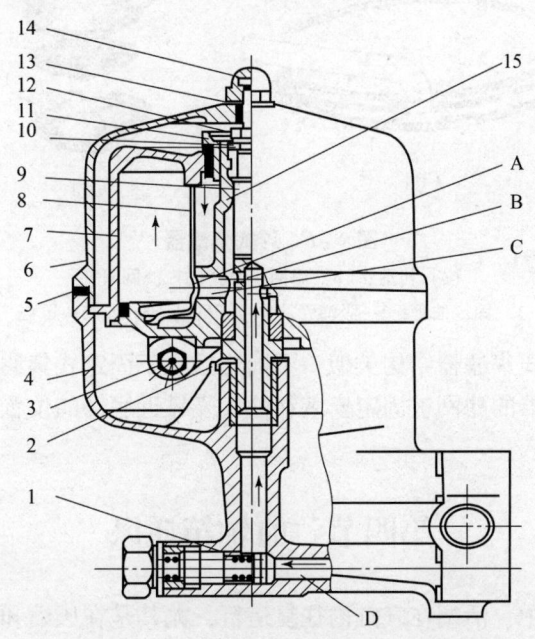

图 9-5 分流式滤清器结构示意图

1—进油限压阀；2—转子轴止推片；3—喷嘴；4—底座；5—密封圈；6—外罩；7—转子罩；
8—导流罩；9—转子轴；10—止推垫片；11、13—垫圈；12—紧固螺母；14—冕形螺母；
15—转子体；A—导流罩油孔；B—转子轴油孔；C—转子体进油孔；D—滤清器进油孔

三、集滤器

集滤器是一种大颗粒过滤装置，一般是滤网式的，装在机油泵前，以防止粒度大的杂质进入机油泵，如图 9-6 所示，用于过滤 0.1~0.15 mm 大小的杂质。目前车用发动机集滤器分为浮式集滤器和固定式集滤器两种。浮式集滤器油管固定安装在机油泵上，过滤网浮筒一般飘浮在润滑油面上。吸油管一端和浮筒焊接，另一端与固定油管柔性连接，可以使浮筒自由地随润滑油液面升起或降落。当机油泵工作时，润滑油从罩板与滤网间的狭缝被吸进机油泵，通过滤网时，杂质被过滤。若滤网被杂质阻塞时，机油泵所形成的真空度，迫使滤网向上，使滤网的环口离开罩板，润滑油便直接从环口进入吸油管以保证机油不致中断。

浮式集滤器能吸取油面上较清洁的机油，但油面上的泡沫易被吸入，使机油压力降低，润滑欠可靠。固定式集滤器装在油面下面，吸入的机油清洁度逊于浮式集滤器，但可以防止泡沫吸入，润滑可靠，结构简单，所以现在已经基本取代了浮式集滤器。

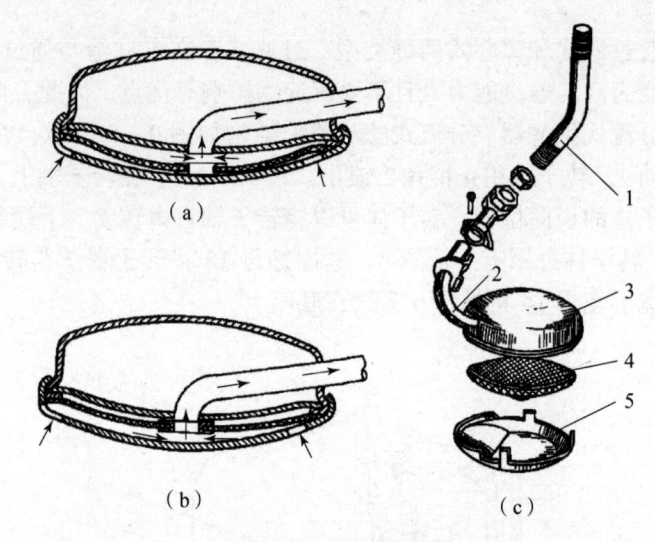

图 9-6　浮式集滤器
(a) 构造；(b) 滤网畅通；(c) 滤网阻塞
1—固定油管；2—吸油管；3—浮筒；4—滤网；5—罩板

固定式集滤器与浮式集滤器结构类似，不同之处在于固定式集滤器与油泵入口之间采用硬连接，即固定式集滤器的滤网被固定安装在油底壳靠近底部的位置，确保车辆在各种角度都可以有充足的机油吸入。

第四节　曲轴箱通风

在发动机工作过程中，活塞在气缸内往复运行，尤其是在压缩和膨胀行程中，气缸中的一部分气体不可避免地会经过活塞环的间隙漏入曲轴箱中，长时间积累多了会导致如下不良后果：①曲轴箱内的气压增高，当压力高于环境大气压力时，会引起机油自曲轴两端油封处以及油底壳密封面漏出；②曲轴箱中的机油被漏气所污染；③在曲轴箱中温度过高并存在飞溅的油雾和燃气的情况下，遇到某些热源的引燃时可能产生爆炸。所以现代发动机都采用曲轴箱通风装置，将可燃气体和废气引出曲轴箱。

因此，为了调节发动机曲轴箱内的压力在理想范围内，要在发动机上加装曲轴箱通风装置，通风装置的位置应选择在便于排除曲轴箱中气体但又不至于将飞溅的油粒随同排出的位置。一般情况下，轻型汽油机的曲轴箱通风管设在气缸盖的气门室罩上方，大型柴油机的通风管设置在机体中部位置，曲轴箱通风管内往往装有滤清填料，既可防止外界尘土进入曲轴箱内，又可以挡住机油油雾逸出。在对汽车排放要求不高的时代，为了降低成本，则采用最简单的通风方式，即将从曲轴箱内抽出的气体直接导入大气中，这种通风方式称为自然通风。随着汽车排放法规的日益严苛，由于曲轴箱中存在大量未燃气体或燃烧不完全气体，如果采用传统的自然通风则不能满足排放法规要求，因此需要将曲轴箱通风引出的气体进一步导入发动机的进气管内，随着新鲜气体再次进入气缸燃烧，这种通风方式称为强制通风。据统计，自然通风曲轴箱排出的有害气体约占发动机总排放量的20%，其中约8%为未燃烧的混合气，主要是HC。

思 考 题

1. 润滑系统的功用是什么？发动机中的润滑方式有哪几种？
2. 画出润滑系统的油路走向。
3. 曲轴箱通风的目的是什么？

第十章
起 动 系 统

第一节 起动系统概述

一、起动系统的功用

由往复活塞式发动机的工作原理可知，要想使发动机能够正常工作，必须在外力作用下至少完成一次活塞压缩、做功的过程，才能将能量传递下去。因此，为了使静止的发动机进入工作状态，必须先用外力转动发动机曲轴，使活塞开始上下运动，气缸内吸入可燃混合气，并将其压缩、点燃，使体积迅速膨胀产生强大的动力，推动活塞运动并带动曲轴旋转，发动机才能自动地进入工作循环。发动机的曲轴在外力作用下开始转动到发动机可以自行进入怠速运转的全过程，称为发动机的起动过程。

起动系统的作用就是在正常使用条件下，通过人力使曲轴运转，或者通过起动装置将蓄电池储存的电能转变为机械能带动发动机以足够高的转速运转，以顺利起动发动机。发动机起动时，必须克服气缸内被压缩气体的阻力和发动机本身及其附件内相对运动的零件之间的摩擦阻力，克服这些阻力所需的力矩称为起动转矩。能使发动机顺利起动所必需的曲轴转速，称为起动转速。车用汽油机在温度为 0 ~ 20 ℃时，最低起动转速一般为 30 ~ 40 r/min。为了使发动机能在更低的温度下迅速起动，要求起动转速不低于 50 ~ 70 r/min。若起动转速过低，压缩行程内的热量损失过多，气流的流速过低，将使汽油雾化不良，导致气缸内的混合气不易着火。

对于车用柴油机的起动，为了防止气缸漏气和热量散失过多，保证压缩终了时气缸内有足够的压力和温度，以保证喷油泵能建立起足够的喷油压力，使气缸内形成足够强的空气涡流，要求的起动转速较高，可达 150 ~ 300 r/min；否则柴油雾化不良，混合气质量不好，柴油机起动困难。此外，柴油机的压缩比汽油机大，起动转矩也大，所以起动柴油机所需要的起动电机功率也比汽油机的大。为了保证起动电机具有足够大的起动电流和必要的持续时间，要求蓄电池必须有足够的容量，且起动主电路的导线电阻和接触电阻要尽可能小，一般在 0.01 Ω 左右，所以起动主电路中导线的截面积比普通导线大得多。

二、起动方式

发动机常用的起动方式有人力起动和起动电机起动等形式。

（1）人力起动。即手摇起动、脚蹬起动或绳拉起动，如图 10 – 1 所示。其结构十分简单,主要用于单缸小功率发动机,由于起动所需力矩较小,往往用于对起动要求不高、结构简单的车辆或特殊装置上。例如:单缸小四轮拖拉机、园艺油锯、摩托车等。小型单缸柴油机的起动方式为手摇起动,起动时通过起动摇柄转动安装在曲轴前端的起动爪,带动曲轴转动进而带动柴油机起动。绳拉式和脚蹬式原理和手摇式类似,也是将曲轴与绳盘或起动棘轮连接,通过人力进行驱动,实现发动机的起动过程。

图10-1　人力起动的发动机及其车辆

还有一种人力起动的场合是大功率柴油机的辅助汽油机的起动。

(2) 起动电机起动。以蓄电池和电动机作为动力源,当电动机轴上的驱动齿轮与发动机飞轮周缘上的环齿啮合时,电动机旋转所产生的电磁转矩,通过飞轮传递给发动机的曲轴,使发动机起动。电力起动机简称起动电机或起动机。起动电机起动是以蓄电池为电源,结构简单、操作方便、起动迅速可靠。目前,所有的车用发动机都采用起动电机起动。

第二节　电动机起动

电动机起动装置一般由直流电动机、操纵机构和离合机构三大部分组成。车用发动机一般都采用串励直流电动机作为起动电机,因为这种电动机在低速时转矩很大,随着转速的升高,其转矩逐渐减小,这一特性非常适合起动电机的要求。汽油机所用的起动电机的功率一般在1.5 kW以下,电压一般为12 V。柴油机起动功率较大(可达5 kW或更大),为使电枢电流不致过大,其电压一般采用24 V。图10-2是汽车起动系统的组成示意图,包括起动电机、蓄电池、起动按钮和搭铁等部分。

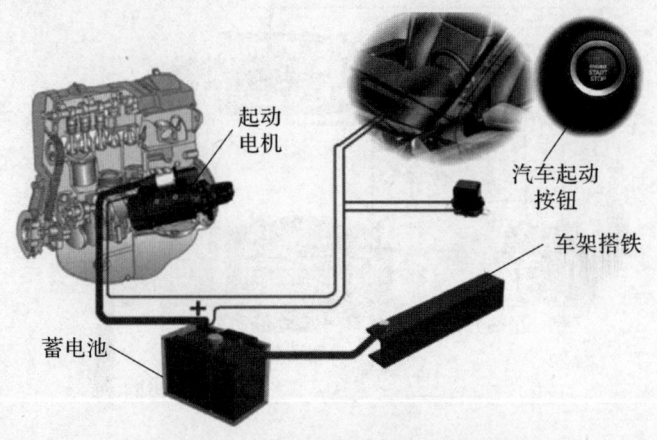

图10-2　汽车起动系统组成示意图

汽车发动机起动时，通过按压起动按钮，接通蓄电池起动电机回路，蓄电池驱动起动电机旋转，通过起动电机小齿轮啮合发动机飞轮齿圈，带动曲轴旋转，进而带动活塞运动，当某一缸成功点火后，产生的能量维持发动机运转，带动其他缸着火，完成起动过程。

一、起动操纵机构

汽车上使用的起动电机按其操纵方式的不同，有直接操纵式和电磁操纵式两种。直接操纵式是由驾驶员通过起动踏板和杠杆机构操纵起动开关，并使传动齿轮副进入啮合。直接操纵式起动电机结构简单，使用可靠，但操作不便，目前已很少采用；电磁操纵式则是由驾驶员通过起动开关操纵继电器，而由继电器操纵起动电机电磁开关和齿轮副或通过起动开关直接操纵起动电机电磁开关和齿轮副实现起动功能。电磁操纵式起动电机宜于远距离操纵，布置灵活，使用方便。目前汽车所用的汽油机、柴油机都采用电磁操纵式起动电机。电磁操纵式起动电机结构如图10-3所示。

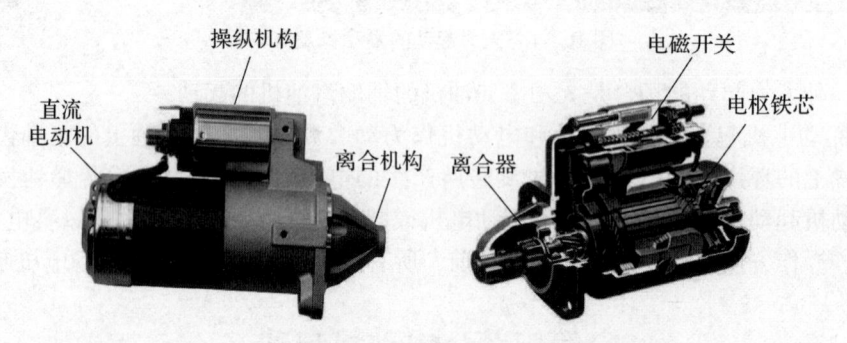

图10-3 电磁操纵式起动电机结构及其剖视图

电磁操纵式控制机构，俗称电磁开关，使用方便，工作可靠，适合远距离操纵，所以目前应用广泛。电磁操纵式控制机构的结构如图10-4所示。起动系统的工作原理如下：驾驶员接通起动开关，将电磁开关回路接通，通过电磁线圈控制拉杆向左运动，拨杆将小齿轮推出与飞轮齿圈啮合，与此同时电磁开关的尾端接通起动电机回路，起动电机开始工作，带动飞轮齿圈旋转，并驱动曲轴转动，进而起动发动机。

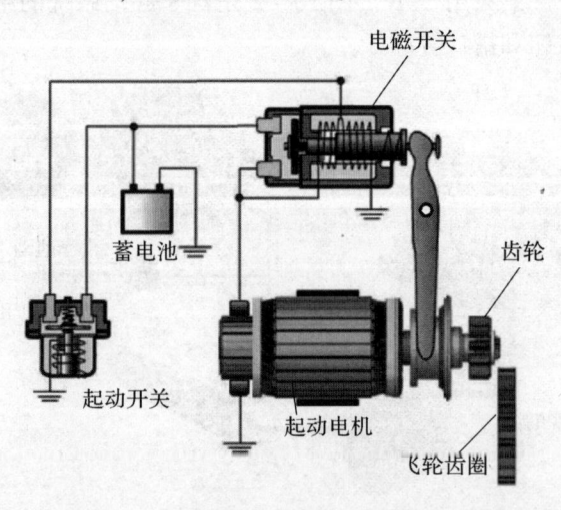

图10-4 电磁操纵式控制机构结构示意图

起动发动机时，接通总开关，按下起动按钮，吸拉线圈和保持线圈的电路被接通，其电流通路为：蓄电池正极→主接线柱→总开关→起动按钮→接线柱→$\begin{Bmatrix}吸拉线圈\\保持线圈\end{Bmatrix}$→主接线柱→电动机→搭铁→蓄电池负极。

这时吸拉线圈和保持线圈产生的电磁力方向相同，互相叠加，使活动铁芯很容易地克服回位弹簧的弹力而右行，一方面带动拨叉将单向离合器推出，使驱动齿轮与飞轮齿圈可靠啮合；另一方面通过推杆推动接触盘与主接线柱接触，接通主开关。主开关接通后，吸拉线圈被短路，电磁开关的工作位置靠保持线圈的吸力来维持，同时蓄电池经过主开关给电动机的励磁绕组和电枢绕组提供大的起动电流，使电枢轴产生足够的电磁力矩，带动曲轴旋转而起动发动机，其电流通路为：蓄电池正极→主接线柱→$\begin{Bmatrix}电流表等→接线柱→保持线圈\\接触盘→主接线柱→电动机\end{Bmatrix}$→搭铁→蓄电池负极。

发动机起动后，在松开起动按钮的瞬间，吸拉线圈和保持线圈是串联关系，两线圈所产生的磁通方向相反，互相抵消，于是活动铁芯在回位弹簧的作用下迅速回位，驱使驱动齿轮退出啮合，接触盘在其右端小弹簧的作用下脱离接触，主开关断开，切断了起动电机的主电路，起动电机停止运转。

二、起动离合机构

起动电机传递转矩的起动齿轮齿数与飞轮齿圈齿数之比一般为1∶10～1∶20，在发动机起动后，曲轴转速上升。如果起动电机被飞轮齿圈带动旋转，由于传动比很大，起动电机将大大超速，在极大的离心力作用下，电枢绕组将松弛甚至飞散。为此，在起动电机的起动齿轮和电枢轴之间装有离合机构。其功用是在起动时将起动电机电枢的转矩传给起动齿轮，而在发动机被起动后，转矩不会通过起动齿轮传给电枢轴，起着单向传递转矩的作用。常用的离合机构有滚柱式、摩擦片式和弹簧式三种。

1. 滚柱式单向离合器

滚柱式单向离合器由开有楔形缺口的内座圈、外座圈、滚柱以及连同弹簧一起装在外座圈孔中的柱塞组成，如图10-5所示。当起动电机工作时，滚柱在弹簧作用下被带到内、外座圈之间楔形槽窄的一端，在摩擦力作用下将内、外座圈连成一体，于是起动电机上的电枢轴的转矩通过内座圈、楔紧的滚柱传递到外座圈和驱动齿轮，驱动齿轮与电枢轴一起旋转使发动机飞轮旋转，当发动机起动成功后，曲轴转速升高，飞轮齿圈将带着驱动齿轮高速旋转，起动电机的驱动齿轮从主动轮变为从动轮。当驱动齿轮和外座圈的转速超过内座圈和电枢轴的转速时，在摩擦力的作用下，滚柱克服弹簧张力的作用滚向楔形槽宽的一端，使内、外座圈脱离连接，可以自由地相对运动，高速旋转的驱动齿轮与电枢轴脱开，防止电动机超速。

此外，滚柱式单向离合器还具有过载保护功能。当内座圈固定时，外座圈顺时针方向转动时楔块不锁止，外座圈可自由转动；而当外座圈逆时针转动时，楔块锁止，外座圈不能转动。这种设计使动力源在单一方向传动时有效，而在方向改变时则自动脱离，不产生动力传送。

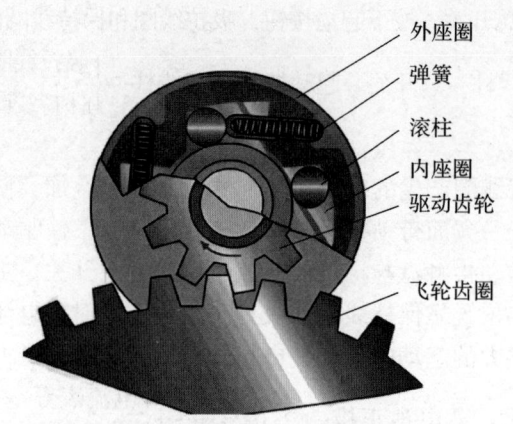

图 10-5　滚柱式单向离合器结构示意图

2. 弹簧式单向离合器

弹簧式单向离合器的结构如图 10-6 所示。弹簧式单向离合器安装在电枢的延长轴上，驱动齿轮的右端空套在花键套筒左端的外圆面上，两个扇形块装入驱动齿轮右端相应的缺口中，并深入花键套筒左端的环槽内，使驱动齿轮与花键套筒之间，既可以一起做轴向移动，又可以相对滑转。起动时，起动电机的电枢轴带动花键套筒旋转，有使弹簧收缩的趋势，弹簧被箍紧在相应外圆面上。起动电机的转矩靠弹簧与外圆面之间的摩擦传递给驱动齿轮，通过飞轮环齿带动曲轴旋转，使发动机起动。发动机起动后，驱动齿轮的转速超过花键套筒的转速，弹簧张开，驱动齿轮在花键套筒上滑转，与电枢轴脱开，防止电动机超速。

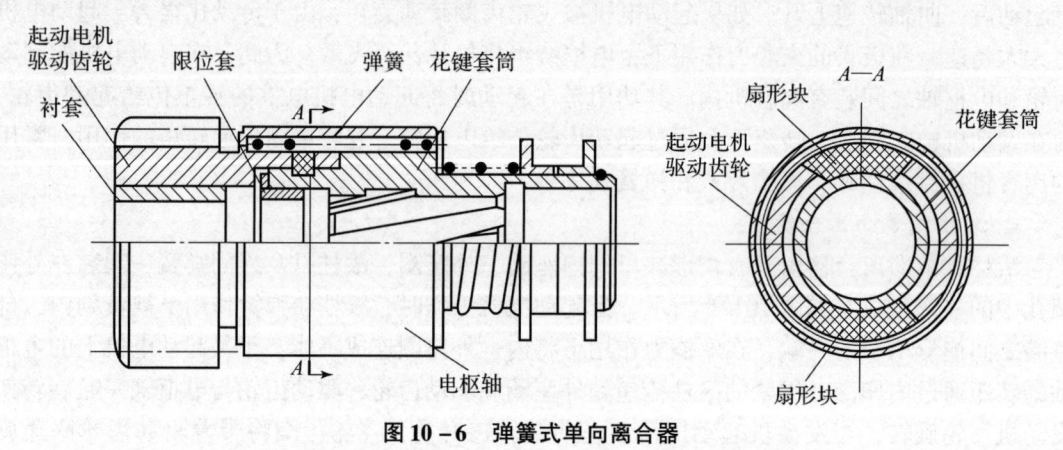

图 10-6　弹簧式单向离合器

第三节　改善冷起动性能的措施

发动机在严寒季节由于燃油黏度增大、机体温度极低，导致发动机起动困难。汽油机由于是点燃式燃烧，且汽油蒸发性极好，因此起动性能较好。而对于柴油机来说，由于柴油机采用压燃的燃烧模式，在低温冷态时，柴油蒸发性变差，因此起动过程比较困难，特别是在环境温度低时更为突出。为降低起动时所需功率和使柴油机在低温条件下可靠起动，一般柴油机上装有进气预热塞、电热塞、喷液和减压等改善起动性能的装置，主要是为燃烧着火创造有利条件以及降低起动时的阻力。

一、进气预热塞

预热塞通常安装在多缸柴油机进气管上，用于预热柴油机的进气。进气预热塞的构造如图 10-7 所示，进气管与喷油泵回油管连通，因此在钢球左端孔中充满柴油。由于阀杆一端顶住了钢球，使柴油不能流入钢球右方。阀杆另一端拧入伸缩套的螺孔中，并可调节对钢球的压紧程度，伸缩套外面绕有电阻丝，电阻丝一端接蓄电池电路，另一端搭铁。起动前，先接通电阻丝电路进行预热。这时伸缩套被电阻丝加热膨胀伸长，并带动阀杆向右移动，钢球便离开出油口，柴油经出油口流入阀杆与伸缩套之间的缝隙中，在伸缩管内被加热汽化，然后经阀杆内孔喷向防护罩和进气管。当柴油与炽热的电阻丝接触时即被点燃，火焰喷入进气管中继续燃烧，加热了进气管中的空气，预热约 20 s 后，再接通起动电机电路起动柴油机。

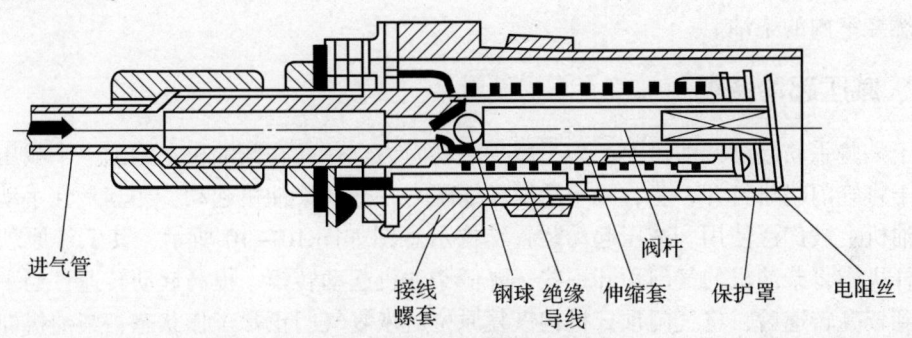

图 10-7 进气预热塞构造

起动后，松开起动开关，同时切断预热塞电路和起动电机电路。此时电阻丝和伸缩套很快冷却，伸缩套连同阀杆回到原位，重新顶住钢球关闭柴油出油口，预热塞停止工作。预热塞的预热时间一般为 30~40 s。

二、燃烧室内的电热塞

采用涡流室式或预燃室式燃烧室的柴油机，由于燃烧室表面积大，在压缩行程中的热量损失较直接喷射式大，更难以起动。为此，在涡流室式或预燃室式柴油机的燃烧室中可以安装电热塞，在起动时对燃烧室内的空气加以预热。常用的电热塞有开式电热塞、密封式电热塞等多种形式。密封式电热塞的结构示意图如图 10-8 所示，螺旋型电阻丝用铁镍铝合金制成，其一端焊接于中心螺杆上，另一端焊接在用耐高温不锈钢制成的发热体钢套的底部，中心螺杆通过高铝水泥胶合剂固定于瓷质绝缘体上。外壳上端翻边，将绝缘体、发热体钢套、密封垫圈和外壳相互压紧。在发热体钢套内填充具有绝缘性能、导热性好、耐高温的氧化铝填充剂。

每缸一个电热塞，每个电热塞的中心螺杆并联与电源相接。柴油机起动前首先接通电热塞的电路，电阻丝通电后迅速将发热体钢套加热到红热状态，使气

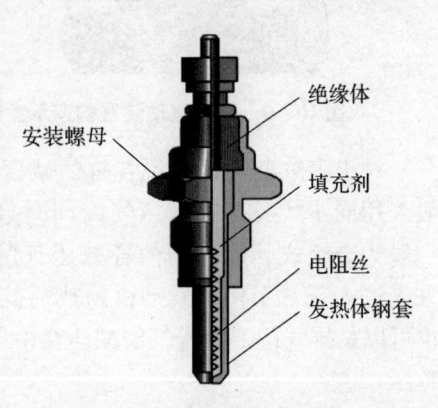

图 10-8 密封式电热塞的构造

缸内的空气温度升高，从而可提高压缩终了时的温度，使喷入气缸的柴油容易着火。电热塞通电时间一般不应超过 1 min。柴油机起动后，应立即将电热塞断电。若起动失败，应停歇 1 min 后再进行第二次起动，否则将降低电热塞的使用寿命。

三、喷液起动装置

喷液起动装置也是用于某些大型柴油机的冷起动辅助预热装置，是一种将压缩后的易燃气体燃料喷入柴油机进气道，辅助快速预热的装置。喷液起动装置如图 10-9 所示，喷嘴安装在柴油机进气管上，起动液喷射罐内充有压缩气体氮气、乙醚、丙酮、石油醚等易燃燃料。当低温起动柴油机时，将起动液喷射罐倒置，罐口对准喷嘴上端的管口，轻压起动液喷射罐，打开其端口上的单向阀，起动液即通过单向阀、喷嘴喷入柴油机进气管，并随着吸入进气道的空气一起进入燃烧室。由于起动液是易燃燃料，可以在较低的温度下迅速着火，点燃喷入燃烧室内的柴油。

四、减压起动装置

对于某些手动起动柴油机上，为了减少起动阻力，往往在柴油机上增加一个减压起动装置，用于将气门略略打开一些，减小活塞压缩阻力，方便柴油机起动，尤其是在手动起动的单缸柴油机上被广泛使用。减压起动装置结构示意图如图 10-10 所示，其工作原理是利用手动杠杆机构将柴油机的气门顶开一些，降低柴油机起动转矩、提高起动转速，当手动将曲轴转动到较高转速后，将气门顶杆机构恢复原位，恢复气门正常工作状态，柴油机即可顺利起动。

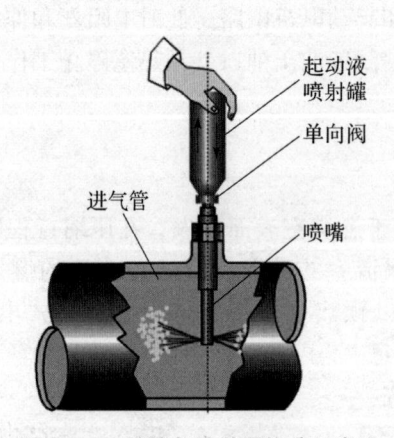

图 10-9 喷液起动装置构造示意图 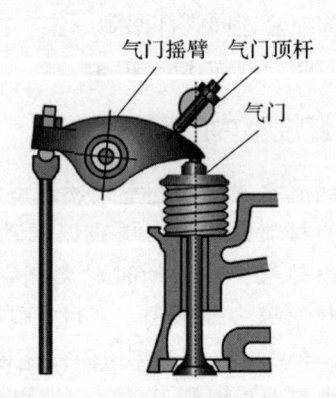　　图 10-10 减压起动装置结构示意图

对于多缸柴油机来说各缸的减压装置是一套联动机构。中、小型柴油机的联动机构一般采用同步式，即各减压气门同时打开，同时关闭。大功率柴油机减压装置的联动机构一般为分级式，即起动前各减压气门同时打开，起动时各减压气门分级关闭，使部分气缸先进入正常工作，发动机预热后其余各缸再转入正常工作。减压的气门可以是进气门，也可以是排气门。用排气门减压会由于炭粒吸入气缸，加速机件的磨损，一般多采用进气门减压。

思 考 题

1. 发动机起动时要克服哪些阻力？
2. 电动机起动装置一般由哪几部分组成？
3. 电动起动中为什么需要离合机构？

第十一章
发动机特性与调节

汽车的运行工况非常复杂，通常在负荷、车速及道路状况频繁变化的情况下行驶，作为车用动力源的发动机就必须适应汽车复杂的行驶工况需要，发动机必须在负荷、转速大范围频繁变化的情况下工作。发动机的工作情况简称工况，工况包括负荷、转速等参数的变化，工况的变化必然引起发动机性能指标的变化，主要性能指标包括动力性指标、经济性指标、排放指标等，发动机特性指的是上述指标随发动机工况变化而变化的关系。

由于发动机工况与性能指标的多样性，因此，发动机特性也有很多类型。其中，与汽车关系密切的有速度特性、负荷特性、排放特性及万有特性等。研究发动机特性的主要目的是分析发动机在不同工况下的动力性能、经济性能、排放性能，分析发动机在不同工况下运行的稳定性与适应性，从而确定发动机的工作范围及适宜的工作区域。发动机排放特性专门会在本书第十三章讲解，本章重点针对发动机动力性与经济性等特性指标进行介绍。

第一节 发动机工况

发动机输出功率、转矩和转速之间存在如下关系：

$$P_e = \frac{T_{tq} n}{9\,550} \tag{11-1}$$

式中：P_e——有效功率；
T_{tq}——转矩；
n——转速。

式（11-1）中的功率、转矩和转速三个参数中，当任意两个参数确定后，第三个参数就可以通过公式计算求得，在发动机工程实践中，常用 T_{tq} 与 n，或者 P_e 与 n 两组参数来表征发动机稳定运行的工况特性。发动机转速 n 表示发动机运行工作过程中速度的快慢，而 T_{tq} 或 P_e 说明发动机发出功率或承受负荷能力的大小。发动机的负荷，通常指发动机所遇到的阻力矩的大小，由于平均有效压力 p_{me} 正比于转矩，故有时也用 p_{me} 来表示负荷的高低。

$$P_e = \frac{p_{me} V_h n i}{30 \tau} \tag{11-2}$$

由式（11-1）和式（11-2）可以得出：

$$T_{tq} = \frac{318.3 p_{me} V_h i}{\tau} \Rightarrow T_{tq} \propto p_{me} \tag{11-3}$$

以纵坐标 P_e 和横坐标 n 绘出的发动机运行工况曲线如图 11-1 所示。由图可知，发动机的工作区域被限定在一定范围内，上边界线 3 是发动机所能发出的最大功率；左侧边界线为发动机最低稳定工作转速 n_{min} 限制线，低于该转速时，由于曲轴飞轮等运动部件储存能量较小，导致转速波动大，发动机无法稳定工作；右侧边界线为最高转速 n_{max} 限制线，它受到转速过高所引起的惯性力增大、机械摩擦损失增加、充量系数下降、工作过程恶化等各种不利因素的限制。因此发动机能够工作的有效区域就是上述边界线加上横坐标轴所围成的区域。

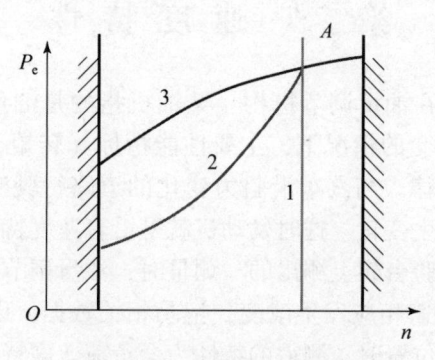

图 11 – 1　发动机工作区域

发动机的工作区域取决于发动机的实际用途，当发动机驱动的载荷形式不同，则发动机输出特性也不同。例如，用于驱动发电机用的发动机，其负荷呈现阶跃式突变，但是，发动机转速必须保持稳定，以保证输送电压和频率的恒定，比如在图 11 – 1 中类似曲线 1 所示工况，即一条垂直于横坐标的线，这种工况称为线工况；当发动机用来驱动灌溉水泵用的发动机时，除了系统的起动和过渡工况外，在水泵运行过程中，负荷与转速均保持不变，如图中的 A 点，这种工况称为点工况，即稳定运行时发动机输出转速和功率均不变。

当发动机作为船用主机驱动螺旋桨时，发动机所发出的功率必须与螺旋桨吸收的功率相平衡，而螺旋桨的吸收功率又取决于螺旋桨转速的高低，且与转速成三次幂函数，即 $P_e \propto n^3$ 关系，如图 11 – 1 中的曲线 2 所示。这时发动机的功率与转速呈现有规律的变化，该类工况常被称为螺旋桨工况或推进特性，当螺旋桨结构确定时，螺旋桨能够吸收的负载仅仅与转速有关，因此，螺旋桨特性也属于一种线工况。

对于汽车和工程机械用发动机，其工作特点呈现功率与转速都在很大范围内变化的特性，输出功率与转速之间没有特定的约束关系。这时发动机的转速取决于汽车行驶速度，可以从最低稳定转速一直变化到最高转速；负荷取决于汽车行驶阻力，在同一转速下，可以从零变化到全负荷。因此，发动机可能的工作区域就是图 11 – 1 中曲线 3 以下的所有工作区域，在发动机工程实际中，称这种工况为面工况。

为了评价发动机在不同工况下运行的动力性指标（如功率、转矩、平均有效压力等）、经济性指标（如燃油消耗率、燃油消耗量等）、排放指标，以及反映工作过程进行的完善程度指标（如指示热效率、充量系数以及机械效率等），就必须研究发动机的相关特性。其中性能指标随调整情况变化的特性称为调整特性，包括点火提前角调整特性、供油提前角调整特性等；而性能指标随运行工况变化的特性称为性能特性，包括负荷特性、速度特性、万有特性和调速特性等。用来表示特性的曲线称为特性曲线，是评价发动机的一种简单、直观、方便的形式。本章将重点介绍与发动机经济性、动力性等有关的特性。

上述介绍的有关特性是针对发动机在某一稳定工况条件下的特性，称为发动机的稳定工况。当发动机处于非稳定工况时，也就是当发动机处于两个稳定工况之间的过渡状态时，发动机的指标参数值呈变化状态，在过渡工况中，式（11-1）所示的关系不再成立。显然非稳定工况要比稳定工况复杂得多，而且在发动机总的工况中所占的比例也相当大，据统计，车用发动机的非稳定状态占其总工况的80%以上，本章仅讨论发动机的稳定工况。

第二节 速度特性

发动机的速度特性是指在油量调节机构（柴油机指的是油量调节齿条、拉杆，汽油机指的是节气门开度）保持不变的情况下，主要性能指标（转矩、油耗、功率、排温、烟度等）随发动机转速的变化规律。当汽车沿阻力变化的道路行驶时，若油门位置不变，发动机转速会因路况的改变而发生变化，这时发动机就是沿着速度特性工作的。

速度特性是在发动机试验台架上测出的。测量时，油量调节机构位置固定不动，调整测功器的负荷，使发动机的转速相应发生改变，记录相关数据，以转速为横坐标整理绘制曲线。当油量控制机构在标定位置时，测得的特性为全负荷速度特性，也被称为外特性；油量低于标定位置时的速度特性，称为部分负荷特性。由于外特性反映了发动机所能达到的最高性能，确定了最大功率、最大转矩以及对应的转速，对于发动机来说是十分重要的参数，也是发动机出厂时都必须提供的性能指标。图 11-2 所示为柴油机和汽油机的速度特性曲线，其中，曲线 1 为外特性，其余曲线则表示部分负荷特性。

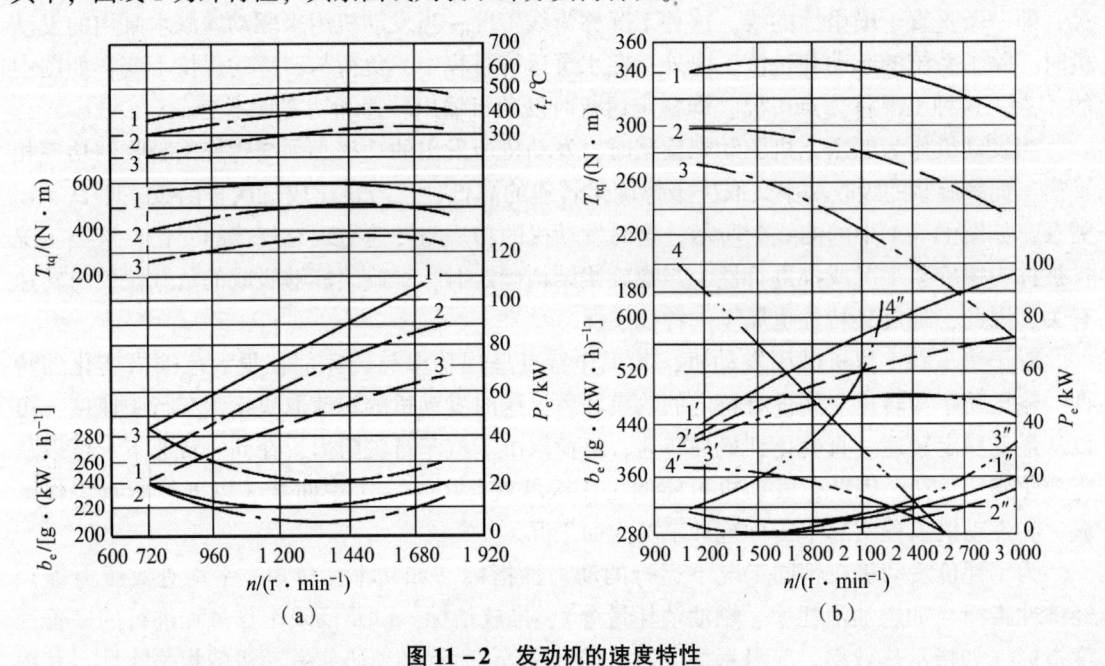

图 11-2 发动机的速度特性
(a) 柴油机速度特性；(b) 汽油机速度特性

一、柴油机的速度特性

柴油机速度特性指的是循环油量不变，即油量调节机构（油门拉杆）位置固定或喷油脉宽不变，柴油机的性能指标 P_e、T_{tq}、B、b_e 等随转速变化而变化的关系。

根据发动机输出转矩、转速、功率三者之间的关系式（11-3）可知，T_{tq} 正比于平均有效压力 p_{me}，而 p_{me} 可以表示为

$$p_{me} = p_{mi} \eta_m \tag{11-4}$$

$$p_{mi} \propto g_b \eta_{it} \tag{11-5}$$

由此可得

$$p_{me} \propto g_b \eta_{it} \eta_m \tag{11-6}$$

$$T_{tq} \propto g_b \eta_{it} \eta_m \tag{11-7}$$

式中，p_{mi} 为平均指示压力，η_m 为机械效率，g_b 为每循环供油量，η_{it} 为指示热效率。

由此可知，柴油机转矩的大小取决于每循环供油量、指示热效率以及机械效率。对于柱塞式喷油泵来说，当油量调节机构位置固定且无特殊油量校正装置时，随柴油机转速下降，通过柱塞与柱塞套间的燃油泄漏增多，且柱塞有效行程由于斜槽节流作用的减弱而降低，导致每循环供油量 g_b 有所减少，如图 11-3 中的曲线 1 所示。加装校正装置后的油泵，其 g_b 随转速的变化趋势如图中相应曲线所示，即在转速降低时可以保持供油量基本不变或略有上升，随着转速增加，供油量略有下降，曲线的具体形式取决于校正方法。

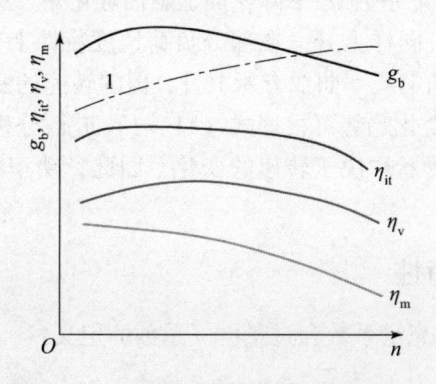

图 11-3 柴油机外特性有关参数的变化

柴油机的充量系数 η_v 随速度的变化趋势为：在设计转速时充量系数较高，当转速升高时，气流流动惯性增大，充量系数提高，从而改善燃烧，提高指示热效率；当柴油机转速进一步升高时，进气节流损失增大导致充量系数降低，指示热效率也随之降低，因此，指示热效率 η_{it} 呈现图中相应曲线所示的变化趋势。

机械效率可以表示为

$$\eta_m = 1 - \frac{p_{mm}}{p_{mi}} = 1 - \frac{p_{mm}}{A\eta_v \dfrac{\eta_{it}}{\alpha}} \tag{11-8}$$

式中，A 为常数，p_{mm} 为平均机械损失压力，α 为过量空气系数。当柴油机转速降低时，平均机械损失压力将逐渐减少，η_{it} 即有适当增加，特别是 p_{mm} 的下降占主导地位，故机械效率 η_m 将随转速的降低而提高。

根据以上分析，对无油量校正装置的柴油机，转速降低时，由于每循环供油量的减少，相应抵消了机械效率 η_m 和指示热效率 η_{it} 提高的影响，综合作用的结果是使柴油机外特性上

的转矩 T_{tq} 曲线很平坦，如图 11-2（a）所示。在部分负荷特性上，转速很低时充量系数 η_v 下降，导致 η_{it} 的下降，且每循环供油量 g_b 随转速下降的幅度较大，使 η_{it} 下降幅度超过了机械效率随转速降低而增长的幅度，因而转矩曲线出现了随转速降低而降低的趋势。

对于发动机燃油消耗率 b_e 曲线的变化趋势，可以通过燃油消耗率曲线的定义分析。

$$b_e = \frac{B}{P_e} \times 10^3 \tag{11-9}$$

$$\eta_{et} = \eta_{it}\eta_m = \frac{W_e}{Q_1} = \frac{3.6 \times 10^3 P_e}{BHu} \tag{11-10}$$

将式（11-10）代入式（11-9），得

$$b_e = \frac{3.6 \times 10^6}{\eta_{et} Hu} \propto \frac{1}{\eta_{it}\eta_m} \tag{11-11}$$

式中，B 为每小时耗油量，kg/h；η_{et} 为有效热效率；W_e 为得到的有效功，J；Q_1 为所消耗的燃料热量，J；Hu 为燃料的低热值，kJ/kg。

柴油机的燃油消耗率 b_e 曲线在整个速度特性的变化范围内比较平坦，两端略有上翘。b_e 在某一中间转速时最低，当转速高于此转速时，因 η_m 和 η_{it} 同时下降而使 b_e 上升；而当转速低于此转速时，由于充量系数 η_v 下降，加上燃油雾化差，涡流减弱，使 η_m 的上升幅度弥补不了 η_{it} 的下降幅度，b_e 同样上升。在部分负荷速度特性上，燃油消耗率整体水平由于 η_m 较低而较外特性上的燃油消耗率曲线有所上升，但随转速的变化趋势基本与外特性相似。

柴油机的功率 P_e 曲线变化趋势可根据式（11-1）进行分析，由于柴油机的扭矩 T_{tq} 变化较平坦，故功率 P_e 曲线形状取决于转速的变化，因此，功率曲线几乎与转速 n 成正比增加，如图 11-2（a）所示。

二、汽油机的速度特性

对于汽油机来说，根据充量系数和过量空气系数的定义：

$$\eta_v = \frac{m_a}{m_s} = \frac{m_a}{V_h \rho} \tag{11-12}$$

$$\alpha = \frac{m_a}{g_b \cdot l_0} \tag{11-13}$$

可得

$$g_b = \frac{m_a}{\alpha \cdot l_0} = \frac{\eta_v V_h \rho}{\alpha \cdot l_0} \tag{11-14}$$

即

$$g_b \propto \frac{\eta_v}{\alpha} \tag{11-15}$$

将式（11-15）代入式（11-7）可得如下关系式：

$$T_{tq} \propto g_b \eta_{it}\eta_m \Rightarrow T_{tq} \propto \frac{\eta_v}{\alpha}\eta_{it}\eta_m \Rightarrow T_{tq} \propto \eta_v \eta_{it}\eta_m \tag{11-16}$$

式中，m_a 为实际进入气缸的空气质量；m_s 为进气状态充满气缸的空气质量；ρ 为进气状态空气密度；l_0 为 1 kg 燃料完全燃烧所需要的理论空气量。

由式（11-16）可知，柴油机扭矩取决于循环供油量，即"质"调节，汽油机输

出扭矩取决于充量系数，即"量"调节，故转矩的变化与吸入气缸的混合气数量有密切的关系。

指示热效率 η_{it} 的影响规律：在节气门全开的情况下（外特性曲线），汽油机低速运转时，由于气缸内气流扰动减弱，火焰传播速度降低，传热损失以及漏气损失相对增加，导致 η_{it} 略有下降；而高转速时，由于以曲轴转角计的燃烧持续期增大，以及泵吸功增加，对 η_{it} 会产生不利的影响，故曲线整体呈现马鞍形的上凸状。当节气门开度减小后（部分负荷），随转速的提高，节气门的节流作用大大加强，泵气损失所占比重增大，导致指示热效率大大下降，而且随节气门开度的降低，下降幅度更大。

充量系数 η_v 的影响规律：汽油机充量系数随转速的变化情况如图 11-4（a）所示。图中的数字 1~5 是表示节气门不同开度下的 η_v 曲线，数字越大，则开度越小。汽油机沿速度特性运行而节气门全开（即外特性下）时，η_v 曲线在某一中间转速处呈上凸状，低于或高于此转速时则有一定幅度的下降（见图 11-4（a）中曲线 1）。同样沿速度特性运行而节气门处于部分开度时，由于进气节流严重，进气阻力增加，η_v 减小，而且随转速升高，η_v 下降的斜率也增大；转速降低时，进气阻力减小，节气门的节流作用减弱，η_v 增加（见图 11-4（a）中的曲线 2、3、4、5）。

机械效率 η_m 的影响规律：机械效率 η_m 随节气门开度的变化规律如图 11-4（b）所示。根据前面分析，由式（11-8）可知，当汽油机按外特性运行时，由于转速越高，机械损失压力 p_{mm} 越大，故机械效率 η_m 随转速的增加而下降。当沿部分负荷速度特性工作时，节气门处于部分开度，η_m 随转速的增加而下降的斜率比节气门全开时大（比较图 11-4（b）中曲线 1 与 3），这是因为 p_{mm} 与节气门全开时一样随转速增加而增加，而充量系数 η_v 和指示热效率 η_{it} 则随转速增加而下降很快，相应导致平均指示压力 p_{mi} 随转速增加而急剧降低。当转速高于某一值后，就会出现 $p_{mi} = p_{mm}$ 的情况，而使机械效率为零，意味着发动机在相应转速下空车运行（无功率输出，见图 11-4（b）中曲线 4）。节气门开度越小，出现 $\eta_m = 0$ 的转速就越低（比较图 11-4（b）中曲线 4 与 5）。根据以上分析可知，对于汽油机而言，当节气门全开时，转矩曲线将是一条上凸的曲线，且上凸的位置在低速区；而在部分开度时，转矩随转速升高而下降，开度越小，曲线越陡。

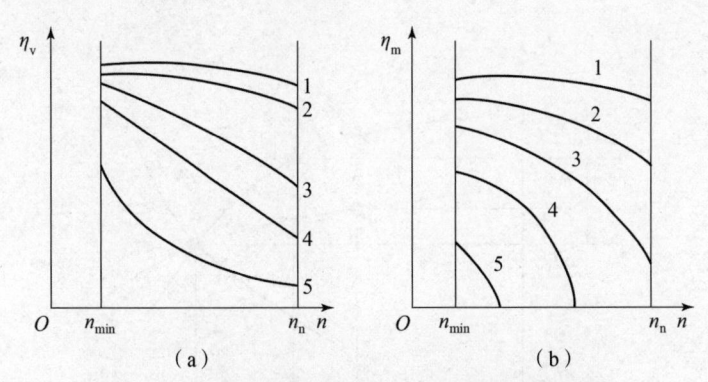

图 11-4 汽油机机械效率和充量系数随转速的变化
(a) 充量系数随转速的变化；(b) 机械效率随转速的变化

汽油机的速度特性（见图 11-2(b)），与柴油机的速度特性相比，两者有以下明显差别：

①柴油机在各种负荷的速度特性下的转矩曲线都比较平坦，在中、低负荷区，转矩甚至随转速升高而增大。

②汽油机的速度特性则不同，转矩曲线的总趋势是随转速升高而降低，节气门开度越小，降低的斜率越大，并导致功率曲线呈上凸形，随着节气门开度的减小，相应的最大功率和对应的转速降低。

③柴油机的燃油消耗率曲线在各种负荷的速度特性下都比较平坦，仅在两端略有翘起，最经济区的转速范围很宽。

④汽油机则有所不同，其油耗曲线的翘曲度随节气门开度减小而剧烈增大，相应最经济区的转速范围越来越窄。

三、发动机的工作稳定性

发动机的工作稳定性指的是当外界阻力发生变化时，发动机能够维持稳定运转的能力。当车辆搭载的发动机输出转矩与车辆受到的阻力矩平衡时为稳定工作状态，如图 11-5 中的 a 点所示，发动机将在 a 点对应的转速 n_a 下稳定工作。如车辆遇到上坡工况，阻力矩由 T_c 增加到 T_c' 的情况时，当搭载的为汽油机时，发动机将从稳定工况点 a 沿着外特性曲线 G 过渡到另一个稳定工况点 1，当搭载的为柴油机时，发动机将从稳定工况点 a 沿着外特性曲线 D 过渡到另一个稳定工况点 2，以保证与新的阻力矩 T_c' 平衡。在这个过程中，汽油机驱动转矩增大了 ΔT_{tq1}，转速相应降低了 Δn_1。柴油机驱动转矩仅仅增大了 ΔT_{tq2}，转速却相应地降低了 Δn_2。上述变化过程对应到车用发动机操作过程来说，就是当车辆遇到阻力变化的工况时，对于搭载汽油机的汽车，驾驶员不用操作换挡发动机就可以通过自动减低转速提高扭矩来进行调整，即转速降低很小就可以获得很大幅度的转矩增加，以克服外界阻力的变化。对于柴油机来说，其速度特性如图 11-5 中曲线 D 所示，由于其转矩曲线较平坦，则从工况 a 过渡到工况 2 时，转速降低较多（$\Delta n_2 > \Delta n_1$）。而转矩增大的幅度不大（$\Delta T_{tq2} < \Delta T_{tq1}$）。这就说明作为车用发动机，输出转矩曲线越陡，运转的稳定性和操纵性能就越好。因此汽油机一般不需要配备调速装置，即使当阻力矩突变到零时，汽油机的转速也不会超速或飞车。柴油机的调节过程与装置则与汽油机有明显的不同，需要采用专门设计的调速器。

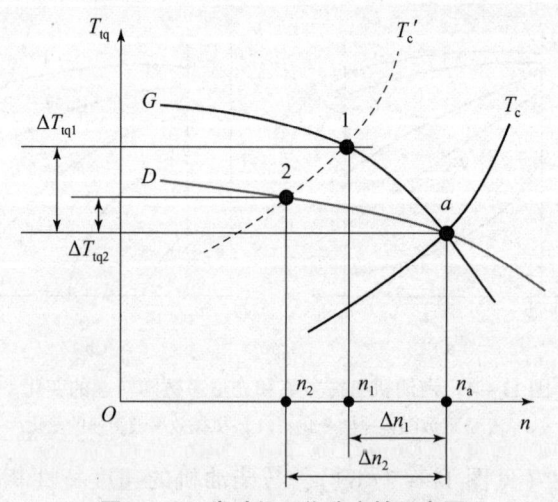

图 11-5 发动机工作稳定性示意图

衡量发动机工作稳定性能的指标是转矩适应性系数 K_T 和转速适应性系数 K_n。转矩适应性系数是指外特性上最大转矩 T_{tqmax} 与标定转矩 T_{tqn} 之比，即

$$K_T = \frac{T_{tqmax}}{T_{tqn}} \tag{11-17}$$

相应地，转速适应性系数 K_n 是指标定转速 n_n 与外特性上最大转矩对应的转速 n_m 之比，即

$$K_n = \frac{n_n}{n_m} \tag{11-18}$$

有时也用最大转矩与标定转矩之差与标定转矩的相对值，来表示发动机克服阻力能力的大小，并将其定义为转矩储备系数 μ，即

$$\mu = \frac{T_{tqmax} - T_{tqn}}{T_{tqn}} = K_T - 1 \tag{11-19}$$

汽油机的转矩适应性系数 K_T 较大，一般为 1.25～1.35，转速适应性系数 K_n 一般为 1.6～2.5。柴油机转矩曲线平坦，适应性系数小，K_T 值一般不超过 1.05（无校正时），K_n 值为 1.4～2.0。当柴油机用于汽车动力时，驾驶员可以按照路面的情况，随时改变油门踏板的位置或者行车挡位，改变柴油机克服阻力的能力，以调整车速。然而当用于拖拉机及工程机械时，柴油机所要克服的阻力矩变化很大，经常会遇到过载的情况。由于柴油机的适应性系数小，加上这类机械行走速度低，无动能储备，以致在遇到阻力矩突然增大时，转速下降很快，往往驾驶员来不及换挡，柴油机就可能熄火。对于这类用途的柴油机，要求有较大的转矩储备，以克服短期过载。

柴油机转矩储备系数小的根本原因，在于柱塞式高压油泵供油特性不适应充量系数的变化特性。根据前述分析，当柴油机转速下降时，充量系数有一定幅度的提高，然而循环供油量反而有所下降。如果采用有效的供油量校正措施，使转速降低时循环供油量有所增加，则非增压柴油机的转矩适应性系数可达 1.15～1.25。对增压柴油机而言，由于空气流量随转速的下降而减小，因此增压柴油机的适应性系数一般要比非增压柴油机要小一些，为 1.05～1.07。但也有例外，如有时为了追求较高转矩储备性能而采用特殊匹配技术的增压柴油机，其转矩储备系数可达 1.35～1.5。需要说明的是，不同用途的发动机对转矩特性的要求是不同的，应相应采用不同的油量校正方式。

第三节 负荷特性

负荷特性是指当转速不变时，发动机的性能指标（b_e、B…）随负荷（P_e 或 p_{me} 或 T_{tq}）而变化的关系，用曲线形式表示的称为负荷特性曲线，横坐标为 P_e 或 p_{me} 或 T_{tq}，由于这三个参数互成比例关系，均可用来表示负荷的大小，因此，用其中一个作为横坐标即可，纵坐标为性能参数，包括 b_e、B、排气温度、烟度等，如图 11-6 所示。

由于负荷特性可以直观地显示发动机在不同负荷下运转的经济性以及排温等参数，且比较容易测定，因而在发动机的调试过程中，经常用来作为性能比较的依据。由于每一条负荷特性仅对应发动机的一个转速，为了满足实际应用的要求，需要测出不同转速下的多个负荷特性曲线。同时，根据这些特性曲线，可以得到发动机的另外一个重要特性——万有特性。

对于一条特定的负荷特性曲线而言，转速是固定不变的，这样有效功率 P_e、有效转矩 T_{tq} 与平均有效压力 p_{me} 互成比例关系，均可用来表示负荷的大小。因此，负荷特性的横坐标通常是上述三个参数之一，较为常用的是有效功率 P_e 或平均有效压力 p_{me}。纵坐标主要是燃油消耗量 B、燃油消耗率 b_e 以及排温、烟度、机械效率 η_m 等。图 11-6 就是典型的负荷特性曲线。

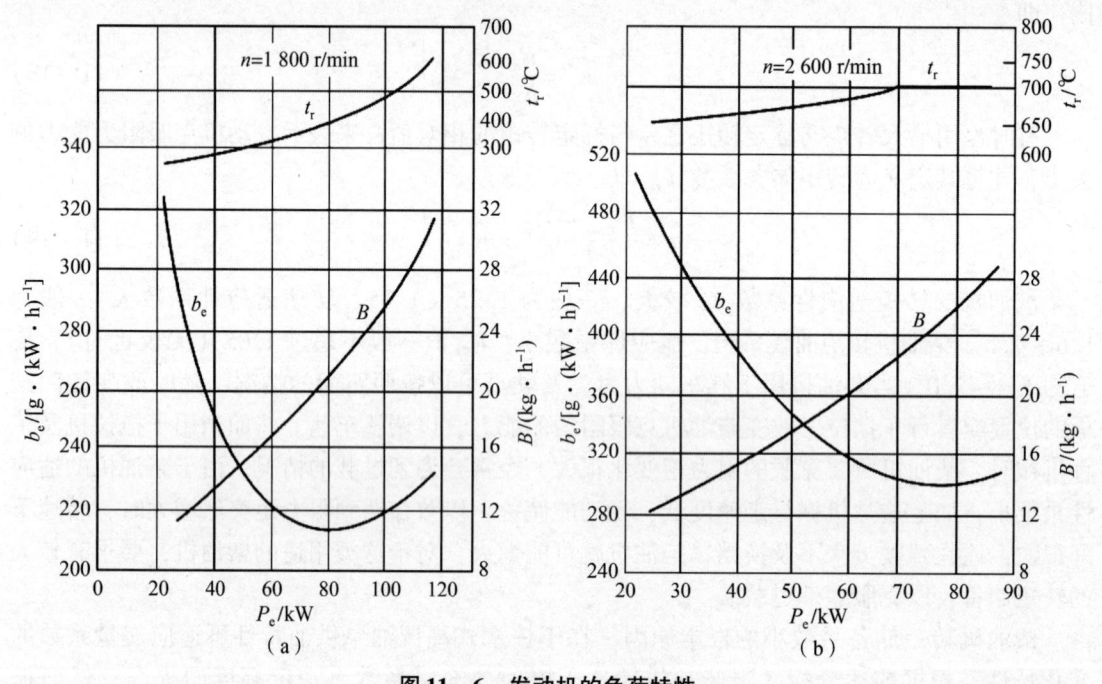

图 11-6 发动机的负荷特性
（a）柴油机的负荷特性；（b）汽油机的负荷特性

从负荷特性曲线上可以看出，发动机的最低燃油消耗率越小，经济性越好；油耗曲线变化越平坦，表示在宽广的负荷范围内，能保持较好的燃油经济性，这对于负荷变化较大的车用发动机尤为重要。此外，无论柴油机还是汽油机，在低负荷区，燃油消耗率均显著升高。因此，为使发动机在实际使用时具有良好的经济性，不仅要求油耗低，更希望常用负荷接近经济负荷，这对于节省燃料具有很大的意义。

对于车辆发动机来说，在不换挡的情况下，汽车上坡时加大油门，下坡时关小油门，而维持车速（发动机转速）不变，这时发动机沿负荷特性工作。

负荷特性曲线是在发动机试验台架上测取的。试验时，调整测功器负荷的大小，并相应调整油量调节机构位置，以保持发动机的转速不变，待工况稳定后，依次记录不同负荷下的有关数据，并整理得到性能曲线。

一、柴油机的负荷特性

柴油机的负荷特性曲线如图 11-6（a）所示。其中，燃油消耗率曲线的变化趋势，可通过燃油消耗率曲线的定义式（11-11）来分析。对于非增压柴油机而言，当柴油机按负荷特性运行时，由于转速不变，其充量系数基本保持不变。当负荷变化时，通过燃料调节机构调整循环供油量以适应负荷的变化，负荷增大时油量增加，反之则减少。这样，过量空气系数随负荷的增加而减小,这一负荷调节过程称为"质"调节。

当负荷为零(空载)时,因无动力输出,平均有效压力 p_{me} 为零,故机械效率 η_m 为零,意味着发动机所发出的功率完全用于自身消耗,这样从式(11-11)可知燃油消耗率 b_e 为无穷大。当负荷逐渐增大时,由于平均机械损失压力 p_{mm} 在转速不变时变化不大,而平均有效压力 p_{me} 则随负荷提高而增大,因而机械效率 $\eta_m = \dfrac{p_{me}}{p_{me}+p_{mm}}$ 也上升得较快。因此,燃油消耗率 b_e 曲线在负荷增加时下降得很快。

随着负荷的进一步增加,过量空气系数 α 变得更小,混合气的形成与燃烧开始恶化,指示热效率 η_{it} 开始明显下降,其下降速度逐渐超过机械效率上升的速度,燃油消耗率开始上升。如果继续增加负荷,则空气相对不足,燃料无法完全燃烧,从而使燃油消耗率上升很快,且柴油机大量冒黑烟,导致活塞、燃烧室积炭,发动机过热,可靠性以及寿命受到影响。如超过该极限再进一步增大负荷,柴油机大量冒黑烟,功率反而下降。由此可知,柴油机存在一个"冒烟界限",为了保证柴油机寿命及安全可靠地运行,一般不允许它超过冒烟界限工作。

对于燃油消耗量来说,当转速一定时,其值的变化取决于每循环供油量,它随负荷的增加而增加,在中、小负荷段近似呈线性,在接近冒烟界限前后,由于燃烧的恶化,上升的幅度更快一些。对于增压柴油机而言,由于随负荷的增大,排气能量加大,增压器转速上升,从而使增压压力变大、进气密度提高,所以在高负荷时,其过量空气系数以及指示热效率变化不大,燃油消耗率曲线较为平坦。与非增压发动机所不同的是,限制增压发动机平均指示压力提高的主要因素是最高燃烧压力,而不是排气烟度。同时,增压柴油机的最大烟度一般出现在平均有效压力较低时。

二、汽油机的负荷特性

与柴油机不同的是,在测取汽油机的负荷特性时,油量是通过改变节气门的开度来调整的,这样相应地改变了进入气缸的混合气数量,而混合气的浓度变化不大,故称"量"调节。

汽油机的负荷特性如图 11-6(b)所示。汽油机的负荷特性与柴油机负荷特性的主要不同点在于:

(1)汽油机的燃油消耗率普遍较高,且在从空负荷向中、小负荷段过渡时,燃油消耗率下降缓慢,仍维持在较高水平,燃油经济性明显较差,如图 11-7 所示;汽油机的最低油耗点比柴油机最低油耗点高;柴油机在大负荷阶段,出现冒烟界限,大量冒黑烟时段柴油机燃油消耗量曲线弯曲度较大,而柴油机的燃油消耗量曲线在中、小负荷段的线性度较好。

出现燃油消耗率曲线不同的主要原因在于:①柴油机压缩比高,过量空气系数大,燃烧大部分是在空气过量的情况下进行的,因此柴油机的指示热效率比汽油机要高,因此燃油消耗率较低。②汽油机的"量"调节特性是通过节气门开度来控制负荷,低负荷时,由于节气门开度小,残余废气系数较大,燃烧速度低,需要浓混合气,导致指示热效率降低。在接近满负荷时采取加浓混合气导致指示热效率明显下降。这样,汽油机的燃油消耗率在中、小负荷区远高于柴油机。③柴油机的"质"调节特性,因此当转速不变时,柴油机进入气缸

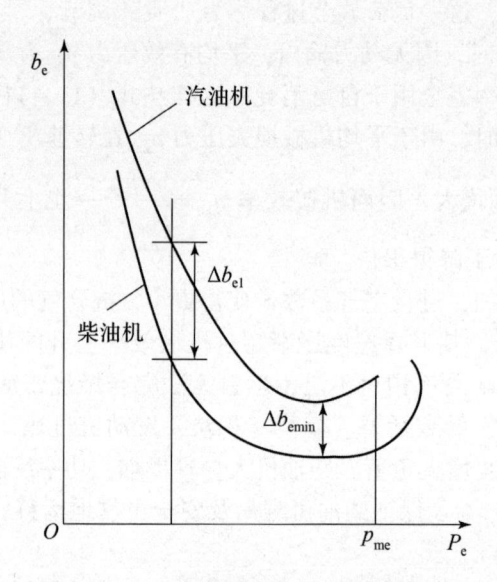

图 11 - 7　汽油机和柴油机油耗曲线对比

的空气量基本上不随负荷大小而变化,而每循环供油量则随负荷的增大而增大,这样过量空气系数就随负荷的增大而减小,因此,指示热效率也就随负荷的增大而降低。

(2) 汽油机排温普遍较高,且与负荷关系较小,如图 11 - 6 所示。汽油机排温高于柴油机的原因为:①汽油机的压缩比比柴油机低,相应的膨胀比也低,因此排温就要比柴油机高出许多。②对于汽油机来说,当负荷增大时,尽管进入气缸的混合气总量增加引起热量的增加,使排温升高,但是由于大部分区域内过量空气系数保持不变,故排温上升幅度不大。③在柴油机中,随着负荷的提高,过量空气系数随之降低,排温显著上升。

第四节　万有特性

车用发动机的运行工况是极为复杂的,转速和负荷都在很大范围内变动,要分析车用发动机在各种工况下的性能,仅用 1 ~ 2 条速度特性与负荷特性是远远不够的,必须要有一系列的速度特性和负荷特性才能全面地评价发动机的性能状况,这样既不方便也不直观。为了能在一张图上较全面地表示发动机性能参数的变化状况,在发动机性能研究中,提出了万有特性的概念,即能利用一张特性曲线图,全面表示发动机性能参数的变化状况。

万有特性又称综合特性或多参数特性,最常用的万有特性是以转速为横坐标,平均有效压力或转矩为纵坐标,在图上画出等功率曲线、等燃油消耗率曲线等,发动机万有特性图上的每一个点都代表一个工况。发动机典型曲线如图 11 - 8 (a) 所示,万有特性中的等油耗线和等功率线类似于梯田结构,如图 11 - 8 (b) 所示,每一个圈代表不同的燃油消耗率,越往外油耗越高,如 A 点,表示 1 300 r/min 时,扭矩为 660 N·m,功率为 90 kW,燃油消耗率为 205 g/(kW·h)。

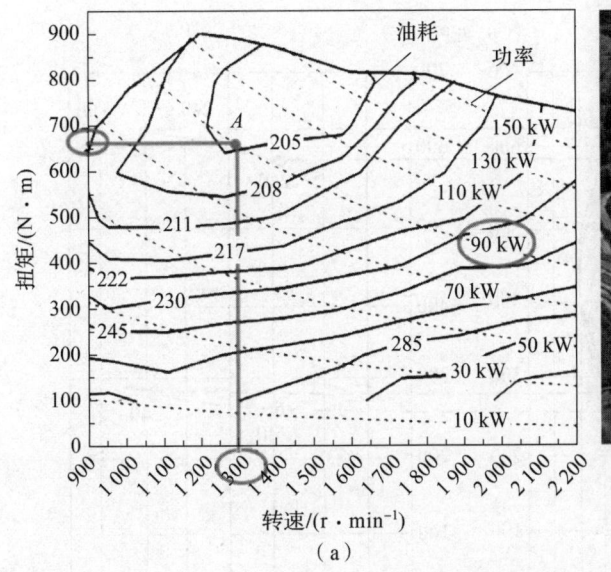

图 11-8　发动机的万有特性曲线
(a) 发动机万有特性曲线；(b) 梯田

一、万有特性曲线的绘制方法

根据发动机类型的不同，万有特性有两种绘制方法，即负荷特性法和速度特性法。对于柴油机，一般是依据不同转速下的负荷特性，用作图法求出；对于汽油机，根据不同节气门位置的速度特性，用作图法求得。随着测试技术与计算机技术的应用，万有特性也可采用数值计算方法对大量的试验数据进行回归及等值线的插值运算，从而直接得到万有特性。

1. 负荷特性法

负荷特性法适用于柴油机万有特性曲线的绘制，依据不同转速下的负荷特性，用作图法获得，具体作图方法如下：

(1) 将各种转速下的负荷特性以平均有效压力为纵坐标，燃油消耗率为横坐标，以同一比例尺绘出特性曲线若干张，将曲线逆时针旋转 90°，置于左侧，如图 11-9 所示。

(2) 根据发动机工作转速范围，在右侧画出万有特性坐标，标出万有特性横坐标的标尺，纵坐标的标尺则与整理得到的负荷特性上的标尺相同。

(3) 在负荷特性图上引若干条等燃油消耗率线与油耗线相交，每条线各有一两个交点；再从每一个交点引水平线到万有特性上与负荷特性线相同转速的位置上，获得一系列交点，在每一交点上标出燃油消耗率的数值。

(4) 按照同样的方法，对不同转速下的负荷特性进行相同操作，可得到不同转速下的若干交点，在交点上同样标出相应的燃油消耗率数值。

(5) 所有转速下的负荷特性都经过这样的转换后，依次将值相等的点连成光滑曲线，即可得到万有特性上的等燃油消耗率曲线。等功率曲线是根据式 (11-1) 的变化形式 $P_e = Kp_{me}n$ 作出的，其中 K 对于一个给定的发动机为常数。这样，在 $p_{me}-n$ 坐标中，等功率曲线是一族双曲线。

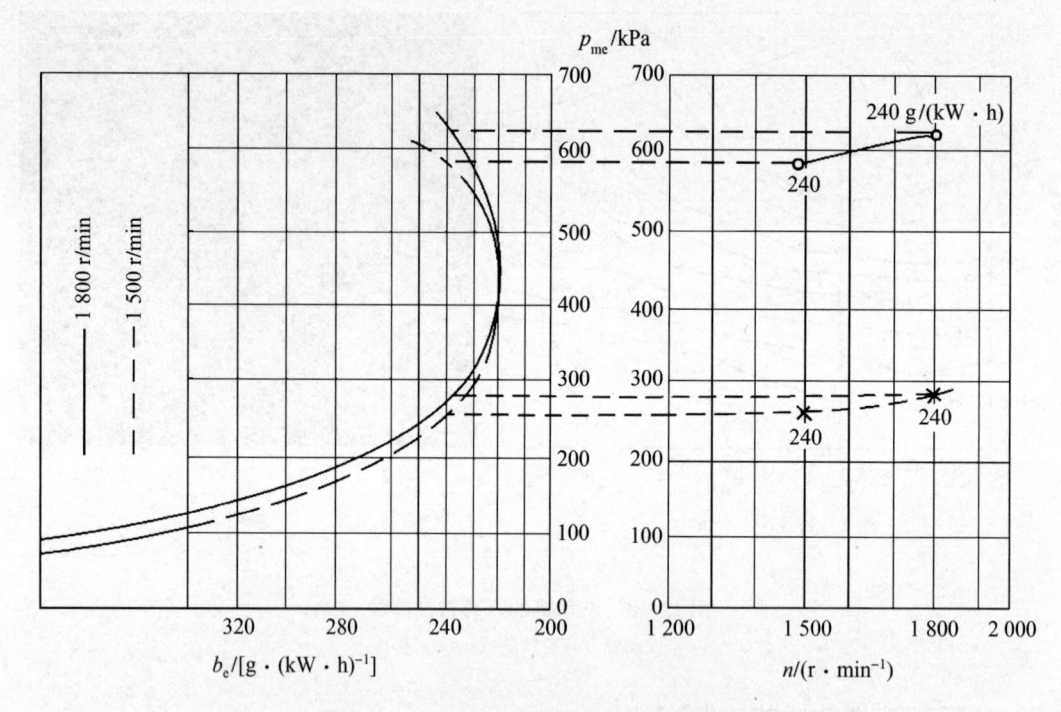

图 11-9 根据负荷特性制作万有特性曲线

将发动机外特性曲线画在万有特性图上，就构成了万有特性的上边界线。

2. 速度特性法

速度特性法一般适用于汽油机，根据不同节气门位置的速度特性，用作图法获得，具体作图方法如图 11-10 所示。

(1) 在上方绘出不同节气门开度下的速度特性上的转矩曲线（以平均有效压力表示），同时，标注出对应的节气门开度百分数。

(2) 在下方绘出相应节气门开度下的等燃油消耗率曲线，同样注明节气门开度的百分数。

(3) 在 b_e 的坐标轴上，引若干条等燃油消耗率的水平线与 b_e 曲线相交。每一水平线与曲线族均有一组交点。

(4) 通过交点引铅垂线至上方的速度特性曲线，与相应开度的节气门开度对应的转矩曲线相交，得到一组新交点，并注明燃油消耗率数值。

(5) 此时，同一组交点的 b_e 值是相等的。将等 b_e 值的各点连成光滑的等值线，并标上相应的数值，从而得到万有特性上的等燃油消耗率曲线。

二、万有特性的应用

从万有特性上，可以清晰地了解到发动机在各种工况下的性能，能很容易找出最经济的负荷和转速区域。在万有特性图上，最内层的等燃油消耗率曲线相当于发动机运转的最经济区域，等值曲线越向外，经济性越差，如图 11-11 所示。

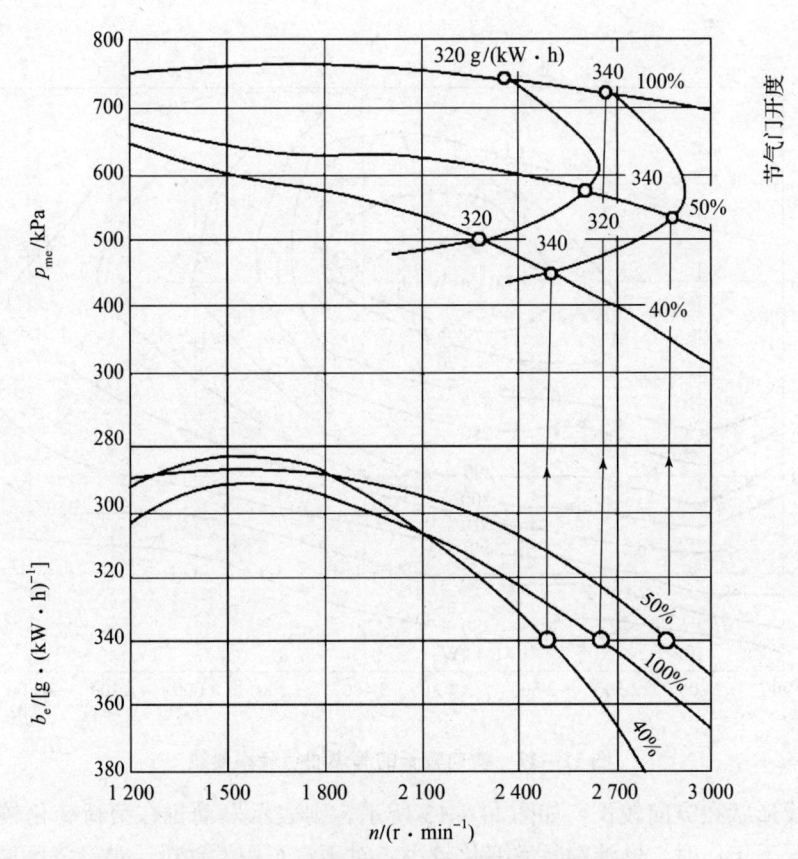

图 11-10 根据速度特性制作万有特性曲线

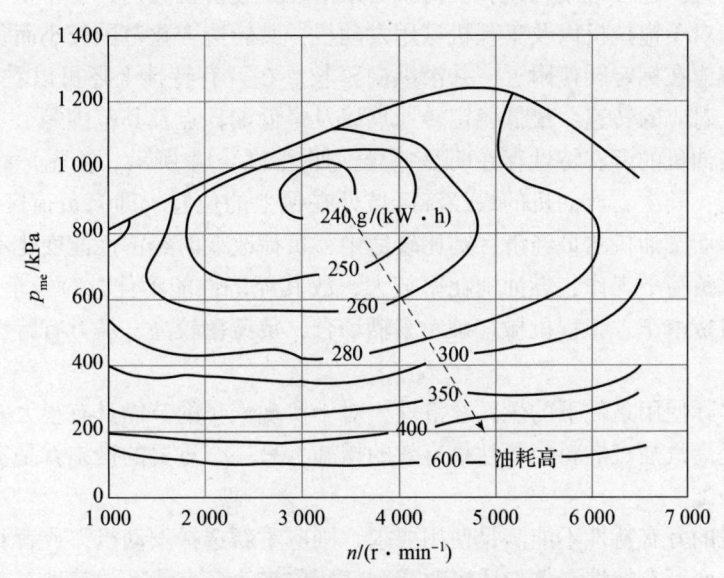

图 11-11 根据速度特性制作万有特性曲线

等燃油消耗率曲线的形状和位置对发动机的实际使用经济性能有重要的影响。如果该曲线的形状在横向上较长,则表示发动机在负荷变化不大而转速变化较大的情况下工作时,燃油消耗率变化较小,如图 11-12 所示。

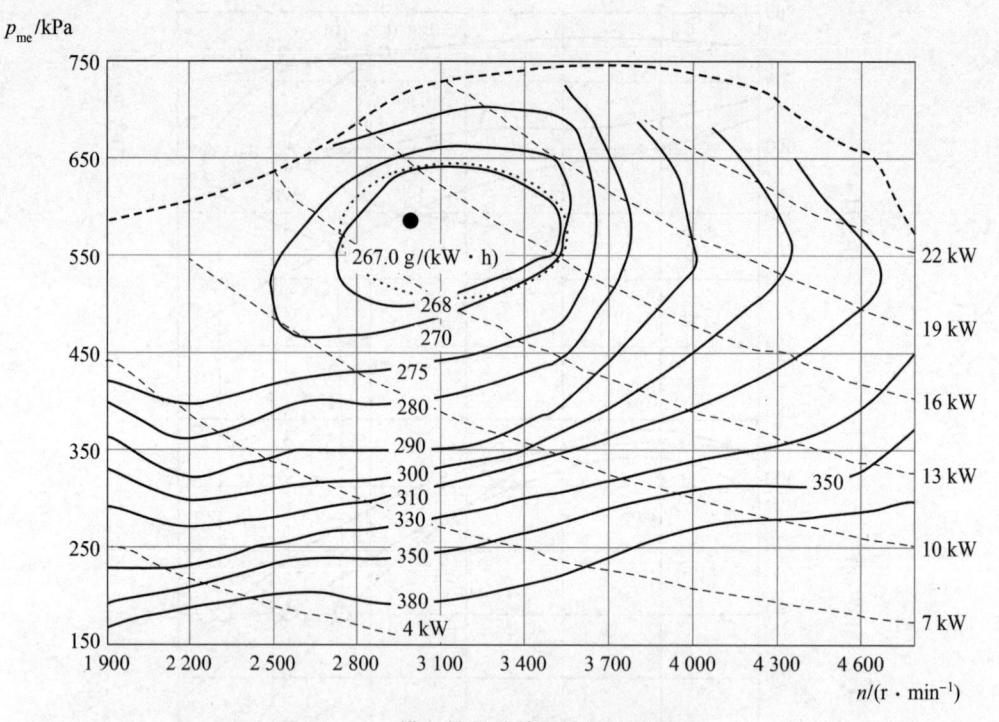

图 11-12　横向较长的等燃油消耗率曲线

如果曲线形状在纵向较长，如图 11-13 所示，则表示发动机在负荷变化较大而转速变化不大的情况下工作时，燃油消耗率变化较小。对于汽车用发动机，最经济区域应大致在万有特性的中间位置，这样常用转速和负荷就可以落在最经济区域内，并希望等燃油消耗率曲线在横向较长。对于拖拉机以及工程机械用发动机，其转速变化范围较小而负荷变化范围较大，最经济区域应在标定转速附近，并沿纵向延长。在万有特性上还可以看出一些特征点，如最大转矩点及对应的转速、最低稳定转速点以及最低油耗点及其范围等。

汽油机和柴油机的万有特性存在明显差异，如图 11-14 所示。首先，汽油机的燃油消耗率比柴油机高；其次，汽油机的最经济区域处在偏上的位置，即高负荷区，随负荷降低，油耗增加较快，而柴油机的最经济区则比较适中，负荷改变时经济性能变化不大。由于车用汽油机常在较低负荷下工作，燃油消耗率较大，故其经济性能不佳。对于车用柴油机而言，由于多数用于载货汽车、工程机械、矿山车辆场合，负荷率较高，从万有特性上可以看出其经济性较好。

如何提高实际使用条件下的燃料经济性，对于实现汽车的节能具有很大的实际意义，而提高负荷率是提高汽油机燃料经济性最有效的措施，另一个重要的措施就是实现发动机与传动装置的合理匹配。

如果发动机的万有特性不能满足使用要求，则应重新选择发动机，或者对发动机进行适当的调整，以改变万有特性。例如适当改变配气相位来改变充量系数特性，或选择对转速不太敏感的燃烧系统，可以影响万有特性最经济区域在横坐标方向的宽度；降低发动机的机械损失，提高低速、低负荷时冷却水温度和机油温度，都可以降低部分负荷时的燃油消耗率，在纵坐标方向扩展经济区。

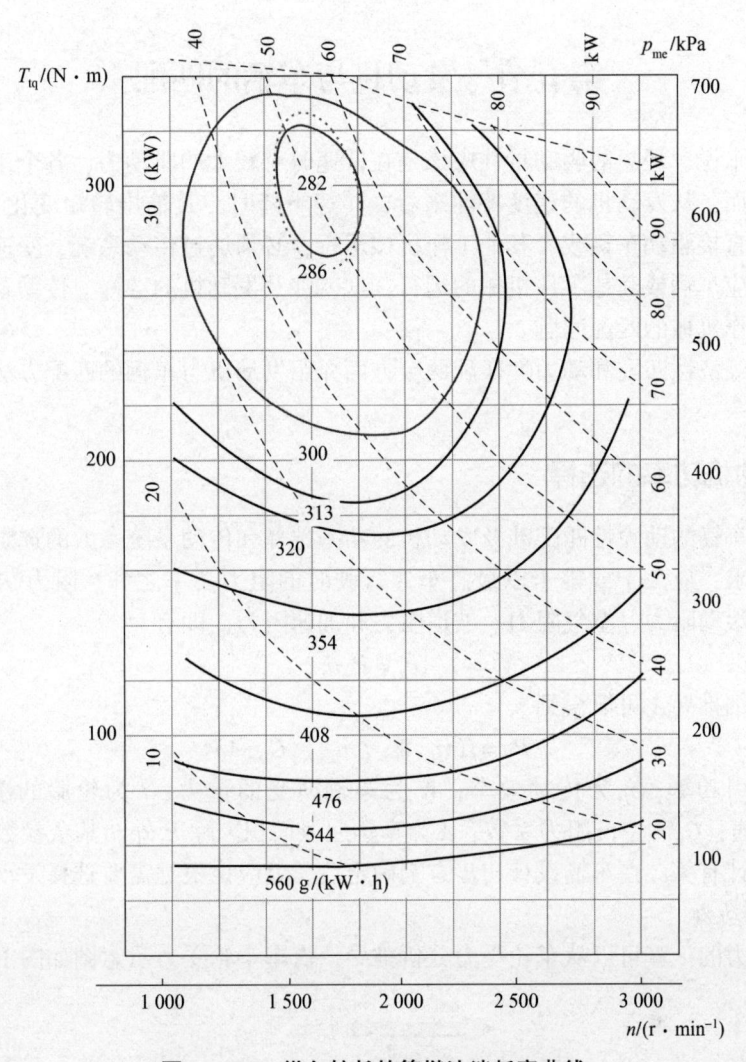

图 11-13 纵向较长的等燃油消耗率曲线

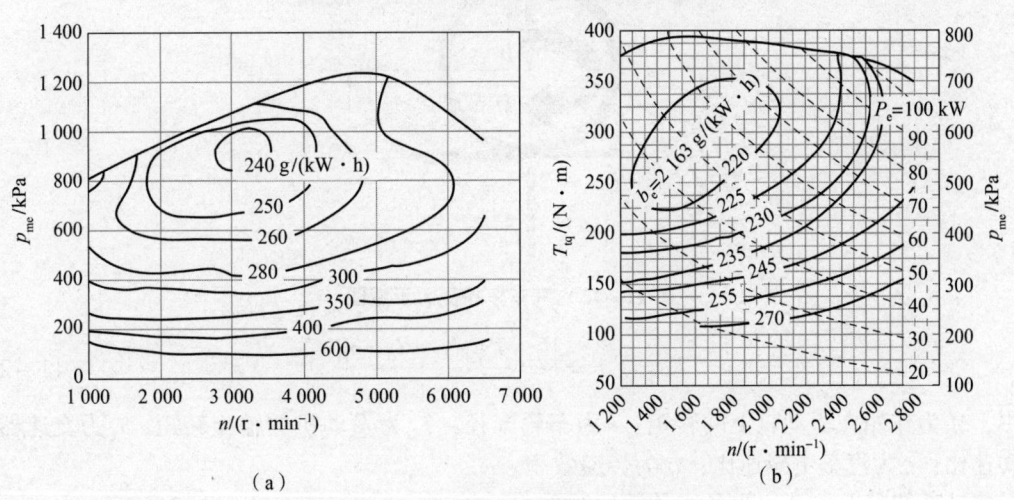

图 11-14 汽油机和柴油机的万有特性曲线

（a）汽油机的万有特性曲线；（b）柴油机的万有特性曲线

第五节　发动机与车辆的匹配

对于车辆来说，理想的驱动特性应该是在低速时有较大的驱动力，各个工况下都有较好的经济性。然而，从发动机的速度特性来看，转速下降时，其输出转矩变化并不大。因此，发动机并不能直接驱动车辆或者其他工作机械运行，必须通过传动系统、变速系统装置来输出动力，以适应车辆或其他工作机械的运行。这就涉及发动机的选择、传动系统的设计等关于发动机与工作机械的匹配问题。

本节仅从经济性匹配和动力性匹配两个方面介绍发动机与车辆的匹配方法及其遵循的基本原则。

一、发动机功率的选择

发动机与车辆的动力性匹配涉及发动机的功率选择和传动系统参数的选定。对于车用发动机功率的要求：应大于或等于以最高车速行驶时的阻力功率之和。阻力功率来自四个方面——车辆的滚动阻力、空气阻力、坡道阻力和加速阻力，即有

$$P_t = P_e \eta_t \tag{11-20}$$

若经过详细推导，可以得到

$$P_e = f(\eta_t, W, f, u_{amax}, C_D, A) \tag{11-21}$$

式中，P_t 为牵引功率；η_t 为传动效率；W 为车辆所受的重力；f 为轮胎的滚动阻力系数；u_{amax} 为最高车速；C_D 为空气阻力系数；A 为车辆迎风面积。除 P_t 外，其余参数都与传动、车身和车架等设计有关，在车辆设计初步方案确定后，就应该根据需要选择发动机。

1. 汽车驱动力

汽车驱动力的计算可以从车轮受力分析推导，汽车车轮受力示意图如图 11-15 所示。

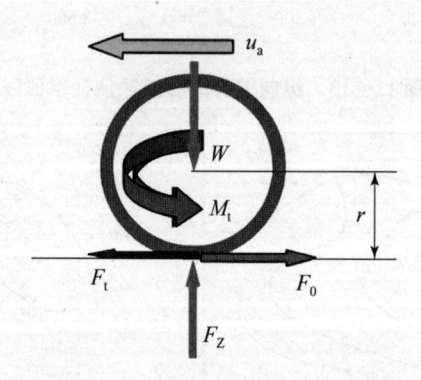

图 11-15　汽车车轮受力示意图

$$F_t = \sum F = \frac{M_t}{r} = \frac{T_{tq} \cdot i_k \cdot i_0 \cdot \eta_t}{r} \tag{11-22}$$

式中，M_t 为作用在驱动轮上的转矩；r 为车轮半径；T_{tq} 为发动机的输出转矩；i_k 为变速器的传动速比；i_0 为汽车主减速比；η_t 为传递效率。

传动系统的总传动比为各级传动比的乘积：

$$n_e/n_t = i_k \cdot i_0 \tag{11-23}$$

发动机转速与车速的关系可表示为

$$u_a = r\omega = r\left(\frac{2\pi}{60}\right)n_t = \left(\frac{\pi}{30}\right)\frac{rn_e}{i_k i_0} \tag{11-24}$$

将单位换算为 km/h，可得

$$u_a = 3.6\frac{\pi rn_e}{30 i_k i_0} = 0.377\frac{rn_e}{i_k i_0} \tag{11-25}$$

2. 汽车驱动特性

将汽车的车速与驱动力之间的函数关系称为汽车驱动特性，即

$$F_t = f(u_a) \tag{11-26}$$

根据式（11-25）结合发动机速度特性曲线，可以通过发动机转速获得对应扭矩，如图 11-16 所示。根据式（11-22）可知，由输出扭矩 T_{tq} 可获得汽车驱动力 F_t。由汽车驱动力特性曲线可知，对应四个挡位的驱动力分别为 F_{t1}、F_{t2}、F_{t3}、F_{t4}，与对应的阻力 $F_f + F_w$ 平衡关系如图 11-17 所示。其中，行驶阻力仅包含滚动阻力 F_f 和空气阻力 F_w，在设计汽车最高车速时，不考虑坡度阻力和加速阻力。因此，汽车对应的最高车速为 u_{amax}。

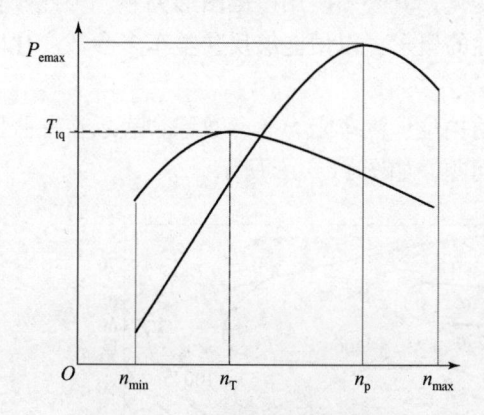

图 11-16　发动机速度特性曲线 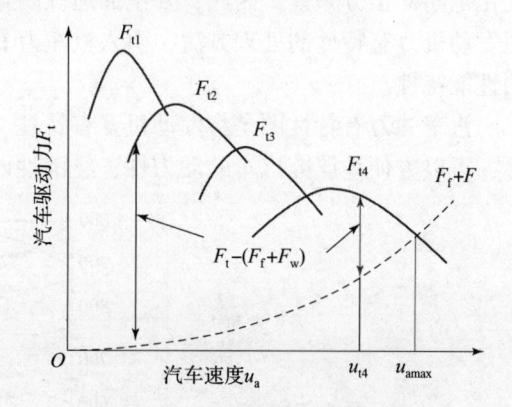　　　　图 11-17　汽车驱动力特性曲线

由图 11-17 可知，Ⅰ挡起步时，驱动力最大，则汽车的加速度最大，加速时间也最短。一般在匹配时，考虑如果两个驱动力曲线有交点时，换挡时刻设计在交点对应的车速，如果没有交点，则用较低挡位工作到发动机最高转速再换入更高挡位。

在汽车与发动机进行动力匹配的初期，首先要从保证汽车预期的最高车速来初步选择发动机应有的功率。最高车速虽然仅是动力性中的一个指标，但是，该指标实质上也反映了汽车的加速能力和爬坡能力。因为最高车速越高，要求的发动机功率越大；汽车在某个油门开度下能够发出的最大功率与阻力功率之差称为后备功率，后备功率越大，汽车的加速与爬坡能力就越好，这也是豪华轿车往往搭载大排量发动机的主要原因。

在给定汽车的总质量以及有关结构参数并且求出发动机功率后，为便于比较，常把发动机的最大功率与汽车总重力的比值 P_{emax}/W 称为汽车的比功率，一般中型货车的比功率为 10 kW/t 左右，中型客车的比功率为 8 kW/t 左右，轿车则要高得多，如 2 L 排量的轿车约为 50 kW/t。在军用车辆上，为了评价车辆的紧凑性，也有将发动机功率与动力传动装置或车辆的体积做比，得到相应的体积功率，单位是 kW/m³。

二、经济性匹配

从车辆的经济性角度来看,发动机的经济性能与汽车经济性能是两个既密切相关又有明显差异的概念。发动机的经济性是以有效燃油消耗率 $b_e[g/(kW·h)]$ 来衡量的,而汽车的经济性能是以汽车每行驶百公里所消耗的燃油量(又称使用油耗)$g_{100}(kg/100\ km)$ 或者 $L_{100}(L/100\ km)$ 表示的,g_{100} 与 u_a(u_a 为车速)两者之间的关系为

$$g_{100} = 100 \times \frac{B}{u_a} = \frac{P_e b_e}{10 u_a} \qquad (11-27)$$

百公里油耗与车速、发动机功率、发动机燃油消耗率等参数有关,百公里油耗是一种燃油消耗量参数,对于一台汽车来说,百公里油耗值越小,表明越省油,但是,发动机的效率不一定高,而发动机燃油消耗率是一个燃油消耗率参数,表征的是发动机热效率的概念,燃油消耗率越小,表明发动机热效率越高,因此,发动机最佳燃油消耗率与最低百公里油耗并不相同,也没有直接的对应关系。

由于发动机在运行过程中参数的变化本身就十分复杂,而汽车行驶阻力、车速、挡位等变化也同样十分频繁,因此,要全面地反映这些变化,就必须应用多维图形关系。为此,仿照发动机万有特性的处理方法,引入汽车万有特性的概念,以便能够反映整车多参数变化时的性能特性。

汽车的万有特性图是将发动机万有特性、传动挡位、汽车阻力等参数综合表示在一张图上,可以方便地研究汽车的动力性、经济性匹配问题,如图 11-18 所示。

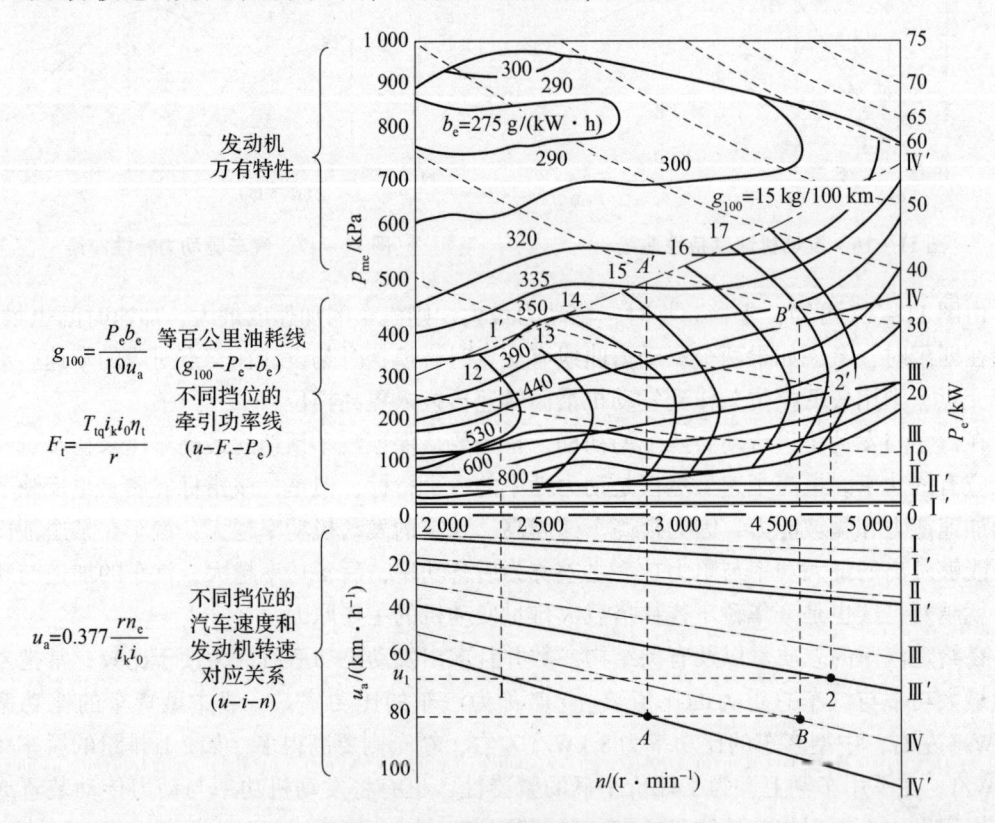

图 11-18 汽车的万有特性曲线

汽车的万有特性是建立在发动机万有特性的基础上的，可分为三个部分：发动机万有特性、等百公里油耗与牵引功率特性、不同挡位车速特性。

具体做图方法如下：在发动机万有特性曲线上，绘出不同挡位条件下的驱动功率线、等百公里油耗线以及车速与发动机转速的对应关系线，从而把发动机的万有特性和汽车的行驶特性根据驱动方程将两者建立联系，以便较为全面地反映汽车的各项性能指标。如图 11-18 所示，汽车万有特性的最上面部分是发动机的万有特性，中间部分是不同挡位的牵引功率线以及等百公里油耗 g_{100} 线，最下面部分是不同挡位的汽车速度与发动机转速的对应关系曲线。

从汽车万有特性曲线上，可以很方便地确定发动机的状态。例如，在已知车速与挡位的前提下，在汽车万有特性的第三部分可以确定发动机的转速，然后从该点引垂直线向上，与中间部位该挡位对应的牵引功率曲线相交，即为此时发动机的工况点，从而可以求出发动机此时的有效燃油消耗率、功率以及汽车的使用油耗等值。

汽车万有特性的特点是将千变万化的汽车运行工况以清晰明了、直观的形式表达在一张图上，揭示了发动机性能、传动系统参数以及汽车整车性能三者之间的内在联系，为全面分析与评价汽车性能、与发动机进行合理匹配提供了非常方便、直观的研究手段。

从汽车万有特性曲线上，要求直接挡或超速挡的常用道路阻力曲线接近发动机低油耗区，且范围要大。这是判断汽车与底盘在经济性能匹配方面是否成功的最直接方法。单纯改变传动比，使发动机在平均有效压力较高而燃油消耗率较低的情况下工作，并不能降低汽车的使用油耗，应设法使发动机万有特性的低油耗区移至中等转速、较低负荷区，也就是说，设法使发动机的经济区位于常用排挡、常用车速区。这就要求在选择发动机时，对其特性要提出具体的要求，或者设法改变发动机的特性曲线，以适应汽车使用的要求。

从使用的角度来看，相同的车速可以通过不同的挡位实现，例如，车速 75 km/h，可以用 Ⅳ 挡行驶，也可以用 Ⅲ 挡行驶，从图中可知，1 点是使用 Ⅳ 挡行驶的情况，对应的百公里油耗是 12.5 kg/100 km，2 点是使用 Ⅲ 挡，对应的百公里油耗是 17 kg/100 km。因此，从经济性来说，在汽车行驶时，一般尽量使用高速挡，在高速挡不能行驶的情况下才换入低速挡。

发动机经济性匹配遵循以下几个原则，能尽可能减少油耗：

(1) 仅从车辆的经济性考虑时，发动机最经济区域应尽可能匹配在低功率和低转速区域，以及汽车常用工况区域。

(2) 同样车速不同挡位的匹配，遵循能用高挡位尽量用高挡位，因为同样的车速，高速挡对应发动机转速低，但是功率增加不多，总的燃油消耗量会较小。

(3) 相同挡位，不同车速情况时，车速较低时百公里油耗较小，因为相同挡位下，风阻与车速平方成正比，车速越高阻力越大。

(4) 挡位设置遵循挡数合理，挡位间隔合理，一般按等比级数设计。

(5) 最佳经济换挡规律设计原则：尽可能停留在高速挡运行。

思 考 题

1. 什么叫发动机速度特性？研究发动机速度特性的目的是什么？
2. 试述外特性、部分速度特性和负荷特性的定义。

3. 分析汽油机和柴油机外特性的差异。
4. 简述工作稳定性的扭矩适应性系数的定义。
5. 分析汽油机和柴油机负荷特性的差异。
6. 为什么柴油机的燃油消耗率比汽油机的低？
7. 试述万有特性的作用。

第十二章
发动机增压

第一节 概　　述

汽车发动机增压是指将进入发动机气缸的空气或可燃混合气预先进行压缩，以提高进入气缸的空气或可燃混合气的密度，从而使充入气缸的气体质量增加，在供油系统的适当配合下，使更多的燃料参与燃烧，达到提高发动机动力性、提高升功率、改善燃料经济性、降低废气排放和噪声的目的。发动机增压技术是提高发动机功率，尤其是提高升功率最重要的技术途径。

根据发动机功率计算公式可得：

$$P_e = \frac{p_{me} V_h n i}{30\tau} \qquad (12-1)$$

式中，P_e 为发动机的标定功率，kW；p_{me} 为平均有效压力，MPa；V_h 为单缸工作容积，L；n 为发动机转速，r/min；i 为汽缸数；τ 为冲程数，四冲程为4，二冲程为2。

根据发动机升功率的定义可知，当发动机的结构参数确定后，升功率与平均有效压力及转速成正比，而与冲程系数成反比，即

$$P_L \propto \frac{p_{me} n}{\tau} \qquad (12-2)$$

由式（12-2）可知，要提高发动机的升功率 P_L，有三个途径：①减少冲程数，即采用二冲程（$\tau=2$）；②提高发动机转速 n；③提高平均有效压力 p_{me}。

从理论上讲，二冲程发动机是提高升功率非常直接和有用的技术途径，在军用发动机领域，目前世界上升功率最高的军用柴油机也是二冲程发动机结构，但是由于其经济性差、热负荷高、排放性能差等一些不足和技术瓶颈，使其在民用汽车领域中不能得到广泛应用。

提高发动机转速也是提高升功率的有效途径之一，但是，转速提高带来的问题是运动件惯性力按转速二次方递增，且转速提高会导致活塞平均速度增加，进而影响发动机的可靠性，因此，在工程技术上，转速的提高受到了一定的限制。

相对来说，对于发动机结构改动不大的情况下，增加平均有效压力 p_{me} 来提高升功率是工程实际中切实可行的方法。其中，最有效的增加平均有效压力的方法就是增大进气密度，即所谓的增压。

增压就是利用专用的装置（增压器）在进气过程中采用强制的方法，将新鲜气体送入

气缸，使气缸内进气量大大高于自然进气的进气量，其平均有效压力的数值可以大幅度地提高。因此，增压不仅是目前发动机提高升功率的最切实可行的方法，而且也是高原低气压地区防止发动机因空气稀薄而导致功率下降、耗油率上升的最有效措施。

第二节 发动机增压

一、增压度与压比

1. 增压度 λ_Z

$$\lambda_Z = \frac{P_{eZ}}{P_{e0}} = \frac{p_{meZ}}{p_{me0}} \approx \frac{\rho_k}{\rho_0} \tag{12-3}$$

式中，P_{eZ}、p_{meZ}、ρ_k 为增压后的发动机功率、平均有效压力及进气密度；P_{e0}、p_{me0}、ρ_0 为未增压时的发动机功率、平均有效压力及进气密度。

2. 压比

增压后，压气机出口压力 p_k 与压气机入口压力 p_0 之比称为增压压比。增压压比 π_k 可表示为

$$\pi_k = \frac{p_k}{p_0} \tag{12-4}$$

按增压压比大小，大致可以划分成四个等级：
(1) 低增压：$1.3 \leq \pi_k \leq 1.6$，$0.7 \text{ MPa} \leq p_{me} \leq 1.0 \text{ MPa}$；
(2) 中等增压：$1.6 < \pi_k \leq 2.5$，$1.0 \text{ MPa} < p_{me} \leq 1.5 \text{ MPa}$；
(3) 高增压：$2.5 < \pi_k < 3.5$，$p_{me} > 1.5 \text{ MPa}$；
(4) 超高增压：$\pi_k \geq 3.5$，$p_{me} > 2.0 \text{ MPa}$。

增压发动机工作循环始点的气体压力和温度都高于非增压发动机。因此，用增压的方法来提高发动机的功率指标也有一定的限度，主要受到以下因素的约束。

(1) 机械负荷增大。随着增压压力 p_k 的提高，平均有效压力增加，最大爆发压力也相应提高，这使发动机的气缸盖、曲柄连杆机构和轴承等主要零件所承受的机械负荷增大。

(2) 热负荷增加。发动机增压后，工作循环的温度普遍升高，这使得与燃气直接接触的缸盖、缸套、活塞及气门等零件承受的热负荷也增大；而且高热负荷还使金属材料的机械性能变差、润滑油变质炭化。

(3) 温度升高带来的材料问题。受制造增压器的耐热材料许用温度的限制。

二、增压的基本类型

发动机增压根据驱动压气机的动力来源不同，可分为机械增压、废气涡轮增压、复合增压等三种形式，如图12-1所示。

机械增压是利用曲轴通过机械传动装置驱动压气机进行进气增压，这种形式的增压发动机最大的优点是发动机与压气机的匹配较好，发动机转速变化可以直接导致压气机流量的变化，加速响应性好，扭矩特性好。主要缺点是传动复杂，且要消耗曲轴功率而使机械效率下降，燃油消耗率上升。如图12-2所示为机械式增压器。

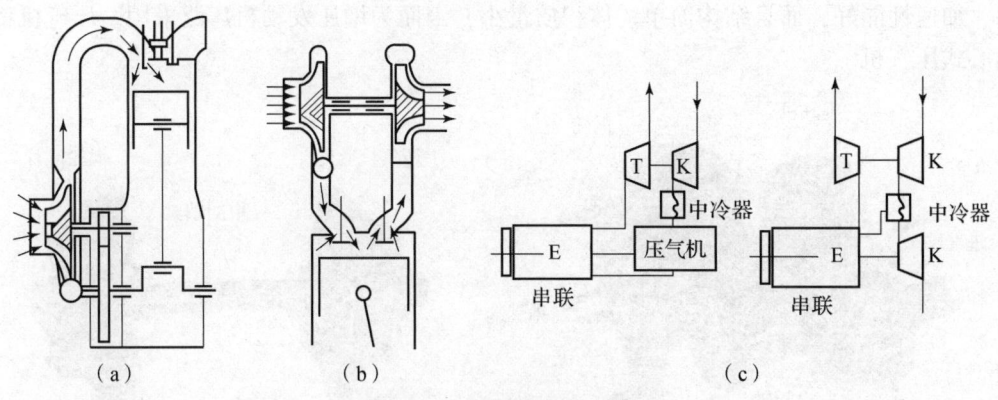

图 12－1　发动机增压简图
(a) 机械增压；(b) 废气涡轮增压；(c) 复合增压

图 12－2　机械式增压器
(a) Roots 转子泵压气机；(b) 离心式压气机

废气涡轮增压是利用排气过程中所排出废气的剩余能量来带动压气机。由于充分利用了排气的能量，不仅使发动机的功率上升，而且燃油消耗率反而下降，改善了经济性；由于增压器与发动机只有管道连接而无刚性传动，使结构大大地简化了。

复合增压就是利用上述两种增压方式的联合工作。

由于废气涡轮增压的突出优点，目前车用发动机的增压大都采用这种类型。

第三节　废气涡轮增压器

一、废气涡轮增压器的结构及工作原理

车用废气涡轮增压发动机的结构如图 12－3 所示。废气涡轮增压器由涡轮、压气机及中间壳体等三部分组成，中间壳体的两端分别与压气机、涡轮相连接。涡轮叶片置于涡轮壳内，压气机叶轮置于压气机壳内，其中，涡轮叶片与压气机叶轮用同一根轴相连（见图 12－3(b)），组成了涡轮增压器的转子，整个转子支承在中间壳体的轴承上，中间壳体内有密封装置、润滑油路及冷却系统。发动机的排气管与涡轮法兰相连，进气管与压气机进气端法兰连接。涡轮按气体流动方向可分成轴流式和径流式两种，由于径流式废气涡轮效

率高、加速性能好，而且结构简单、体积质量小，因而为增压发动机广泛采用。压气机都采用离心式压气机。

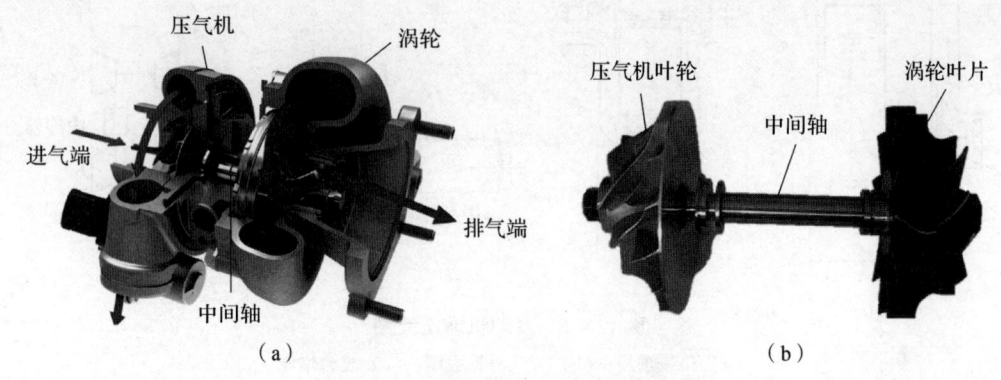

图 12-3　废气涡轮增压器结构示意图
(a) 增压器结构；(b) 叶片总成

发动机在连续不断的工作中将高温、高压废气从排气门排出，废气涡轮增压器的涡轮入口连接在排气管上，高温、高压废气由排气管经涡轮壳中的喷嘴环进入涡轮，喷嘴环设计成收缩形，废气在喷嘴环中继续膨胀，使其压力和温度下降，而气流速度迅速上升，废气在喷嘴环中按一定方向高速喷出，推动涡轮叶片高速转动，膨胀做功后的废气由轴向出口排出。废气涡轮增压器工作原理示意图如图 12-4 所示。

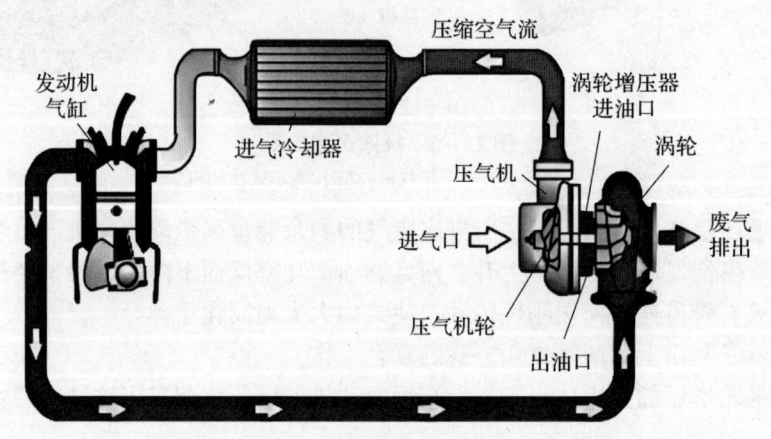

图 12-4　废气涡轮增压器工作原理示意图

在排气推动涡轮叶片高速转动的同时，也带动同轴的压气机叶轮以同样的速度旋转，经过滤清的空气由轴向被吸入压气机壳内，高速旋转的压气机叶轮将吸入的空气甩向叶轮外缘，使其压力与速度提高，被提高压力和速度的空气进入压气机壳中的扩压器，扩压器的形状是进口小、出口大，使压力进一步提高而速度则下降，由于压气机的环形涡壳断面也是由小到大，空气由涡壳处流出压气机时，压力继续提高。这些压力较高的空气由发动机进气管进入气缸，由于经过扩压，使进入气缸的空气密度有较大的提高。由于经过压气机的空气被压缩、温度会升高，更高的温度一方面会导致进入气缸的气体燃烧温度升高，增加发动机的热负荷，另一方面，温度升高也会使气体密度降低，因此，在压气机出口和进气门中间往往加装一个中间冷却器（简称中冷器），用于降低经过压气机后的气体温度，使进气密度进一步提高的同时减小缸内工作温度。

由于压气机所消耗的功率完全由废气涡轮所提供，不需消耗发动机本身的功率，从而提高了发动机的机械效率。在非增压柴油机上简单改装采用增压措施后，其功率可提高30%~50%，燃油消耗率可降低5%左右。另外，由于工作循环温度较高，使燃烧过程进行得比较完善，废气中的有害排放物的含量下降，减少了排气污染。

由于发动机与废气涡轮增压器联合工作时能量传递的特点，使增压发动机的加速性及转矩特性不如非增压发动机。随着涡轮增压器向小型化轻量化发展，以及和发动机合理的匹配，目前在增压度不高时（p_{me} < 1 MPa），上述的问题可以得到较好地解决。

二、废气涡轮增压类型

废气涡轮增压按照废气能量的利用方式可分成等压增压与脉冲增压两种类型，排气系统结构如图12-5所示。

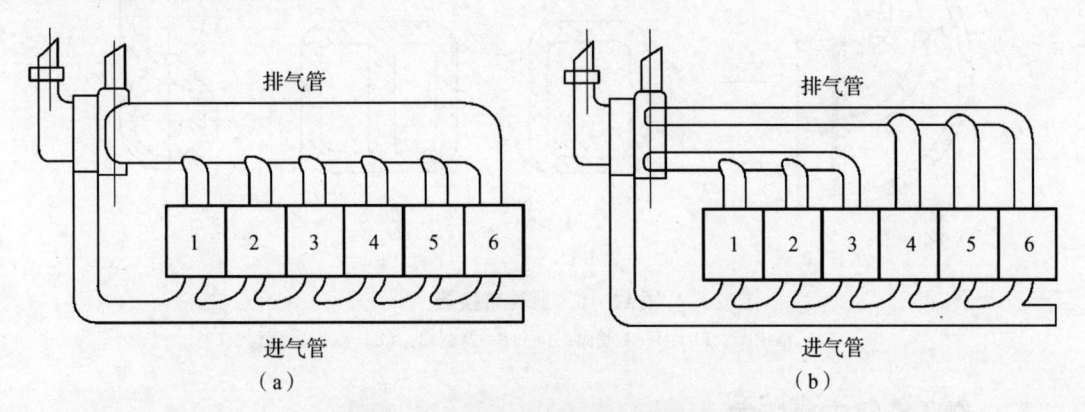

图 12-5　废气涡轮增压的两种基本形式
(a) 等压增压；(b) 脉冲增压

1. 等压增压

等压增压就是将所有各缸的废气首先排到一个容积较大的排气总管中，再由排气总管导入废气涡轮。由于排气总管起到稳压箱的作用，进入涡轮前的气体压力脉动较小。尽管各缸交替排气，但是，在排气总管的稳压作用下，进入涡轮处的压力基本不变，因此，这种增压方式只能利用废气在涡轮中的膨胀功，而不能将废气的脉冲能量全部利用。等压增压的优点是排气管结构简单，并能保证涡轮有较高的效率，一般用于大型高增压柴油机。

2. 脉冲增压

脉冲增压是将排气管做成分支形式，各分支的排气管分别与涡轮进口相连接，因此脉冲增压的涡轮有多个进气口。对于四冲程发动机来说，排气门开启至关闭约延续240°CA，而且在排气末期与进气门有气门重叠，便于进行燃烧室扫气，只有使排气管内保持完整的排气脉冲波，才能更好地利用废气能量及改善扫气条件。因此，在脉冲增压组织排气管分支时，应使发火间隔相差240°CA以上的各缸排气管连在一起。一根排气管所连接的气缸数可以是两缸或三缸。更多的气缸连在一根排气管上将会由于排气重叠而使脉冲式增压系统接近等压增压系统。

实践证明，当增压压比不超过1.6~1.8时，脉冲能量可以得到最有效的利用。因此，脉冲增压一般用于低增压。

当发动机气缸数目为 3 的倍数时，四冲程发动机把发火间隔为 240°CA 的三个气缸连成一个排气支管可以组成一个理想的脉冲增压系统。但对于气缸数为非 3 的倍数时（如 4、5、8、10 缸），为使气缸之间排气不发生干扰，只能将发火间隔大于 240°CA 的各缸连在一个排气管分支上，由于在支管中，排气间隔大于排气延续时间，便产生了对涡轮的不连续供气，或称间歇供气。间歇供气使排气管中反复产生抽空和充填，废气流动损失增加，可用能量减少，同时也使涡轮效率下降。为了克服上述缺陷，通常在 4 缸、5 缸、8 缸、10 缸及 16 缸等增压发动机上采用脉冲转换器。

脉冲转换器的构造如图 12-6 所示，其进口与排气管相连。该转换器的管道截面收缩成喷嘴状，使气体加速。该转换器的出口处是混合管，从两个排气支管排出的气体进入转换器后，在混合管混合后进入涡轮的进口，这样就可以保证不间断地向涡轮供气。

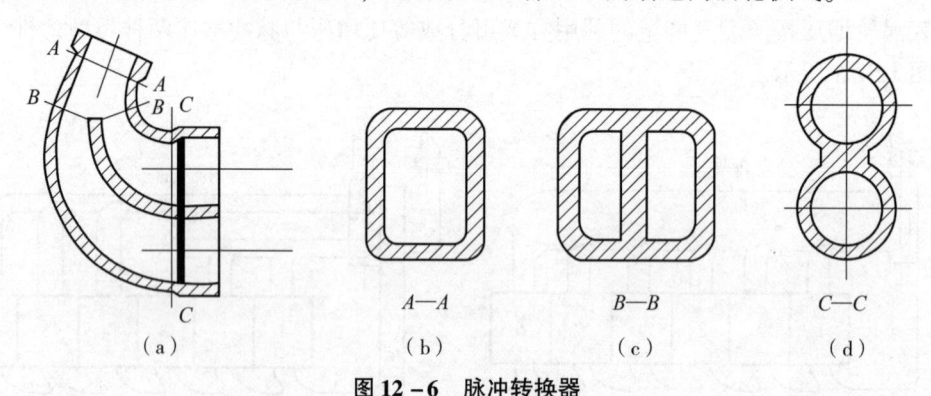

图 12-6 脉冲转换器
(a) 结构图；(b) A—A 截面；(c) B—B 截面；(d) C—C 截面

三、增压空气中冷技术

随着增压压力 p_k 的提高，发动机功率也不断增加，但功率的增加与增压压力的提高并不是线性关系。在增压压力 p_k 较低时，功率对 p_k 的增长率较高。而当增压压力 p_k 较高时，功率对 p_k 的增长率较低。这是因为空气被压缩后温度上升，空气密度不是随 p_k 的上升而成正比地增大，为了提高发动机功率，有必要对增压后的空气进行冷却，以提高它的密度，这就是增压空气的中间冷却，也就是前述的中冷器。

根据试验数据，增压空气的温度每降低 10 ℃，发动机功率大约可提高 2.5%，燃油消耗率减少 1.5%，排气温度可降低 30 ℃左右，另外，采用中冷器后还能减少冷却水带走的热量，因而可缩小散热器的尺寸并减少驱动风扇的功率。

中冷器的冷却介质可以是水，也可以用空气。在车用发动机上，若采用独立的水冷系统，则结构过于复杂，若利用发动机冷却水来冷却中冷器，则中冷效果较差，因此，较好的冷却方式是采用空气冷却。

第四节　增压器与发动机的匹配

发动机与废气涡轮增压器之间没有机械联动，仅仅是通过气动、气流进行联系，即发动机的排气气流通过涡轮时，推动涡轮旋转，涡轮驱动同轴的压气机旋转，压气机将进气加压后送入发动机气缸，废气涡轮增压器与发动机之间只是通过发动机的进排气流动联系起来。因此，增压器与发动机的匹配就是将发动机在不同转速、不同负荷下的耗气特性与增压器的压气机特性进行匹配。良好的增压器匹配可以满足发动机在最低转速到额定转速范围内，负荷从怠速负荷到满负荷的全部工况范围内，废气涡轮增压器的涡轮与压气机的联合运行工作特性可以覆盖上述发动机的全工况耗气特性，并彼此配合协调。

离心式压气机特性指的是在相同转速条件下，压气机的增压比和效率随压气机流量的变化关系，也称为压气机的流量特性。压气机的特性曲线以质量流量为横坐标，增压比和效率为纵坐标，转速为变化参数。一般情况下，为了使用和查阅方便，将等熵效率以等值线的形式绘制在压气机的流量－压比特性曲线上，从而可以方便地看出各个工况下压气机的工作参数之间的相互关系，如图 12-7 所示。

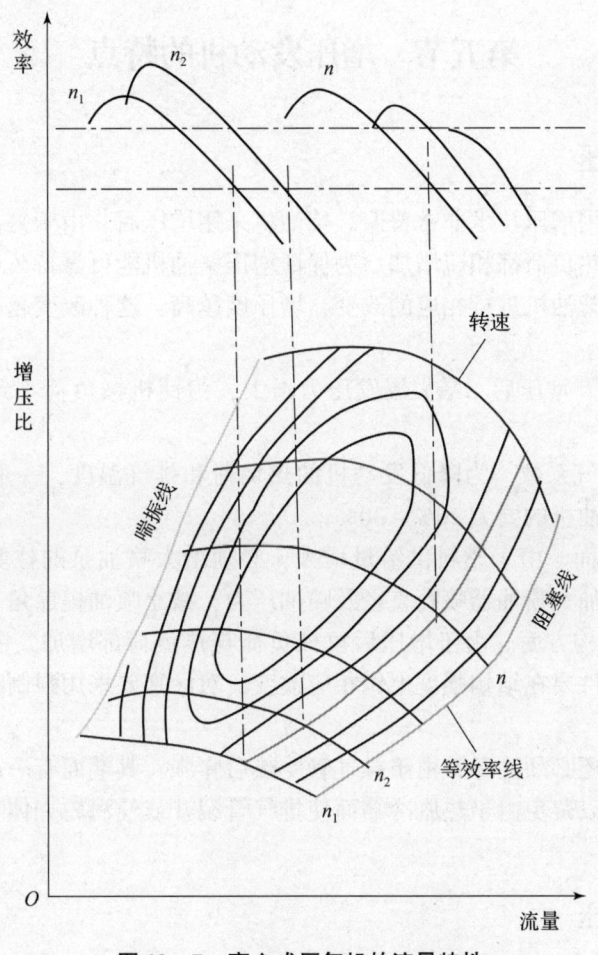

图 12-7 离心式压气机的流量特性

压气机在一定的转速下工作时，当压气机的气体流量减小到一定程度后，气体就会在叶轮或扩压器入口处出现边界层的分离，导致气体回流，分离涡迅速扩展到压气机通道的其他部分，气流出现强烈的震荡，引起工作轮叶片强烈地振动，并产生很大的噪声，这一现象称为压气机的喘振。把压气机出现喘振的工作点称为喘振点，对应的流量就是喘振流量。每一个转速下都会有一个喘振点，所有喘振点的连线称为喘振线，如图 12-7 所示，随着压气机转速的提高，喘振点对应的流量和增压比也增大。

当压气机工作在喘振线右侧时，属于稳定工作区，而在喘振线左侧运行时，压气机就会因为喘振而不能稳定工作，出口压力显著下降，并伴随很大的压力波动，严重时会造成压气机的叶片损坏，因此，匹配压气机时不允许在喘振区工作。

另外，当压气机流量超过设计工况点后，压气机的增压比和效率均急剧下降，而流量不会再增加，这一现象称为压气机的堵塞。产生压气机堵塞的原因是通道中某个界面上的气流速度达到当地声速，从而限制了流量的增加。压气机堵塞时所对应的气体流量称为堵塞流量，在工程实际中，一般规定当效率降低到55%时，就认为出现了堵塞。

离心式压气机在大流量时可能发生堵塞，在小流量时又可能引起喘振，因此在设计或选配时应保证压气机具有宽泛的工作范围，以满足发动机对气量的需求。

第五节　增压发动机的特点

一、柴油机增压

目前，柴油机采用增压技术非常普遍。柴油机采用增压后，由于每循环供给的燃油量增大，它的机械负荷、热负荷都相应增加。为保证增压柴油机能可靠持久地工作，并与增压器良好地配合，必须对柴油机进行相应的改变，增压度越高，这种改变越大。主要改变有以下几个方面：

（1）降低压缩比。增压后，最大爆发压力增大，为使机械负荷不致过高。一般可取压缩比为12~14。

（2）增大过量空气系数。为降低发动机的热负荷和排气温度，一般增压柴油机的过量空气系数比不增压柴油机的要大10%~30%。

（3）供油系统方面。由于燃料供给量增大，必须增大喷油泵的柱塞直径；由于压缩终点压力的提高，必须加大喷油器喷孔直径及喷油压力，减小喷油提前角。

（4）曲柄连杆机构方面。由于增压后机械负荷与热负荷都增加，主要承受机械负荷的曲柄连杆机构的各零件要在结构强度上做相应改变，对活塞要采用强制冷却措施，以降低其热负荷。

除上述几项外，还必须注意，由于排气管受热后膨胀，其端面有一定的位移，排气管与涡轮必须弹性连接，以避免由于热胀冷缩而使排气管裂开或使涡轮壳体变形，破坏发动机与增压器的正常工作。

二、汽油机增压

汽油机采用增压技术与柴油机相比存在一些技术难点，表现为：

（1）汽油机增压易发生爆燃。增压使压缩终了混合气的温度、压力趋于升高，致使爆燃的倾向增大。

（2）汽油机增压后热负荷较大。汽油机混合气的浓度范围窄（过量空气系数 $\alpha = 0.85 \sim 1.1$），燃烧时的过量空气少，造成单位数量混合气的发热量大；同时，汽油机又不能通过增大气门重叠角加大扫气来冷却受热零件（如气门、燃烧室等），造成汽油机在增压后的热负荷偏高，增压后热负荷大又促使爆燃倾向的发生。

（3）汽油机与增压器匹配困难。与柴油机相比，汽油机的转速范围宽，从低速到高速混合气质量流量变化大。当节气门突然开大时，增压器响应滞后造成动力响应的滞后。

汽油机增压后发动机排气温度高，易造成增压器损坏，并出现低速时增压压力不足，高速时增压压力过高及寿命降低的情况。要解决汽油机增压存在的问题，首先要在不影响汽油机的其他性能的条件下防止爆燃和控制增压压力，其具体措施有：

（1）降低压缩比。降低压缩比可以降低压缩终了混合气的温度，控制爆燃的发生，这是增压后解决爆燃的常用方法。试验证明：自然吸气发动机原机压缩比为9~10，将压缩比减小到6~7，就可以不做其他调整而有效地控制爆燃。

（2）增压中冷。增压后进行中冷，若使进气温度冷却至60 ℃，即使压缩比为9~10，发动机仍可避免发生爆燃。

（3）对增压压力进行控制。采用进气节流阀、排气放气阀或可变截面涡轮等方法，实现对增压压力的控制。以适应车用汽油机工作转速范围较宽、进气质量流量变化范围大的使用条件。

（4）其他措施。①改善燃烧室结构，缩短火焰传播距离，避免发生爆燃；②燃用高辛烷值的汽油，提高发动机抗爆性；③减小点火提前角；④采用汽油缸内喷射技术。

目前，最有效的措施是采用爆燃传感器反馈控制的电子控制汽油喷射系统来自动控制发动机的点火正时，实现点火正时的优化控制，有效地防止爆燃。电子控制汽油喷射技术的普及为汽油机增压技术的发展提供了条件。

思 考 题

1. 发动机增压的目的是什么？试述 λ_z、π_k 的定义。
2. 增压系统有哪些基本类型？
3. 废气涡轮增压的基本原理是什么？废气涡轮增压有哪些基本类型？
4. 增压柴油机相对非增压柴油机在结构上需做哪些改变？
5. 汽油机增压的主要难点和解决措施是什么？

第十三章
发动机的污染与控制

大气污染、水污染和噪声污染是当今世界三大公害,发动机排放与大气污染密切相关。随着人们生活水平的提高和汽车保有量的不断增加,汽车排放已成为主要的大气污染源之一。尤其是在人口密集、汽车密度大、交通拥挤的城市中,汽车对大气的污染正越来越受到人们的重视。世界各国纷纷制定了各自的汽车排放控制法规,尤其是美国加州法规最为严格,欧洲、日本次之。20世纪80年代以来,我国的汽车保有量以惊人的速度增长,加上我国城市路况差、交通拥挤,北京、上海、广州等主要城市的汽车排放污染极为严重。

发动机对环境的污染主要来自排气产物,汽油机的主要污染物是CO、NO_x和HC,柴油机最重要的排气污染物是微粒和NO_x。发动机排气中另一种主要的污染物是CO_2,也是碳排放的主要来源,所以,虽然CO_2对人体无害,但是,近年来,汽车碳排放受全球的广泛关注。

从健康的角度讲,大剂量的CO可致人死亡,虽然健康人群可以忍受目前城市中CO的浓度,但对肺病或心脏病患者就比较糟糕,由于CO被人体吸收后与血红蛋白结合成稳定的碳氧血红蛋白,使血红蛋白失去携氧能力而造成低氧血症,严重时可致人死亡,吸烟者特别容易受到伤害,这是因为吸烟使他们的血液已经受到了严重的污染。由于CO已经产生了都市问题,城市中必须将CO控制在一个较低的水平。

NO_x是NO、NO_2等氮氧化物的总称,它刺激人眼黏膜,容易引起结膜炎、角膜炎,严重时还会引起肺气肿。

HC对人眼及呼吸系统均有刺激作用,对农作物也有害。排气中的HC和NO_x在一定的地理、温度、气象条件下,经强烈的阳光照射,会发生光化学反应,生成以臭氧(O_3)、醛类为主的过氧化产物,称为光化学烟雾。臭氧具有独特的臭味和很强的毒性,醛类对人眼及呼吸道有刺激作用。此外,上述危害物还会妨碍生物的正常生长。

柴油机废气的微粒排放是指经过空气稀释、温度降到52℃后,用涂有聚四氟乙烯的玻璃纤维滤纸收集到的除水以外的物质。吸附物中有多种多环芳香烃(PAH),具有不同的致癌作用。

在所有这些有害成分中,CO、HC和NO_x以及柴油机的微粒是主要的污染物质,目前汽车的排放标准和净化措施也旨在降低这几种成分的含量。

第一节 汽油机主要污染物及生成机理

采用汽油机的汽车对大气产生的污染一般有以下几个方面:①汽油机排气污染占汽油机总污染量的65%~85%,其中,有害气体成分包括未燃或不完全燃烧的碳氢化合物HC、

CO、NO_x，以及微量的醛、酚、过氧化物有机酸等；②曲轴箱通风污染，占20%，主要成分是未燃烃HC；③汽油箱蒸发污染，占总污染的5%，主要是汽油中轻馏分的蒸发损失；④油路、油嘴等部件燃油的蒸发和泄漏污染，占5%~10%；⑤汽油中若含铅、磷等杂质形成的铅磷污染。如图13-1所示为汽油车主要污染物的来源。

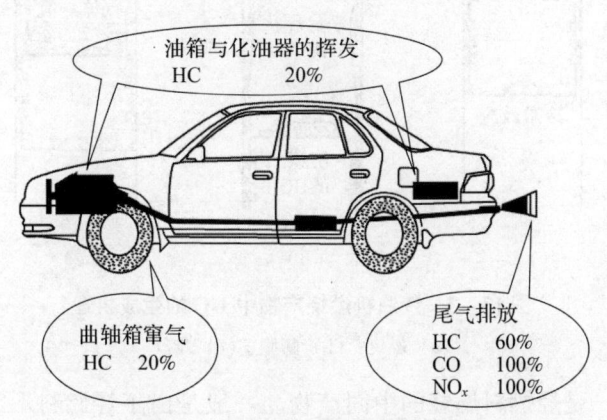

图13-1 汽油车主要污染物的来源

汽油机的排放物受过量空气系数 α 的影响较大，当 $\alpha > 1$ 时，属于稀混合气燃烧，因此，HC 和 CO 的排放较小，一直到 $\alpha = 1.2$ 都基本保持不变；当 $\alpha > 1.2$ 时，由于混合气浓度过稀，导致燃烧稳定性变差，因此，导致 HC 排放开始上升，如果发生失火现象，HC 将急剧上升。HC 排放随混合气浓度的变化趋势如图13-2所示。

除了上述所述 HC 产生的主要原因，排气中的 HC 还来源于以下几个方面：

（1）冷激效应，燃烧室壁面对火焰的迅速冷却使燃烧链反应中断，使化学反应缓慢或停止，结果火焰不能一直传播到缸壁表面，就会在表面上留下一薄层未燃的或不完全燃烧的混合气。狭缝效应是冷激效应的主要表现，汽油机燃烧室中各种狭窄的缝隙，如活塞、活塞环与气缸壁之间的间隙，火花塞中心电极周围，进排气门头部周围以及气缸衬垫、气缸边缘等地方，火焰很难在狭缝中传播，容易产生未燃烃，因而提高气缸壁面温度对于降低未燃烃的排放浓度是很有必要的。

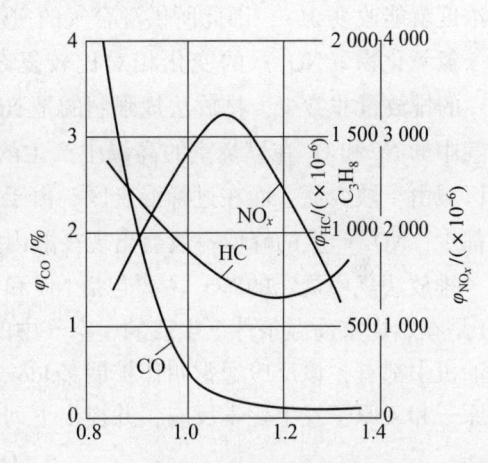

图13-2 过量空气系数对汽油机排放物的影响

（2）燃料不完全燃烧，当发动机运行时，如果混合气过浓或过稀，或者是残余废气稀释严重，则在某些循环中可能引起火焰传播不完全甚至完全断火，致使未燃烃的排放量显著升高。

（3）润滑油膜中碳氢的吸收和解吸，开发低溶解性燃油，增加壁面温度是减少 HC 排放的有效方法。

（4）在二冲程汽油机中，由于用汽油空气混合气对气缸进行扫气，使部分混合气不经燃烧就吹过气缸直接进入排气管。

汽油机燃烧产物中 HC 的生成机理如图13-3所示。

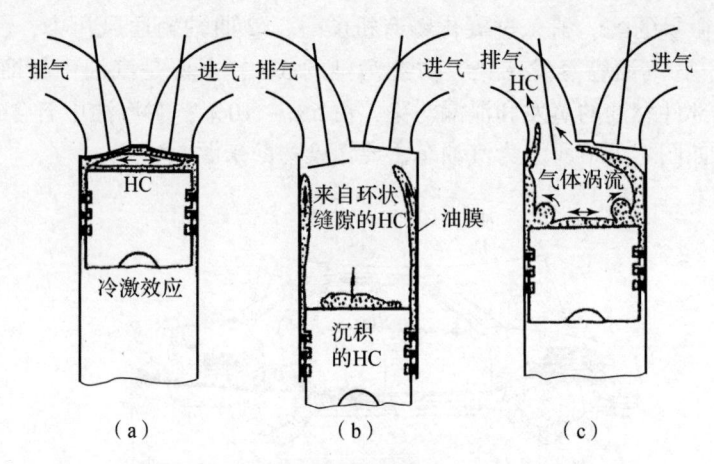

图 13-3 汽油机燃烧产物中 HC 的生成机理
(a) 燃烧；(b) 膨胀；(c) 排气

一氧化碳（CO）是烃燃料燃烧的中间产物。一般是由于烃燃料不完全燃烧产生的。理论上讲，如果空气量充分时不会生成 CO，当空气量不足，即混合气浓度小于理论空燃比 14.7 时，就有部分燃料不能完全燃烧而生成 CO。然而，在实际的汽油机中，由于混合气的形成与分配不均匀的缘故，在稀混合气条件下也有可能存在 CO，但是 CO 的排放浓度要比浓混合气时的低。所以在发动机排气中，总会有少量的 CO。由此可见，CO 的排放浓度基本上取决于空燃比，根据图 13-2，在使用浓混合气时，空燃比每改变 1 个单位，排气中 CO 的浓度就能改变 3%，因此所供混合气的空燃比对 CO 排放量的影响是很大的。

氮氧化物（NO_x）的变化相对比较复杂，由于发动机排气中 NO_x 的主要成分是 NO，NO_2 的排放量非常少，排放法规限制的是 NO_x 的总和。一般认为 NO_x 主要就是 NO，NO_x 是空气中的 N_2 和 O_2 在燃烧室的高温中产生的。气缸内 NO_x 生成的条件是高温富氧，在浓混合区域由于缺少氧，而在过稀混合区，由于混合气温度低，所以这两种情况下，NO_x 的生成量都少，NO_x 产生的峰值一般会出现在缸内空燃比约为 16 的稀混合区。

排放法规中规定的 NO_x 主要包括 NO 和 NO_2，然而迄今为止发动机中的 NO_x 主要是 NO。NO 是在燃烧室高温条件下生成的，空气中的氮气和氧气发生氧化反应产生的，在汽油机和柴油机中都有，该反应通常叫作扩展 Zeldovich 反应，因为 Zeldovich 首先注意到高温条件下氮原子和氧原子发生化学反应，并提出下列反应方程

$$O_2 \Leftrightarrow 2O$$
$$O + N_2 \Leftrightarrow NO + N$$
$$N + O_2 \Leftrightarrow NO + O$$
$$OH + N \Leftrightarrow NO + H$$

上面最后一个反应主要发生在非常浓的混合气中，由于 NO 的生成反应比燃烧反应慢，所以只有很少一部分 NO 产生于非常薄（约 0.1 mm）的火焰反应带中，大部分 NO 在离开火焰的燃气中生成，NO 的生成强烈依赖于温度。化学动力学研究表明：当反应物温度从 2 200 ℃ 提高到 2 300 ℃ 时，NO 的生成率几乎翻一番，氧浓度提高也使 NO 生成量增加，高温持续时间越长，NO 的生成量越高。

第二节　柴油机主要污染物及生成机理

柴油机中 CO 生成的原因与汽油机一样,都是由于燃料燃烧不完全所产生的。虽然柴油机燃烧时,过量空气系数总是大于 1,但由于混合气不均匀,局部缺氧,因此柴油机排放产物中总存在少量的 CO,但与汽油机相比,其排放量要少得多。

柴油机中 HC 生成的原因与汽油机相比有很大区别,由于柴油机的工作原理是压燃着火,燃油停留在燃烧室中的时间比汽油机短得多,因而受壁面冷激效应、狭隙效应、油膜吸附、沉积物吸附作用较小,这是柴油机中 HC 排放较低的主要原因。

柴油机燃烧室中由喷油器喷入的柴油与空气形成的混合气可能太稀或太浓,使柴油不能自燃,或使火焰不能传播。如在喷油初期的滞燃期内,可能因为油气混合太快使混合气过稀,生成未燃 HC;而在喷油后期的高温燃气气氛中,可能因为油气混合不足使混合气过浓,或者由于燃烧淬熄产生不完全燃烧产物随排气排出,但这时较重的 HC 多被碳烟吸附,构成微粒的一部分。

因此,柴油机中未燃 HC 的排放主要来自柴油油束外缘的稀混合区域,结果造成柴油机怠速或小负荷运转时的 HC 排放高于全负荷工况。柴油机污染物排放量与过量空气系数的关系如图 13-4 所示。

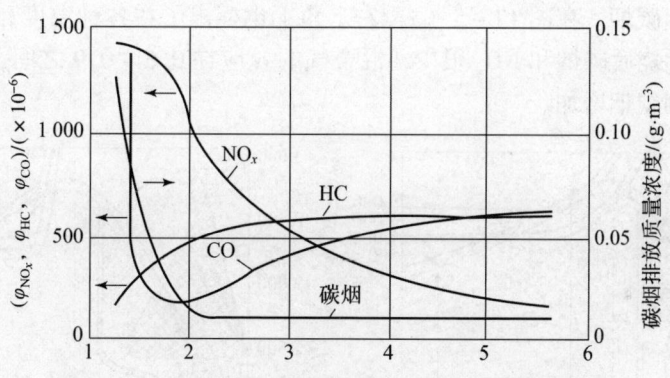

图 13-4　柴油机污染物排放量与过量空气系数的关系

对于柴油机来说,高压喷油器的残油腔容积对 HC 排放的影响也很重要,该容积是指喷油器嘴部针阀座下游的压力室容积,加上各喷油孔通道的容积,在喷油结束时,这个容积仍充满柴油。在燃烧后期和膨胀初期,这部分被加热的柴油部分汽化,并以液态或气态低速穿过喷嘴孔进入气缸,缓慢地与空气混合,从而错过主要燃烧期。研究证明:残油腔容积中的柴油大概有 1/5 左右以未燃 HC 的形式排出。

另外,与汽油机类似,火焰在壁面上淬熄也是柴油机 HC 排放的一个来源,取决于柴油喷注与燃烧室壁面的碰撞情况。采用油膜蒸发混合的柴油机,尽管在特定工况下有较好的性能,但在冷起动时,大量未燃 HC 以微粒排出,排气冒"白烟",因此球形燃烧室等已在车用柴油机上被淘汰。

柴油机 NO_x 的生成机理与汽油机相同,在燃烧过程中,最先燃烧的一部分混合气是预混燃烧,对 NO_x 的生成有很大影响。研究表明,柴油机几乎所有的 NO 都是在燃烧开始后 20°CA 内生成的,若喷油较迟则可以降低最高燃烧温度,减少 NO 排放。因此,推迟喷油是

减少柴油机 NO_x 排放最简便、最有效的措施，但代价是使燃油油耗率有所提高，排气烟度增大。

将燃烧后的废气一部分再次引入燃烧室，即采取废气再循环技术，可以降低缸内燃烧温度，从而减小 NO 的排放量。该技术也是当前汽油机和柴油机普遍采用的技术之一。

柴油燃料的十六烷值对 NO 排放也有较大的影响，十六烷值低的柴油，着火延迟期较长，燃烧开始时，在稀火焰区有较多的燃油在循环早期燃烧，从而产生较高的气体温度，使稀火焰区产生较多的 NO。

柴油机的微粒排放量要比汽油机大几十倍，这种微粒由在燃烧时生成的含碳粒子（碳烟）及其表面上吸附的多种有机物组成，后者称为有机可溶成分（SOF）。

碳烟生成的条件是高温和缺氧，由于柴油机混合气极不均匀，尽管总体是富氧燃烧，但局部的缺氧还是会导致碳烟的生成。一般认为碳烟形成的过程如下：燃油中的烃分子在高温缺氧的条件下发生部分氧化和热裂解，生成各种不饱和烃类，如乙烯、乙炔及其较高的同系物和多环芳香烃。它们不断脱氢、聚合成为以碳为主的直径为 2 nm 左右的碳烟核心。气相的烃和其他物质在这个碳烟核心表面凝聚，以及碳烟核心互相碰撞发生凝聚，使碳烟核心增大，成为直径为 20～30 nm 的碳烟基元。最后，碳烟基元经过聚集作用堆积成直径为 1 μm 以下的球团或链状聚集物。

柴油机碳烟生成的温度和过量空气系数 α 条件如图 13 - 5 所示，可见 α < 0.5 的混合气，燃烧以后一定产生碳烟。在图 13 - 5（a）右上角上也标出了在各种温度和 α 下燃烧 0.5 ms 后的 φ_{NO_x}。要使燃烧后碳烟和 NO_x 很少，混合气的 α 应在 0.6～0.9 之间，空气过多则 NO_x 增加，空气过少则碳烟增加。

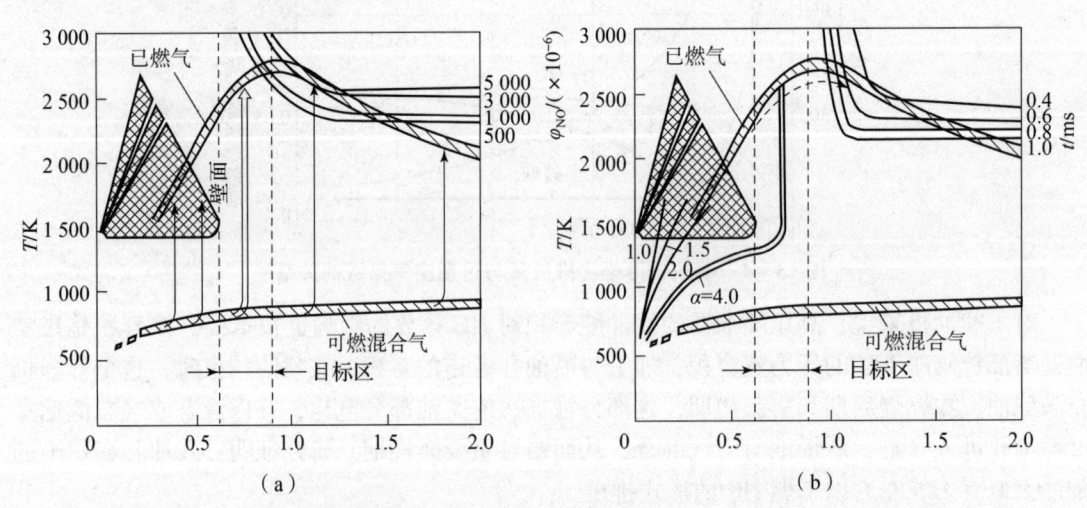

图 13 - 5　柴油机燃烧中生成碳烟和 NO_x 的温度以及过量空气系数条件
(a) 混合气在预混合燃烧中的状态变化；(b) 混合气在扩散燃烧中的状态变化

柴油机混合气在预混合燃烧中的状态变化见图 13 - 5（a）上的箭头方向。在预混合燃烧中，由于燃油分布不均匀，既生成碳烟，也生成 NO_x，只有很少部分燃油在 α = 0.6～0.9 时，不产生碳烟和 NO_x。所以为降低柴油机污染物排放，应缩短滞燃期和控制滞燃期内的喷油量，使尽可能多的混合气的 α 控制在 0.6～0.9 之间。

扩散燃烧中的混合气的状态变化如图 13 - 5（b）所示，曲线上的数字表示燃油进入气缸时所直接接触的缸内混合气的 α。从图上可以看出，喷入 $\alpha<4.0$ 的混合气区的燃油都会生成碳烟。在温度低于碳烟生成温度的过浓混合气中，将生成不完全燃烧的液态 HC。为减少扩散燃烧中生成的碳烟，应避免燃油与高温缺氧的燃气混合，强烈的气流运动及燃油的高压喷射都有助于燃油与空气的混合。喷油结束后，燃气和空气进一步混合，其状态变化见图 13-5（b）上的虚线箭头。

在燃烧过程中，已生成的碳烟也同时被氧化，图 13-5（b）的右上角表示了直径为 0.04 μm 的碳烟粒子在各种温度和 α 条件下被完全氧化所需要的时间 t。可见这种碳烟在 0.4~1.0 ms 之间被氧化的条件与图 13-5（a）右上角表示的大量生成 NO_x 的条件基本相同。可见加速碳烟氧化的措施，往往同时带来 NO_x 的增加。因此，为了能同时降低 NO_x 的排放，控制碳烟排放应着重控制碳烟的生成。

第三节　发动机瞬态工况排放特性

车用发动机在实际使用中常出现瞬态运转状态，例如起动、加速、减速等工况，转速和负荷不断变化，零部件的温度以及工作循环参数不断变化，所以这时发动机排放量与稳定工况往往有很大不同。

一、汽油机瞬态工况排放

汽油机冷起动时，由于进气系统和气缸温度很低，汽油蒸发不好，较多的汽油沉积在进气管壁上，流速低造成油气混合不好，因此需要增加供油量，以便使汽油机能正常起动。汽油机冷起动时混合气的 $\alpha<1$。混合气中的汽油以部分蒸气状态、部分液体状态进入气缸，很浓的混合气导致较高的 CO 排放。部分液态汽油在燃烧结束后从壁面上蒸发，没有完全燃烧就被排出气缸，造成 HC 的大量排放。由于温度低和混合气过浓，冷起动时的 NO_x 排放量很低。

汽油机起动以后，冷却系统和润滑系统以及主要零部件仍未达到正常的温度水平，在发动机暖机过程中仍需要 $\alpha<1$ 的浓混合气，以弥补燃油在气缸壁和进气管壁上的冷凝。这时 CO 和 HC 的排放仍然很高，NO_x 的排放随着温度的提高逐渐增大。因此，现代汽油机采用各种措施尽可能快速暖机，尽快进入理论混合气浓度燃烧阶段。

在发动机加速、减速、急速等工况时，现代的汽油机也都采用了理论混合气的控制策略，而摒弃了传统的加浓策略，以满足汽油机各种工况下的排放要求。

二、柴油机瞬态工况排放

柴油机冷起动时，燃油喷注中有部分燃油以液态分布在燃烧室壁上，在燃油自燃之前，喷入缸内的燃油会以未燃 HC 的形式直接排出气缸。喷入燃油开始燃烧以后，吸附在壁面上的燃油也不能完全燃烧，有一部分在蒸发后被排出。柴油机冷起动时排放的高浓度 HC 表现为白烟。

加速对柴油机工作过程的影响小于汽油机，非增压柴油机的正常加速几乎是各稳定工况的连续。涡轮增压柴油机突加负荷时，涡轮增压器需要一段时间，才能达到高负荷所对应的增压器转速和增压压力。如果未采取专门措施，增压柴油机常会加速冒黑烟。柴油机减速时不喷油或只喷急速所需的油量，都不会对排放产生明显影响。

三、汽油机与柴油机的排放特性及其耐久特性的比较

车用汽油机与柴油机的 CO、HC 和 NO_x 的比排放量随平均有效压力 p_{me} 的变化关系比较如图 13-6 所示。汽油机的气体污染物排放量都比柴油机的高，尤以 CO 差别最大，因为汽油机在大负荷时用浓混合气运转，导致 CO 排放量成倍增加，汽油机和柴油机在大负荷下的 NO_x 排放量在差不多的范围内变化。

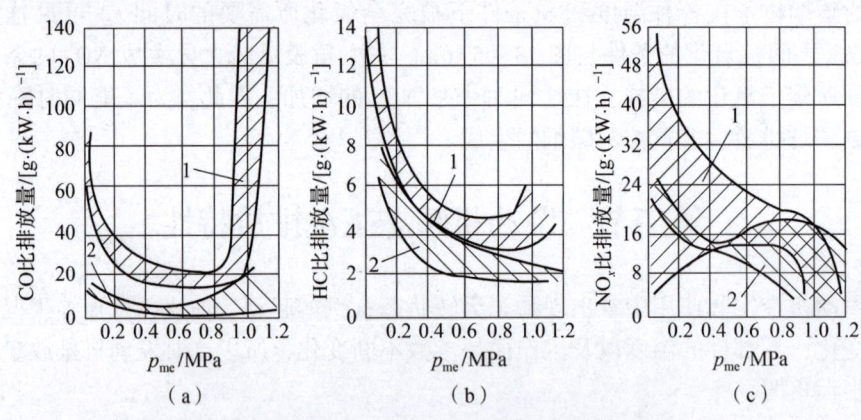

图 13-6 车用汽油机与柴油机排放特性的比较
1—汽油机；2—涡轮增压直接喷射柴油机

发动机零部件的老化、变质和磨损都会引起其排放特性的变化，例如排气催化转换器和空燃比传感器的化学和热老化，供油系统和点火系统功能的老化、使用、保养和维修不当等。

大量在用车的实测和统计结果得出汽车发动机排放的耐久特性如图 13-7 所示。带有空燃比调节的排气催化转换器的现代车用汽油机，在运行 80 000 km 以后，各种污染物排放量平均增加 1 倍以上。柴油机的排放随运行时间变化较小，有较好的排放耐久特性。

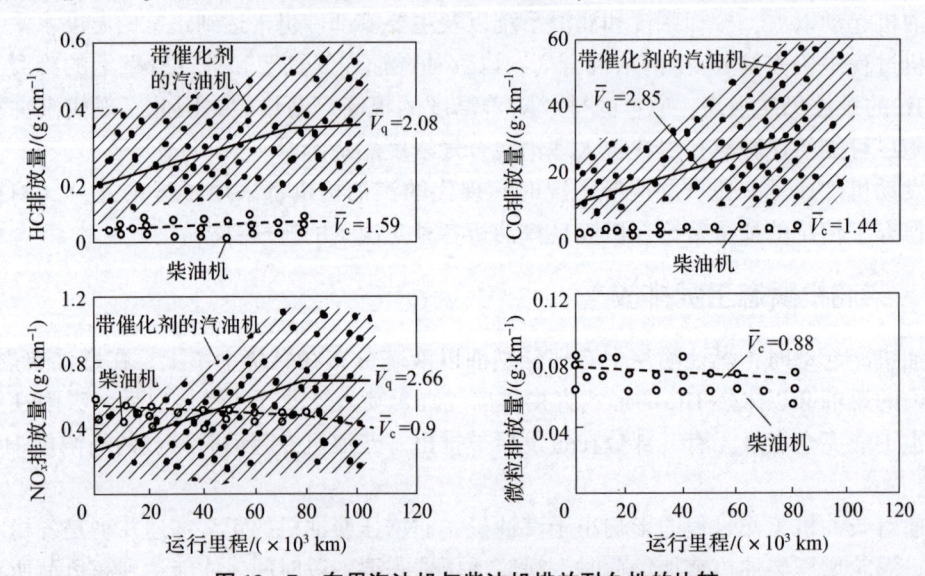

图 13-7 车用汽油机与柴油机排放耐久性的比较
V_q、V_c——汽油机和柴油机运行 80 000 km 后排放量增加的倍数；
实线——带有空燃比调节和排气催化转换器的汽油机；虚线——柴油机

第四节 汽油机排放控制技术

一、三效催化转换技术

使用催化转换器可以减少发动机的排放量，一般催化器是置于排气系统中进行化学处理的微粒或蜂窝状结构的容器，其结构原理如图13-8所示。使废气中的HC、CO、NO_x受热发生化学反应，生成无毒、无害的排放产物CO_2、水蒸气和N_2后排入大气。虽然目前尚不能完全消除有害气体排放，但已经可以使有害物质的含量大幅度降低。

1. 氧化催化转换器

氧化催化转换器采用沉积在面容比很大的载体表面上的催化剂作为触媒介质，发动机排气在其中通过，使消除未燃烃和CO的再氧化反应能在较低的温度下更快地进行，使HC和CO进一步氧化反应生成H_2O和CO_2，从而达到净化的目的，反应器中的催化剂本身不发生永久性的化学变化，只是促进以下化学反应的进行：

$$CH_4 + 2O_2 = CO_2 + 2H_2O$$
$$2CO + O_2 = 2CO_2$$
$$2H_2 + O_2 = 2H_2O$$

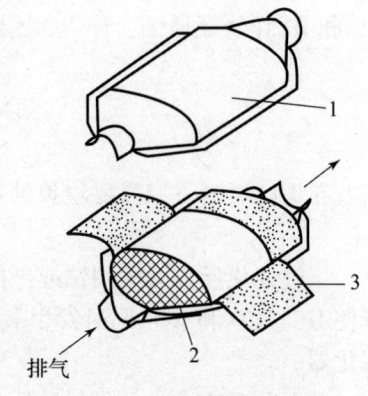

图13-8 三效催化装置
1—外壳；2—载体与催化剂；3—减振密封衬垫

通常用铂、铑、钯等贵金属或其氧化物作为催化剂，常用的催化剂载体材料是氧化铝（Al_2O_3），结构多为蜂窝状载体，它是以多孔陶瓷作为骨架，用氧化铝浸泡在骨架上面，经烧结而成，一般每升催化剂用贵重金属2~3g。

氧化催化转换器既可以应用于汽油机，也可以应用于柴油机，用于汽油机时需要引入二次空气，以加强氧化过程，用于柴油机时，由于柴油机是富氧燃烧，排气中空气含量较高，不需要引入二次空气。

催化剂的表面活性是利用排气本身热量激发的，在使用温度范围内，以活化开始温度为下限，因过热发生裂化的极限温度作为上限，催化反应器一般在发动机起动预热4~5 min以后才起作用，而一旦活化开始，催化床便因为反应放热而自动保持高温，此时只要温度不超过上限，净化反应便能顺利进行。催化剂过热发生劣化的主要原因是由于烧结使催化剂表面积迅速减小，并使催化剂发生质的变化，因此必须防止催化剂过热。汽油机在低速全负荷工况下，排气温度可达900℃以上，在上坡和急速时，反应器的温度因HC和CO的浓度增大而上升，尤其在上坡后急速，或燃烧不良，大量混合气进入反应器，使催化床温度急剧上升，在这些情况下，催化剂往往容易过热，因此必须在排气管路上安装旁通阀，根据运行条件控制废气由旁通阀流出的量，以防催化剂过热。

造成催化氧化转换器破坏的另一个问题是铅化物、硫、炭粒、焦油等对催化剂的毒性，其中铅化物的毒性是由汽油机的铅引起的，是排气中的铅化物堵塞载体和覆盖催化剂表面造成的；炭粒和焦油的毒性是柴油机低温运行经常遇到的问题，它们附着在催化剂表面，使其活性下降。因此对汽油机而言，应使用无铅汽油；对柴油机而言，需避免低负荷或变工况下燃烧恶化，以延长催化氧化转换器的使用寿命。

2. 三效催化反应器

三效催化反应器是一种能使 CO、HC、NO_x 三种有害物质同时得到净化处理的装置，催化作用除上面所述的氧化作用以外，还有还原作用，在使用催化剂的情况下，用排气中 CO、HC 和 H_2 作为还原剂，使 NO 还原成 N_2 外，还包括在高温下发生的还原分解反应，即

$$2NO + 2CO = N_2 + 2CO_2$$
$$4NO + CH_4 = 2N_2 + CO_2 + 2H_2O$$
$$2NO + 2H_2 = N_2 + 2H_2O$$

以及在更高温度下，需要较长处理的还原反应：

$$2NO = N_2 + O_2$$

三效催化反应器利用铂或钯的微粒减少 HC 和 CO；用包有铑的微粒减少 NO_x，因为可以使 HC、CO 和 NO_x 同时发生氧化还原反应转化为无害物质，所以这种催化器被称为三效催化器。

在上述反应中，氧化与还原反应是同时发生的。对同一种催化剂的氧化与还原作用而言，其催化反应特性与通过的排气中的氧含量有关，由此由催化反应所导致的净化效率与混合气的空燃比有关。

三效催化反应净化效率与空燃比的关系如图 13-9 所示，三效催化反应器需要将空燃比精确控制在理论空燃比附近，才可能同时实现对三种有害成分的高效率净化。否则就不能同时对三种有害物质进行高效率的氧化还原反应，因此应使用高精度、稳定性好、对环境适应性强、可靠性高的氧传感器进行闭环控制，以便精确控制空燃比。

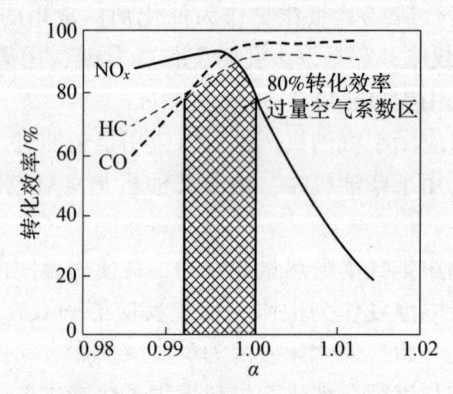

图 13-9 三效催化剂的转化效率

二、废气再循环技术

废气再循环（EGR）技术是一种降低 NO_x 排放的有效措施，其基本原理是：将 5%~20% 的废气再引入进气管，与新鲜混合气一道进入燃烧室。由于废气不能燃烧，故冲淡了混合气，降低了燃烧速度。同时，废气中多是以 CO_2 和水蒸气为主的三原子分子，热容大，所以废气再循环降低了燃烧温度，减少了 NO_x 的排放。

废气再循环量必须精确控制，EGR 量太小，则无法有效降低 NO_x，EGR 量太大，则会

导致发动机燃烧恶化，运转不稳甚至熄火，使 HC 排放量增加。一般情况下，在急速和暖机时，由于混合气质量差，燃烧不稳定，所以发动机不进行废气再循环；在全负荷时，考虑到发动机对输出功率的要求，也不进行废气再循环。

废气再循环系统在工程领域的实现结构有很多种类，如图 13-10 所示是一种典型废气再循环系统。一般利用节气门前部的真空来控制 EGR 量。当急速时，气口真空很小，EGR 阀关闭；当高于急速时，EGR 量由发动机转速及负荷决定。有些系统中用冷却水温度开关控制节气门处压力通过真空道传至 EGR 阀。当发动机暖机时，停止废气再循环。这些装置的 EGR 量较小，一般为 5%~15%，若要加大 EGR 的变化范围，发动机控制器将接入控制。

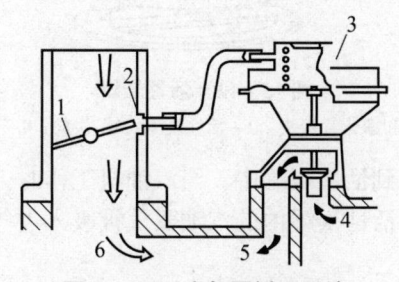

图 13-10 废气再循环系统
1—节气门；2—真空道；3—EGR 阀；4—废气；5—进气歧管；6—新鲜充量

三、汽油蒸发控制技术

汽油蒸发也是一个主要的污染源，大约 20% 的 HC 排放是由汽油蒸发造成的。汽油蒸发的场所主要是油箱。不同汽车的汽油蒸发控制系统的具体结构各不相同，但是基本原理大致相同，如图 13-11 所示为汽油蒸发典型的控制系统，活性炭罐是控制系统中存储蒸气的部件，其结构如图 13-12 所示，下部与大气相通，上部有一些与油箱等相连的接头，用于收集和清除汽油蒸气，中间是活性炭粉末，由于活性炭的表面积极大，故具有极大吸附作用，常见的活性炭罐吸附面积达 80~165 个足球场的面积，液体-蒸气分离器的作用是阻止液态燃油进入活性炭罐。有些液体-蒸气分离器与油箱做成一体，油箱到活性炭罐仅用一根软管连接。当急速或停机时，通道开通，使蒸气存储于活性炭罐中，当汽油机正常行驶时，则通道关闭。

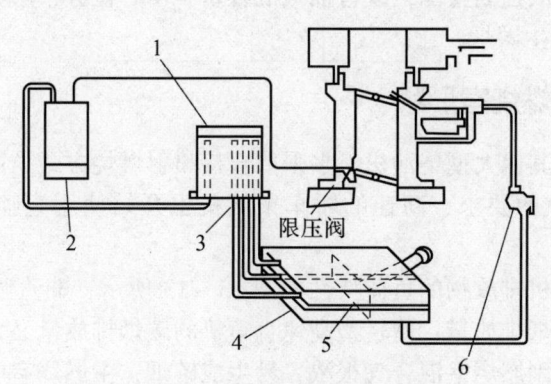

图 13-11 汽油蒸发控制系统
1—液体-蒸气分离器；2—活性炭罐；3—液体回流管；4—燃油箱；5—挡板；6—压力-真空阀

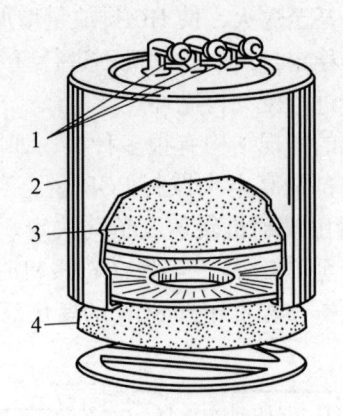

图 13 - 12　活性炭罐
1—通风和净化管接头；2—活性炭罐；3—炭粒；4—滤清器

停车时，汽油蒸气被存储到活性炭罐中，当汽油机工作时，在进气歧管真空作用下，供油系统内的汽油蒸气和吸附在活性炭罐内的汽油蒸气被吸入进气系统。

第五节　柴油机排放控制技术

柴油机的 CO 和 HC 排放量相对汽油机来说要少得多，但 NO_x 排放量与汽油机的在同一数量级，而微粒和碳烟的排放量要比汽油机的大几十倍甚至更多。因此柴油机的排放控制，重点是 NO_x 与微粒，其次是 HC。降低微粒和碳烟排放与改善柴油机燃烧过程的研究方向是完全一致的，而 NO_x 排放控制往往与之矛盾，这就给柴油机的排放控制造成了特殊的困难。一般汽油机排放的 NO_x 可以通过三效催化剂或稀燃来解决，而柴油机排气中富氧条件下的 NO_x 催化剂还在研究开发中，目前尚无成功的催化剂可用，如何在保持柴油机良好性能的同时减少 NO_x 的生成，是目前面临的重大技术挑战。

柴油机造成污染物排放的根本原因在于油气混合不好，柴油机运转时平均过量空气系数 α 一般都在 1.3 以上，如果达到理想的混合，碳烟是不可能生成的，NO_x 的生成也不会很多。但混合不好导致局部缺氧，使碳烟大量生成，同时存在很多 $\alpha = 1.0 \sim 1.1$ 的高 NO_x 生成区，所以柴油机的排放控制要围绕改善油气混合这一中心任务，防止局部 α 超过 0.9 而产生 NO_x 和低于 0.6 而产生碳烟。

一、燃烧方式和燃烧室形状

重型车用柴油机和其他大型柴油机大多采取直接喷射燃烧方式，由于直喷技术的进步以及降低油耗和 CO_2 排放的要求，高速的轿车柴油机也开始使用直喷式，并有逐步增长的趋势。

现代车用增压柴油机排放物的负荷特性如图 13 - 13 所示，非直喷柴油机碳烟排放量大于轻型高速直喷机的碳烟排放量；而轻型高速直喷机的碳烟排放量又大于重型车用直喷机的碳烟排放量。这是因为副燃烧室混合气很浓，易生成碳烟，主燃烧室中温度很低，已生成的碳烟后期氧化较差。但是直喷柴油机的 HC 排放量大于非直喷柴油机的 HC 排放量。这样，就包括碳烟和 SOF 在内的微粒排放量来说，直喷柴油机与非直喷柴油机相差不大。

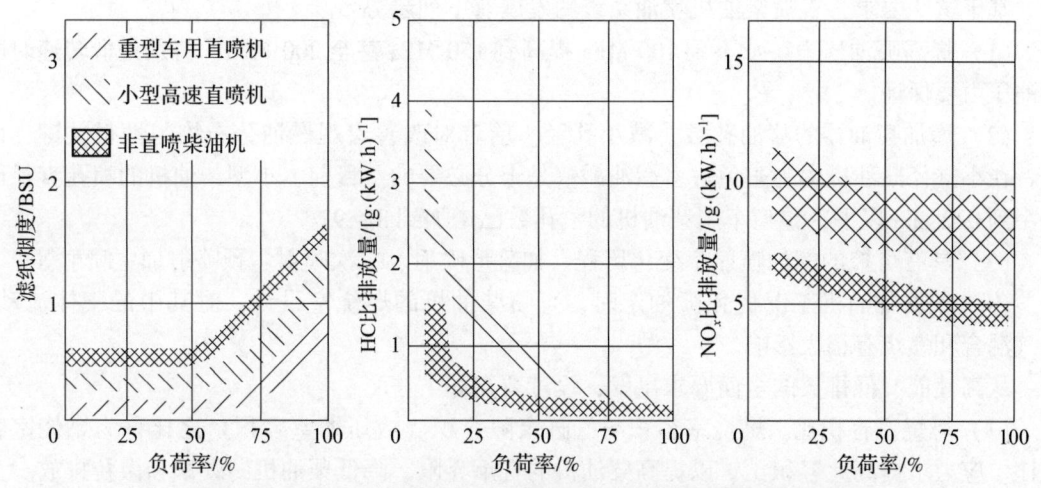

图 13-13 现代车用增压柴油机不同燃烧方式排放负荷特性比较

柴油机的 HC 排放量远低于汽油机的 HC 排放量。由于燃油组成和混合气形成方式的不同，柴油机的 HC 成分与汽油机的不同，前者多为较高分子质量的 HC。

直喷柴油机的 NO_x 排放量大于非直喷柴油机的 NO_x 排放量，因为非直喷柴油机初期燃烧发生在混合气极浓的副燃烧室里，由于缺氧，NO_x 不易生成，而主燃烧室中的燃烧在较低温度下进行，NO_x 也不易生成。

1. 非直喷柴油机排放控制

碳烟主要在副燃烧室中生成，当进入主燃烧室以后大部分被氧化。在小负荷时，由于主燃烧室温度较低，碳烟氧化慢，所以非直喷柴油机在部分负荷时的碳烟排放量大于直喷柴油机的碳烟排放量。改善非直喷柴油机排气污染的重点也在副燃烧室。

若副燃烧室容积增大，减少了碳烟形成，但 NO_x 排放量增加。研究表明：涡流室的相对容积在 52% 左右时得出的最佳碳烟量与 NO_x 量折中。预燃室如果容积过大，会降低其中燃气的能量，影响预燃室中不完全燃烧的燃气与主燃烧室中空气的混合。所以，预燃烧室的相对容积在 25%～30% 即可。

涡流室中应避免流动死区，电热塞对气流的干扰应尽量小。所以消除喷油器安装孔部位的流动死区，例如从占涡流室容积的 10% 降到 5%，可使冒烟界限的 p_{me} 上升 5%；用顺气流安装电热塞代替垂直气流安装，可使冒烟界限上升。减小电热塞加热头的直径可使燃油消耗率下降 5～10 g/(kW·h)，全负荷烟度下降 0.5～1 BSU。

2. 直喷柴油机排放控制

直喷柴油机中燃烧室的形状与喷油系统的配合、喷入燃烧室中的燃油油雾与空气的混合，对于高性能、低排放具有决定性的意义。

对高速直喷柴油机的混合气形成和燃烧有下列要求：

（1）在滞燃期和燃烧前期，喷入燃烧室的燃油量应尽可能少，以免预混合燃烧过多，使压力上升太剧烈，引起强烈的噪声。同时要控制 NO_x 的生成量。

（2）在燃烧后期即扩散燃烧期，喷入燃油应很好与空气混合以减少碳烟的生成，这就需要有很高的喷油压力。

（3）在喷油结束后，剩余空气仍能与燃气强烈混合，促进碳烟的氧化。

基于这些要求，直喷柴油机喷油系统的发展有下列趋势：

(1) 提高喷油压力，从不到 100 MPa 提高到 150 MPa 甚至 200 MPa，特别是低转速时的喷油压力要保证。

(2) 增加喷油器的喷油孔数，减小孔径。前者对改善宏观燃油分布均匀性很关键，而后者在小缸径柴油机中为避免过多燃油碰壁是十分必要的。目前，小型柴油机的喷孔直径已减小到 0.2 mm 以下，重型车用柴油机的喷孔数已增加到 8~9。

(3) 具有可控的燃油喷射率变化历程，如靴形喷射、二次喷射、预喷射加主喷射等。

(4) 根据柴油机工况优化喷油定时，直喷柴油机的燃烧室设计，对其中的气体流动、油气混合和燃烧有很大影响。

从高性能、低排放的全面要求出发，设计要点如下：

(1) 燃烧室容积比。燃烧室容积与气缸余隙容积（或压缩室容积）之比称为燃烧室容积比。应力求提高此容积比，以提高柴油机的冒烟界限，降低柴油机的碳烟和微粒排放。为此，要避免采用短行程柴油机。实践证明，长行程、低转速、高增压度的柴油机，其综合性能比短行程、高转速的柴油机好。

(2) 燃烧室口径比。口径比小的深燃烧室可在室中产生较强的涡流，因而可采用孔数较少的喷嘴而获得满意的性能。但涡流要造成能量损失，且低转速时往往显得涡流不足。同时，燃烧室口径增加会导致喷雾碰壁量增加，造成 HC 排放量增加。现在的趋势是除了缸径很小的柴油机用较小口径比的燃烧室外，尽量用口径比较大的浅平燃烧室，配合小孔径的多喷孔喷嘴。由于不需要强烈的涡流辅助混合，燃烧过程对转速敏感性较低。

(3) 燃烧室形状。现在应用最广的仍是直边不缩口的 ω 形燃烧室，用缩口燃烧室加强燃烧室口部的气流湍流，促进扩散混合和燃烧是当前柴油机的发展趋势。燃烧室底部中央的凸起适当加大，可以进一步提高空气的利用率。这是因为底部中央气流运动较弱，燃料喷注也不能到达，空气不易被利用。用带圆角的方形或五瓣梅花形代替圆形燃烧室，可加强燃烧室中的微观湍流，加速燃烧，减少碳烟生成。

(4) 压缩比。传统的观点是根据冷起动条件选择压缩比，压缩比过高会导致机械负荷过高。最近的研究表明，适当提高柴油机压缩比可降低 HC 和 CO 的排放量，结合推迟喷油可获得动力经济性能与 NO_x 排放之间较好的折中。

二、喷油系统

1. 高压喷油泵

传统的柴油机直列式柱塞泵由于喷射压力较低，喷射持续期长，导致燃烧和排放较差且难以控制。泵-喷嘴结构的喷射系统会导致柴油机缸盖承受很大的机械负荷，对气缸盖和气缸套的刚度要求很高，喷油泵凸轮离曲轴距离较远，对传动系统的刚度要求也很高。这些都限制了泵-喷嘴喷油压力的进一步提高。电控泵-喷嘴对电磁阀要求很高，它所承受的压力比汽油喷射的电磁阀高 300~500 倍，开闭速度高 10~20 倍。此外，泵-喷嘴系统占用气缸盖上的空间较大，增加了气缸盖及整机的高度，并给气门布置带来了一定困难。

以上所述各种喷油系统有一共同的缺点，就是喷油压力随转速降低而降低。这对转速变动范围很大、对低速性能要求很高的车用柴油机来说是很大的遗憾，尤其对排放控制具有很大困难。

然而，目前车用柴油机广泛应用的是高压共轨的柱塞式高压喷油泵，喷油泵可保证共轨喷射压力高达 180~200 MPa，大幅度缩短了喷油持续期，提高了柴油机怠速和小负荷时喷油量的稳定性，配合高精度电控系统，可使喷油控制更加灵活，并且很容易实现多次喷射，对柴油机排放有很好的改善。

2. 高压喷油器

高性能、低排放的高速柴油机所用的喷油器，尺寸越来越小，为气缸盖的优化布置创造了更大的余地：从 $\phi25$ mm、$\phi21$ mm 的 S 形喷油器，到 $\phi17$ mm 的 P 形喷油器，发展到最小的 $\phi9$ mm 的铅笔形喷油器。

多孔喷油器的残油室中的燃油会引起后滴，其容积对柴油机的 HC 排放影响很大。标准结构喷油器如图 13-14（a）所示，压力室容积为 0.6~1.0 mm³，其中，油孔的容积 $V_{hole} \approx 0.3$ mm³。优化后的小压力室喷油器如图 13-14（b）所示，压力室容积可缩减到 0.3 mm³ 左右，油孔容积与标准结构类似。进一步优化后得到无压力室喷油器，又称 VOC 喷油器，如图 13-14（c）所示，压力室容积可缩短到极限尺寸，仅约 0.1 mm³。试验表明，VOC 喷油器与标准结构喷油器相比，HC 排放量可下降一半，而 CO 与 NO_x 排放量几乎不变。

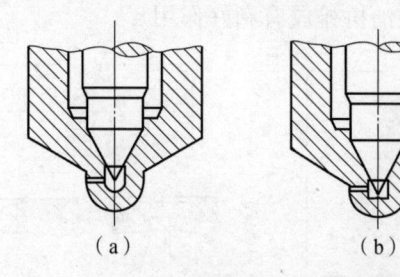

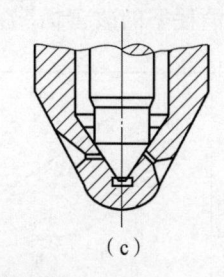

图 13-14 压力室结构不同的喷油器
(a) 标准结构；(b) 小压力室喷油器；(c) VOC 喷油器

为了优化柴油机燃烧过程，即尽可能实现先缓后急的燃油喷射规律，以降低柴油机的 NO_x 排放和燃烧噪声，很多喷油器厂家设计了双弹簧喷油器。当油压上升到对应弹簧刚度较软的一级弹簧压力以上时，针阀升起预升程 0.03~0.06 mm³，将少量燃油喷入气缸。当油压继续上升到能克服弹簧刚度相对较大的二级弹簧的压力时，针阀进一步上升一段主升程约 0.2 mm，实现主喷射。在理想的情况下，喷油率图形为靴形，称为"靴形喷射"。

3. 柴油机供油系统的电子控制

和汽油机电子控制技术相比，柴油机的电子控制技术的产业化进程相对较慢。由于排放法规的要求，满足欧洲 I 阶段排放标准的轻型汽油车要求使用电控燃油喷射技术，严格将空燃比控制在理论空燃比附近，以使三元催化转换器的效率最高，因此自从欧洲 I 阶段排放标准实施以来（欧盟自 1992 年开始），汽油机燃油喷射电子控制已经成为轻型汽油车的标准配置而得到了广泛应用。而柴油机通过采用增压和增压中冷技术、燃烧改进技术和高压喷射技术，通过改进柴油机的喷雾和燃烧过程，不需要采用电子控制就能满足欧洲 I 阶段和欧洲 II 阶段排放标准的要求，因此柴油机的电子控制并没有像汽油机一样很快得到应用推广。2000 年以后，在欧洲 III 阶段排放标准的要求下，必须精确控制柴油机的供油规律和供油时刻，大幅度提高喷油压力，才能满足排放法规要求。因此自欧洲 III 阶段排放标准实施以来，柴油机的电控技术得到了迅速发展，目前广泛使用的有电控高压共轨、电控单体泵和电控泵喷嘴等相关技术，都对柴油机排放控制起到积极的作用和技术支撑。

三、气流组织和多气门技术

柴油机技术的发展趋势是提高喷油压力，降低进气涡流强度，以减小进气压力损失，配合多孔数、小孔径喷油器来获得良好的混合气。

每缸 4 气门的结构过去常用于缸径为 130 ~ 150 mm 以上的柴油机，甚至在缸径为 80 mm 的柴油机上也有采用 4 气门结构的。在此基础上，柴油机的多气门技术也被广泛使用，主要目的是扩大进、排气门的总流通截面积，且喷油器可垂直布置在气缸轴线上，不仅改善了喷油器的冷却情况和活塞热应力，而且解决了由于 2 气门机喷油器斜置造成的各喷油孔流动条件不同的问题，有利于燃油在燃烧室空间中均匀分布。

典型 6 缸 10 L 排量 4 气门增压车用柴油机实现低排放和高经济性的技术措施如图 13 – 15 所示。由图可知，燃烧室形状由缩口深坑到敞口浅平形、喷孔数由 5 增加到 7 再增加到 8，最大喷油压力也由 135 MPa 提高到 150 MPa，再提升到 180 MPa，进气涡流下降 60% 到无涡流的排放与燃油消耗率的改善情况，都对柴油机排放有利好作用。

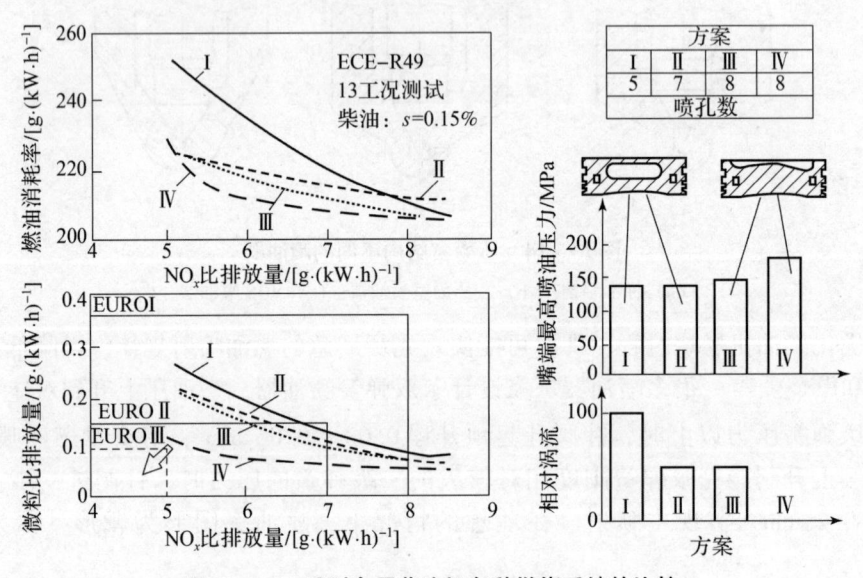

图 13 – 15　重型车用柴油机各种燃烧系统的比较

四、柴油机的废气再循环技术

与汽油机类似，柴油机也可以通过废气再循环（EGR）来降低 NO_x 排放量。由于柴油机排气中氧含量比汽油机高，所以柴油机允许并需要较大的 EGR 率来降低 NO_x 的排放量。直喷柴油机的 EGR 率可以超过 40%，非直喷柴油机可达到 25%。

为了防止产生较多的微粒，一般在中、低负荷时用较大的 EGR 率，在全负荷时不采用废气再循环，以保证柴油机良好的动力性能。当转速提高时也要适当降低 EGR 率，用以保证较多的新鲜空气充量，最佳 EGR 控制 MAP 图是通过大量的试验标定来获取的。

柴油机所用 EGR 系统与汽油机类似，在增压柴油机中，再循环废气一般流到增压器后的进气管中，以免沾污增压器叶轮。这时，为防止增压压力大于排气压力时再循环废气的倒流，要在 EGR 阀前加一个单向阀，以便利用排气脉冲进行废气再循环。试验证明，把再循环的废气加以冷却，采用所谓冷 EGR，可以提高降低 NO_x 排放效果。为防止柴油机采用后磨损加剧，应选用高质量润滑油和低硫柴油。

五、增压技术

为了降低柴油机的运转噪声和减小磨损，柴油机的设计转速一般都较低，因而可通过增压技术来弥补低转速带来的功率损失。提高涡轮增压器的效率可增大空气供给量，用比较大的过量空气系数组织燃烧，使尽可能少的燃料缺氧裂解，降低碳烟排放，同时使最高燃烧温度不致过高，以抑制 NO_x 的增加。广泛应用空–空中冷器把增压空气温度降到 50 ℃左右，可以有效地抑制 NO_x 排放。

六、柴油机排气后处理

使用催化净化技术来减少发动机的气态排放物在汽油机上已经被广泛使用，而在柴油机上的应用还不多。这是由于柴油机排放的 CO 和 HC 比汽油机的低得多，一般都能符合当前各阶段排放法规的要求。柴油机废气中 NO_x 的量与汽油机的接近，是需要控制的，但由于废气中的氧浓度高，不能用还原剂净化 NO_x。另外废气中氧的浓度高，虽对采用氧化剂净化 CO 和 HC 等有害成分有利，可以不用二次空气，但柴油机排气温度低，使催化剂转化效率受到不利影响。柴油机排放物中碳烟多，SO_2 也比汽油机的多，都会降低催化转换器的寿命。特别是柴油机在变工况低负荷下工作时，废气中大量的碳烟等成分会黏附在催化剂表面，使催化剂失去活性。由于应用催化剂遇到的问题，柴油机使用催化反应器处理废气的办法采用得很少，只有地下矿坑或隧道使用的柴油机，因为排气净化要求严格，需要使用这种方法处理 CO 和 HC。在废气处理中，为了保证催化剂有足够的温度，要求催化剂的安装尽量靠近排气歧管，并尽量避免柴油机在怠速下长期运转。同时还要采取措施，设法对失去活性的催化剂进行处理，烧掉附在催化剂表面的碳烟和焦质，使催化剂再生，以延长使用寿命。

柴油机排气净化后处理控制技术主要有吸附滤清和催化反应两种方法，其中催化反应方法与汽油机的催化转换方法基本一样。但是需要说明的是，柴油机由于是富氧燃烧，目前还不能有效地还原氮氧化物，目前应用的主要还是氧化催化反应器；催化反应剂会将排气中的 SO_2 转换为 SO_3，额外增加微粒的排放，所以柴油机催化转换技术只适合使用低含硫量的柴油。

由于柴油机的排气污染物中含有大量微粒成分，这些微粒成分主要靠过滤器、收集器等装置来捕获收集，以降低向大气中的排放量。另外，收集器也可作为其他排放物的净化装置。目前，降低柴油机 NO_x 排放的 NO_x 还原催化转换器的研究也取得了阶段性的研究成果。

1. 柴油机微粒捕集器（DPF）

柴油机微粒捕集器如图 13-16 所示，主要功能是从排气中排除微粒，当捕集量超过一定体积时，需要进行再生。微粒燃烧的温度需要在 600 ℃以上，而柴油机在正常情况下，排气一般达不到这个温度，通过推迟喷射和对进气进行节流限制可以达到这个温度。

目前微粒捕集器的最好材料是多孔陶瓷，多孔陶瓷的微粒捕集器已经得到了批量应用。

整体陶瓷 或 复合陶瓷

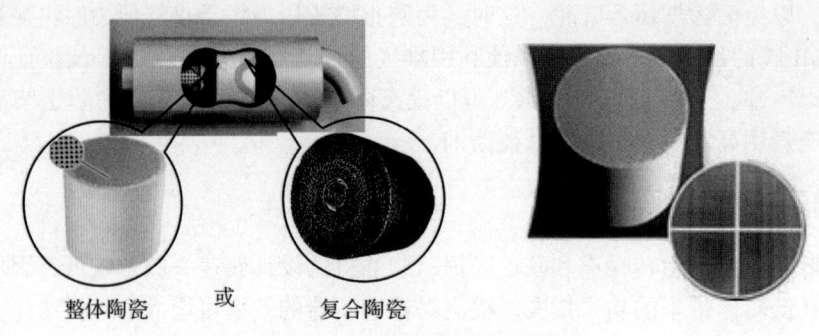

图 13 – 16 柴油机微粒捕集器

2. 柴油机连续再生系统（CRT）

连续再生系统（CRT）是在微粒捕集器前面放置一个氧化型催化转换器，如图 13 – 17 所示，将废气中的 NO 氧化成 NO_2。在温度超过 250 ℃时，捕集器中收集的微粒在 NO_2 的作用下，能够连续燃烧，燃烧温度比传统微粒捕集器中使用 O_2 进行燃烧的温度要低得多。

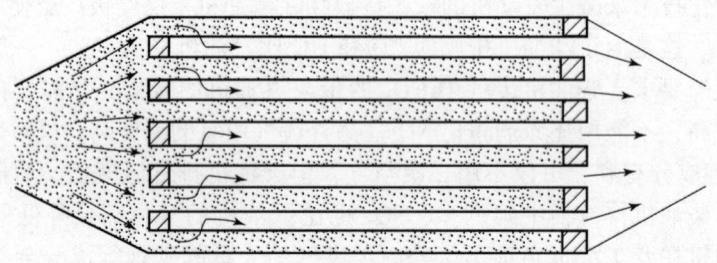

图 13 – 17 柴油机 CRT 净化装置

在 CRT 的氧化性催化剂（前端）中，发生的氧化反应为

$$2NO + O_2 = 2NO_2$$

在后端发生 NO_2 氧化 C 的反应为

$$NO_2 + C = NO + CO$$
$$NO_2 + CO = NO + CO_2$$

在 CRT 中使用温度传感器、微分型压力传感器，在微粒捕集器下游放置一个碳烟传感器，用于检测系统的运行状况。由于氧化型催化转换器对燃料中的硫十分敏感，要求使用低硫燃油。通过把催化剂覆盖在过滤器上，可以把氧化型催化转换器和微粒捕集器结合在一起，这种类型的过滤器称为催化型过滤器（CSF），有时也称为催化型柴油机微粒过滤系统（CDPF）。

3. 柴油机氧化催化器（DOC）

柴油机氧化催化器一般安装在排气系统中靠近柴油机的一侧，以便能尽快优化运行温度，它能够减少 HC 和 CO 的排放量，同时也可以消除微粒排放中的一部分有机成分，它们将这部分废气转换为 CO_2 和 H_2O。

氧化型催化转换器已经得到了批量应用，特殊设计的催化转换器能够在减少 HC 和 CO 排放的同时减少 NO_x 的排放，虽然 NO_x 的转换效率只有 5% ~ 10%。

由于柴油中的硫含量较高，燃烧后生成 SO_2，经催化器氧化后会变成 SO_3，然后与排气中的水分化合生成硫酸盐。催化氧化的效果越好，硫酸盐生成得越多，不但抵消了 SOF 的减少,反而使微粒排放上升,如图 13-18 所示。据国外相关文献报道,微粒能上升到原来的 8~9 倍。同时硫也是使催化器劣化的原因之一,因此减少柴油中的硫含量就成了使用氧化催化器的先决条件。美国从 1993 年 10 月,日本从 1997 年 10 月分别将车用柴油的含硫量限制在 0.05%(质量)以下。另外,Pd 尽管活性不如 Pt,但产生的硫酸盐要少得多。同时价格也便宜,因此也有选择 Pd 作为柴油机氧化催化器的活性成分。

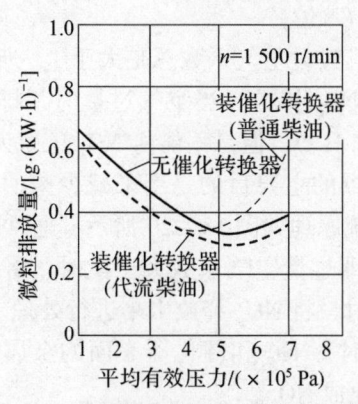

图 13-18 氧化催化器降低微粒排放的效果

4. 柴油机 SCR 系统

柴油机的 SCR 系统利用的选择性催化还原技术,是针对柴油车尾气排放中 NO_x 的一项处理工艺,即在催化剂的作用下,喷入还原剂氨或尿素,把尾气中的 NO_x 还原成 N_2 和 H_2O。SCR 系统中发生的是硝基反应,利用还原剂,例如将质量浓度为 32.5% 的稀释尿素,经过精确计量后喷入燃烧废气中去,然后通过水解反应催化剂将尿素中的氨提炼出来。该系统工作原理如图 13-19 所示。

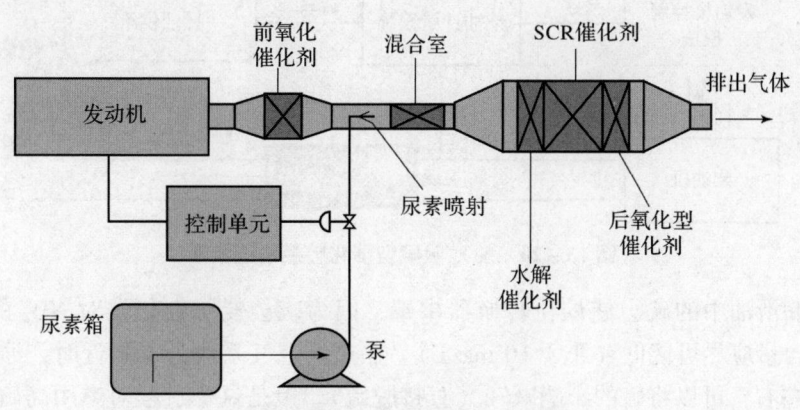

图 13-19 SCR 系统的工作原理

在 SCR 催化器中,氨和 NO_x 发生反应,生成 N_2 和 H_2O,现代 SCR 催化转换系统能够进行水解反应,所以不需要单独的分离单元。在还原剂喷射点之前放置一个氧化型催化转换器能够提高转化效率,在 SCR 的下游放置一个氧化型催化转换器(NH_3 催化器)能够防止产生 NH_3 污染。

由于在 SCR 系统中,NO_x 的还原效率很高,例如按商用车的瞬态循环,转化效率可以达到 90%,因此可以对发动机按燃油经济性指标进行优化,试验结果证明,SCR 系统能够降低10%左右的燃油消耗率。对于商用车，SCR系统已经能够进行大批量生产了。

为了满足未来严格的排放法规，很多柴油车采用了能同时降低微粒、NO_x排放、CO和HC排放的后处理系统，这类系统一般被称为四效催化转换器。四效催化转换器要求使用的燃料硫含量非常低，正在开发的系统有NO_x吸藏型催化转换器+微粒捕集器，以及SCR系统+微粒捕集器。

5. NO_x吸藏型催化转换器（NSC）

因为柴油机正常工作时，其过量空气系数总是大于1，所以在汽油机上使用的三效催化转换器不能用来降低柴油机的NO_x排放。当空气过量时，排气中的多余氧能够与CO以及HC发生化学反应，生成CO_2和H_2O，但是不能将NO_x还原为N_2。

开发NO_x吸藏型催化转换器的主要目的是用来减少柴油轿车的NO_x排放，它先将NO_x吸附起来，然后进行转化，系统原理如图13-20所示，通常包括以下两个过程：

（1）当排气中氧含量高，即过量空气系数大于1时，将NO_x吸附起来；当排气中氧含量低，即过量空气系数小于1时，将NO_x释放出来进行处理。

（2）当排气中的氧含量高时，NO_x和催化器表面的金属催化剂反应生成硝酸盐，这个反应进行之前，需要将NO氧化成NO_2。

随着贮藏的NO_x的增加，催化器继续吸收NO_x的能力下降，可以通过两种方法检测催化器是否达到饱和，从而停止吸附过程：基于催化器的温度计算吸附量，利用催化器下游的NO_x传感器测量排气中的NO_x浓度。当吸附过程饱和时，必须进行NO_x吸藏型催化转换器的再生工作，也就是将吸附的NO_x释放出来，并将其转化为N_2。为了进行这个过程，需要将柴油机控制在浓混合气状态（过量空气系数为0.95）。再生过程由两个化学反应组成，分别生成CO_2和N_2。

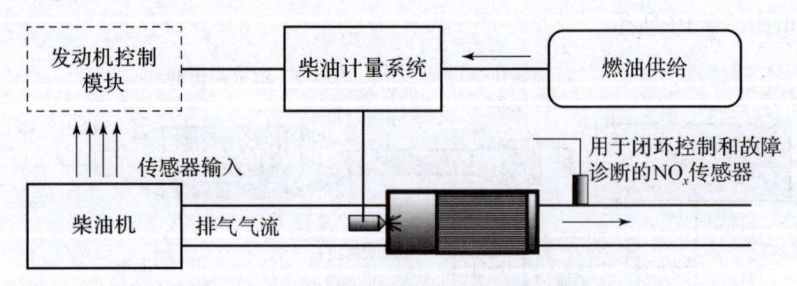

图13-20 NO_x吸藏型催化转换系统原理

燃料和润滑油中的硫会使催化转换器中毒，因为硫会耗尽催化器对NO_x的吸附能力，所以要求硫含量应尽可能低（小于10 mg/L）。在过量空气系数为1附近时，通过将废气加热到650℃左右，可以将硫的影响减轻（直接脱硫）。但是这个过程对燃用高硫油的发动机的油耗会产生不利影响。

第六节 排放测量与排放法规

一、发动机排气污染物的测量

对发动机排气污染物的测量一般采用排气成分分析仪，通过测量排气中污染物的浓度，根据排气流量计算该成分的总排量。这种方法在发动机稳定运转状态下是比较容易实现的。在非稳定状态下，理论上可把测得的浓度曲线和排气流量曲线对时间积分计算出总量。但实际上由于排气管压力随工况而变，取样系统和测量仪器动态响应滞后的不同以及样气的混合浓度曲线不能再现发动机排放时间特性等原因，造成误差很大。于是采用了测量平均值的方法解决问题。最直观的办法就是把一个标准测试循环中的所有排气收集到气袋中，然后测量浓度和气量，算出循环总量。这种办法需要很大的气袋收集排气，很不方便。

现在世界各国的排放法规都规定用定容取样（CVS）系统取样。典型的 CVS 系统简图如图 13-21 所示，发动机的全部排气被排入稀释袋中，用经过稀释空气滤清器过滤的环境空气稀释，形成恒定容积流量的稀释排气。测试时的情况模拟了汽车排气尾管出口处排气在环境空气中的稀释情况。这时流入稀释排气取样袋的气样中含有的污染物量与排气污染物总量的比例保持不变。于是测试循环结束后，测量气袋中各污染物的浓度乘以 CVS 系统中流过的稀释排气总量，就是发动机在测量过程中各污染物的总量。

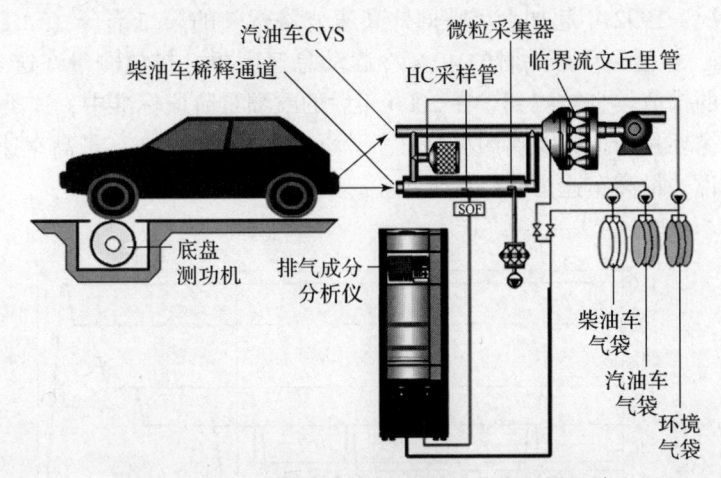

图 13-21 采用临界流文丘里管的定容取样系统

CVS 系统的总流量用下列两种办法之一确定：一是计量一个容积式泵的总转数（PDP 系统），只要泵转速一定，总流量就不变；二是让稀释排气流过一个处于临界流动状态的文丘里管（CFV 系统），只要文丘里管一定，总流量就不变。PDP 系统可使流量无级变化，但结构庞大，且质量流量受温度影响较大，目前已很少使用。

稀释排气取样袋的材料应保证排气各成分在放置 20 min 后浓度变化不超过 2%，一般用聚乙烯/聚酰胺塑料或聚碳氟塑料薄膜制成。

测试柴油机时，因为较重的 HC 有可能在样气袋中冷凝，需要对 HC 进行连续分析。因此，将稀释排气用加热到 190 ℃的管路输送到分析仪，并用积分器计算出测试循环时间内的累计排放量。柴油机的测试还包括微粒排放量的测量，所以还需要一个由流量控制器、微粒过滤取样器、取样泵、积累流量计组成的微粒取样系统。

为保证排气与稀释空气均匀混合，要求稀释风道中的气流满足 $Re \geqslant 4\,000$，且取样探头距排气与空气混合口的距离为风道直径 10 倍以上。

二、道路车辆排放法规

为控制汽车的有害排放物对大气环境的污染，从 20 世纪 60 年代开始，世界各国及地区相继以法规形式对车用发动机排放物予以强制性限制。排放法规比较严苛的是美国、日本、欧洲各国以及中国。目前，各国排放法规中对排放测试装置、取样方法、分析仪器等方面，大都取得了一致，但测试规范和排放量限值仍有很大差异，我国当前实行的排放法规已等效采用欧洲的排放法规体系。

车用发动机的排放法规分轻型车排放法规与重型车排放法规两类，轻重的分界线各国不完全统一，大致是总质量为 3.5～5 t 以下或乘员为 9～12 人以下的车辆为轻型车，以上为重型车。轻型车的排放法规要求整车在底盘测功机上进行排放测试，结果用单位行驶里程的排放质量（g/km）表示。重型车的排放法规不要求整车测量，而只要求在发动机试验台上进行发动机测试，结果用比排放量 [g/(kW·h)] 表示。

1. 轻型车排放法规

欧洲现行的轻型车排放测量循环由若干等加速、等减速、等速和怠速段落组成，如图 13-22 所示。第一部分（ECE-15）由反复 4 次的 15 工况段构成，是 1970 年制定的，反映市内交通情况，1992 年起加上反映郊外高速公路行驶的第二部分（EUDC），整个测试循环历时 1 220 s，包括循环开始时的 40 s 冷起动怠速暖机。排放测量在这 40 s 后才开始，使冷起动时较高的排放较少被测到。在 2000 年后的欧洲Ⅲ阶段标准中，这段时间将被取消，条件将更严格。循环相当行驶距离约 11 km，平均车速 32.5 km/h，最高车速 120 km/h，对于小排量汽车来说，最高车速为 90 km/h。

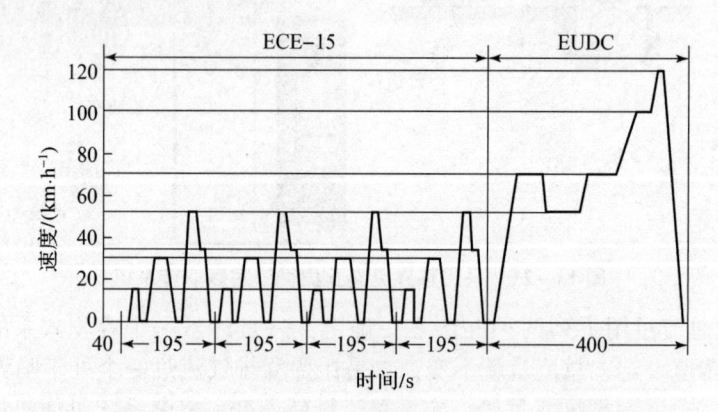

图 13-22 欧洲轻型车排放法规规定的 ECE-15+EUDC 循环

欧洲的轻型车排放标准如表 13-1 所示。在 1988 年的标准中，把轻型车按排量、汽车总质量和座位分类，分别规定排放限值。自 1992 年起统一为一个限值，有利于不同车型比较。

表 13-1 欧洲轻型车排放限值 g/km

阶段	生效日期	汽油车 CO	汽油车 HC	汽油车 NO_x	柴油机 CO	柴油机 HC	柴油机 NO_x	柴油机 PT
Ⅰ	1992 年	2.72	0.97		2.72	0.97		0.14
Ⅱ	1995 年	2.2	0.50		2.2[①] / 1.0[②]		0.50[①] / 0.90[②]	0.08[①] / 0.10[②]

续表

阶段	生效日期	汽油车			柴油机			
		CO	HC	NO_x	CO	HC	NO_x	PT
Ⅲ	2000 年	2.3	0.2	0.15	0.64	0.56	0.50	0.05
Ⅳ	2005 年	1.0	0.1	0.08	0.5	0.30	0.25	0.025
Ⅴ	2009 年	1.0	0.1	0.06	0.5	0.23		0.003
Ⅵ	2014 年	1.0	0.1	0.06	0.5	0.17		0.003

①非直喷柴油机；②直喷柴油机。

从Ⅲ阶段开始，欧盟在轻型汽油车的排放标准中新增加了 -7 ℃下的排放试验，该温度下只对 HC 和 CO 排放进行限制，试验必须在低温试验环境下（-7 ℃ ±3 ℃）进行，该温度下的排放限值见表 13-2。

表 13-2　低温冷起动试验的排放限值

类别	级别	基准质量/kg	CO/(g·km^{-1})	HC/(g·km^{-1})
第一类车	—	全部	15	1.8
第二类车	Ⅰ	RM ≤ 1 305	15	1.8
	Ⅱ	1 305 < RM ≤ 1 760	24	2.7
	Ⅲ	1 760 < RM	30	3.2

2. 重型车排放法规

虽然从理论上讲重型车也可以使用汽油动力，但从燃油经济性考虑，全世界的重型车基本上都使用柴油动力，所以下面简要介绍重、中型车用柴油机的排放法规。

欧洲Ⅰ和欧洲Ⅱ标准中的重型车用柴油机排放测试循环为 ECE R49 十三工况法，如图 13-23 所示，由标定转速和中间转速的各 5 个负荷点以及 3 次急速工况共 13 个工况点所

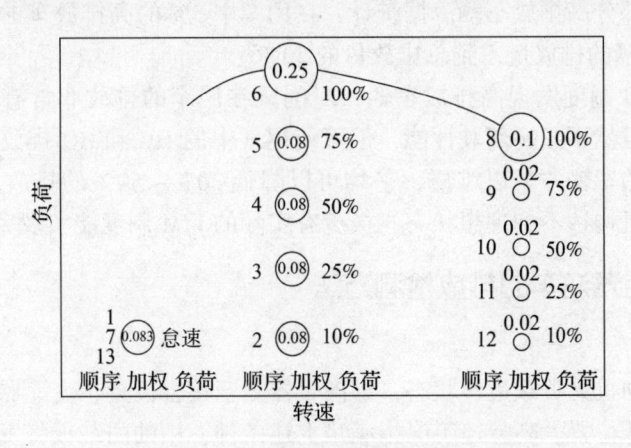

图 13-23　ECE R49 十三工况法标准测试循环的工况点和加权系数

组成，测量在稳态下进行。通过对进气流量和燃油流量的测量得到发动机的排气流量，乘以测量得到的各种排气污染物浓度，就可以得出该工况下的排放量和比排放量；再乘以该工况的加权系数，按工况累加，就得到在标准测试循环下的比排放量指标。

从 2000 年开始实行的欧洲Ⅲ标准对上述十三工况进行了修改，称为欧洲稳态标准测试循环（ESC），如图 13-24 所示。为了防止利用电控系统作弊，排放考核时可以再任选 3 个工况来考核系统的一致性。

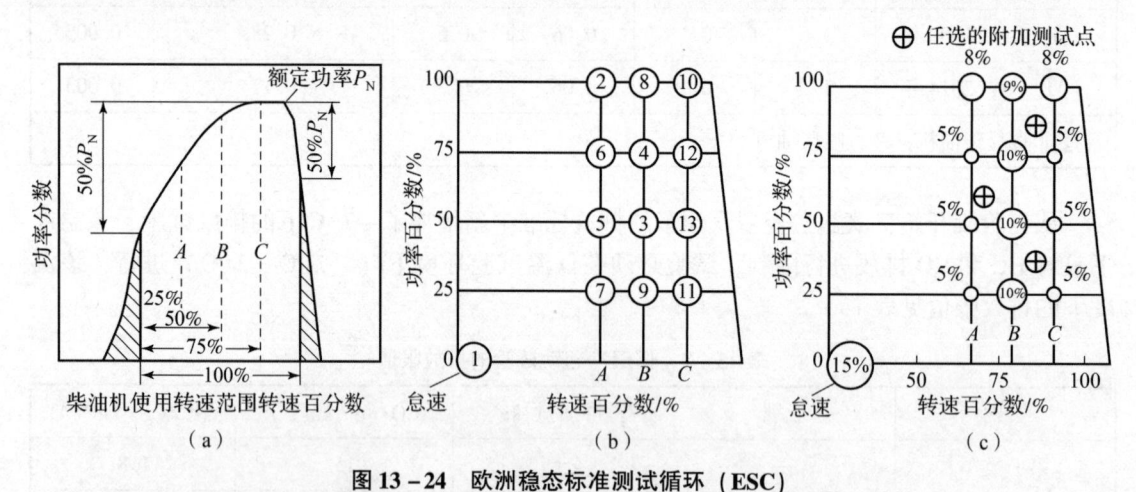

图 13-24 欧洲稳态标准测试循环（ESC）
(a) 测试转速定义；(b) 测试点的负荷和顺序；(c) 测试点的加权系数

第七节 在用车的排放测量技术

一、在用车的 I/M 制度

在用车的检查（Inspection）和维护（Maintenance）制度，是削减在用机动车污染排放的最重要手段。I/M 制度通过对机动车进行定期和不定期的排放检测，促进机动车的正常维护，使在整个汽车使用生命周期中排放控制始终有效。大量的调查分析结果表明，在用车排放污染物来自一小部分高排放车辆。据统计，在用车中 5% 的高排放车的污染物占总排放量的 25%，20% 的车辆的排放量占到总排放量的 59%。

因此，通过 I/M 制度发现高排放车辆，对削减在用车的排放非常有效。比如催化器或者氧传感器损坏，虽然不影响驾驶性能，但可使尾气中的 HC 和 CO 排放量增加 20 倍以上。通过发现维护不善的车辆并予以维修，平均可以降低 30%~50% 的排放。但由于 I/M 制度的配套政策和实施机构达不到理想状态，极少有实际的 I/M 制度能实现完全的削减潜力。

二、我国在用汽油车的排放检测方法

1. 怠速法

怠速工况指发动机无负载运转状态，即离合器处于接合位置、变速器处于空挡位置，油门踏板处于完全松开位置。高怠速工况指满足上述条件，用油门踏板将发动机转速稳定控制在 50% 额定转速或制造厂技术文件中规定的高怠速转速时的工况。标准 GB 18285—2018 中

将轻型汽车的高怠速转速规定为（2 500±100）r/min，重型车的高怠速转速规定为（1 800±100）r/min；如有特殊规定的，按照制造厂技术文件中规定的高怠速转速。

双怠速法的测量仪器要求能测量 CO、CO_2、HC 和 O_2 的体积浓度，并且能够按规定测量过量空气系数 α 值。双怠速法的主要优点是仪器设备简单，能基本反映车辆排放控制的好坏，缺点是没有负荷，因此无法评价车辆 NO_x 排放的好坏。其中 CO、CO_2、HC 的测量采用不分光红外线法（NDIR），O_2 采用电化学法或其他等效方法进行测量。

2. 稳态工况法 ASM

ASM 法基于这样的考虑：汽车以低、中速的速度在平路上等速行驶的阻力相对较小，车辆在加速行驶过程中，发动机的输出功率主要用来克服车辆的惯性阻力。如果在底盘测功机上利用功率吸收装置对车辆加载，使测功机的总加载阻力等于车辆加速阻力与平路行驶阻力之和，将车辆在某点的加速阻力等效为等速阻力进行试验，利用稳态阻力模拟加速阻力，这样在一定程度上能够反映出有载荷工况的排放情况，这就是稳态工况法测试的基本原理。

汽车在实际运行过程中，道路负荷是经常变化的，通过研究分析汽车实际运行工况，选择具有代表性的几个工况进行测试，基本能够反映汽车实际运行工况。用该测量结果评价在用车排放性能，能够比较相对真实地反映在用车的环境污染情况。这种方法要求测量仪器的制造成本和使用维护费用相对较低，在装备有底盘测功机的检测站和维修厂即可进行，可有效识别高排放车辆。按稳态工况法规定：HC、CO 和 CO_2 的测量采用非分散红外线不同波长吸收原理，NO_x 和 O_2 的测量采用电化学原理，测量结果用体积浓度表示。

ASM 方法的优点是设备相对简单，只有两个测试工况点，试验操作简单，仪器设备的使用维护成本相对较低。由于不测量流量，要求测功机施加的是稳态载荷，对测功机的响应时间要求相对较低，对惯量模拟的要求不高。另外也不需要测量排气的体积流量，误差影响因素相对较少。ASM 法的缺点是载荷固定，只有两个稳态载荷，不能反映车辆在加减速过程中燃油供给系统的空燃比处于开环控制状态的排放情况，不能很好地反映车辆实际排放状况；另外，排放测量结果用体积浓度表示，不能得到质量排放量。

3. 简易瞬态工况法

用于简易瞬态工况（即 IG195）的底盘测功机要求至少能模拟车辆在道路行驶的加速惯量，即底盘测功机通过控制功率吸收单元模拟车辆在道路上的匀速和加速工况，减速工况只能通过基本飞轮部分模拟；或者采用能够模拟车辆在道路行驶的全惯量的底盘测功机。图 13-25 表示的是简易瞬态工况系统的组成，该系统由底盘测功机、VMAS（Vehicle Measurement and Analysis System）系统、气体分析仪和主控计算机等组成。

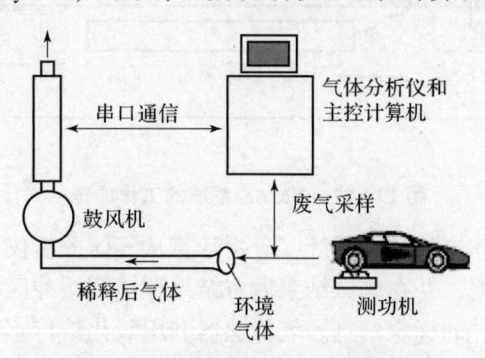

图 13-25 简易瞬态工况法测量系统

1）底盘测功机

标准要求底盘测功机能够准确模拟道路阻力，简易瞬态工况法规定的测试循环选自 GB 18352.2—2018 标准中 I 型试验中的一个循环，循环由怠速、加速、减速、等速等 15 个工况组成，循环试验时间为 195 s，如图 13 - 26 所示。按照车辆在道路上的实际行驶阻力设定试验阻力，在该测功机上使用与瞬态工况法（IM195）相同的道路阻力设定方法进行阻力设定。标准规定在简易瞬态工况法中也可以使用电涡流测功机。

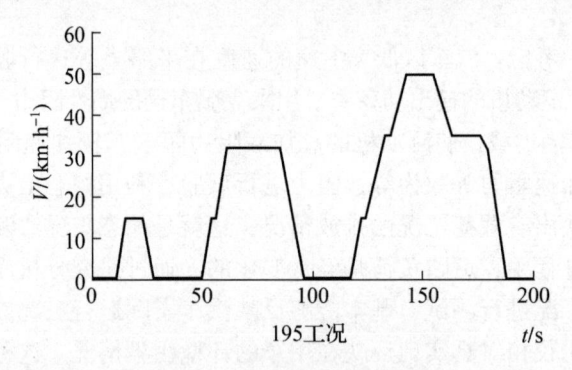

图 13 - 26 试验循环工况

2）气体分析仪

气体分析仪能够测量 CO、CO_2、HC、NO_x 和 O_2 等气体，其中 CO、CO_2 和 HC 采用不分光红外线测量原理进行测量，NO_x 和 O_2 采用电化学原理或者其他等效方法测量。

3）VMAS 系统的组成和测量原理

图 13 - 27 所示为瞬态测量原理示意图，实时测量稀释后气体的流量，并根据氧的浓度推算排气的流量。该系统一般由微处理器、气体通道、流量传感器、氧传感器、鼓风机、温度和压力传感器等组成。

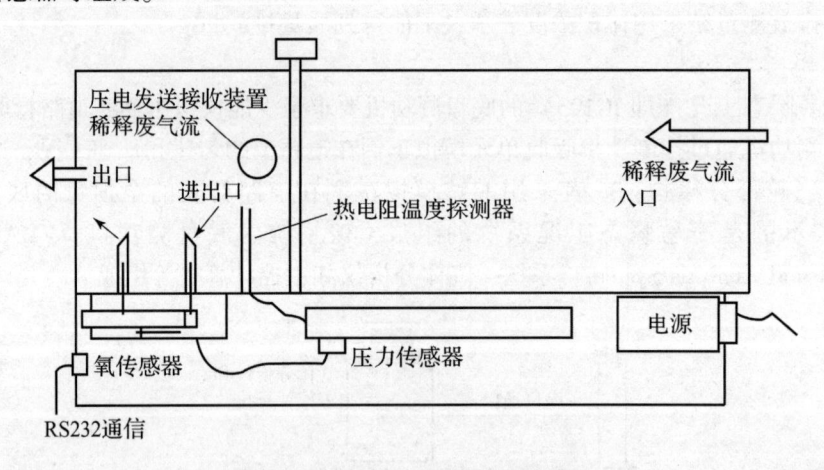

图 13 - 27 VMAS 系统的工作原理

微处理器用来控制气体流量分析系统，分析计算从气体分析仪、流量传感器和稀释气体氧传感器每一秒传来的数据，并在测试结束后将结果存储到缓冲区中。微处理器还存储气体流量及气体分析仪所有元件的标定信息。氧传感器利用氧化锆传感器的信号测定稀释后的排气气流中流离氧体积浓度，也可以测量试验开始时环境空气的氧气浓度。通过与气体分析仪的氧气浓度比较，计算稀释比。排放气体流量的测定和计算是利用流量传感器进行检测，气体流量计将原始排放气体进行稀释后测得的气体流量，换算为标准状态下的排气量。

简易瞬态工况法的优点是测量工况包括加速、减速、怠速、等速等多种工况，行驶工况比稳态工况更能体现车辆在城市中的实际行驶状况；能够测量得到污染物的排放质量，有利于进行污染物分担率测算。简易瞬态工况法的缺点是由于存在流量测量和浓度测量的时间响应差，影响该时间差的因素相对较多，使得对响应时间进行准确修正存在一定的难度。另外，若使用没有惯性飞轮组合的电涡流测功机，如果处理不当，对车辆加减速惯量的模拟也存在一定的偏差。

4. 瞬态工况法系统的组成

瞬态工况法试验要求使用能够模拟汽车道路阻力的底盘测功机，且控制精度要高。标准要求使用电力测功机，要求测功机能够模拟车辆加速或者减速过程的惯量，惯量模拟可以采用机械惯量，也可以采用电惯量，还可以采用电惯量与机械惯量的组合模拟。排气的取样系统要求采用临界流量文氏管式 CVS 连续计量和采集稀释排气样气。

污染物的分析采用与新车工况法类似的方法，也就是用氢焰离子化测定仪（FID）测量 THC，用不分光红外线检测仪测定 CO 和 CO_2，用化学发光法原理（CLA）或者非扩散紫外线谐振吸收法（NDUVR）远离测定 NO_x。根据试验过程的稀释气体浓度、排气的体积流量和实际行驶里程计算排放量，排放测试结果用 g/km 作单位。该系统的组成如图 13-28 所示。瞬态工况取自 GB 18352.2—2018 标准中 I 型试验中 15 个工况中的一个循环，循环试验时间为 195 s。

由于瞬态工况法对测试设备的规定与新车基本一致，测量精度好，并且不受时间延迟等方面的限制，是到目前为止最为科学合理的测量方法。其缺点是设备成本高，使得实际应用受到了一定限制。

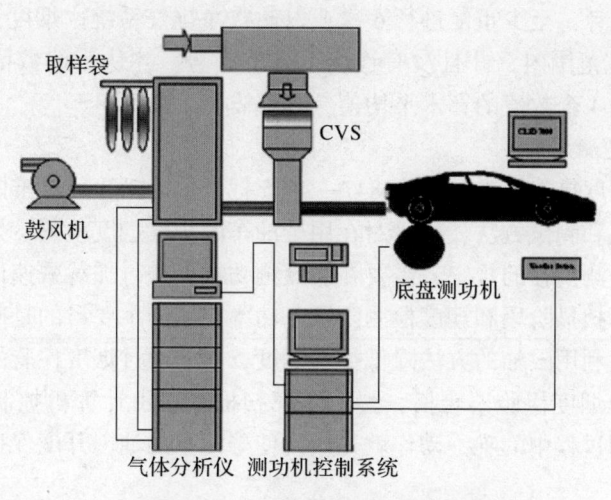

图 13-28 瞬态工况法系统的组成

三、在用柴油车的烟度测量

排放法规中规定的微粒测量方法是质量测量法，但是这种方法采用的设备复杂，操作费时费力，而且不能追踪微粒的瞬态排放特性，考虑到柴油机排气微粒的生成以碳烟粒子为核心，虽然表面凝聚着 SOF，但在中等以上负荷下碳烟占的比例大，SOF 占的比例小；加上烟度测量设备（烟度计）简单、便宜，操作方便，所以，I/M 制度中柴油车测试主要测试的是烟度。

1. 自由加速烟度法

现行测试柴油车自由加速烟度的标准有《柴油车自由加速烟度排放标准》《柴油车自由加速烟度的测量滤纸烟度法》《车用压燃式发动机和压燃式发动机汽车排气烟度排放限值及测量方法》。

自由加速测试过程如图 13-29 所示，柴油机处于怠速工况，将油门踏板迅速踩至最低，使柴油机从怠速转速迅速升速至最高转速，维持后松开油门至怠速工况。

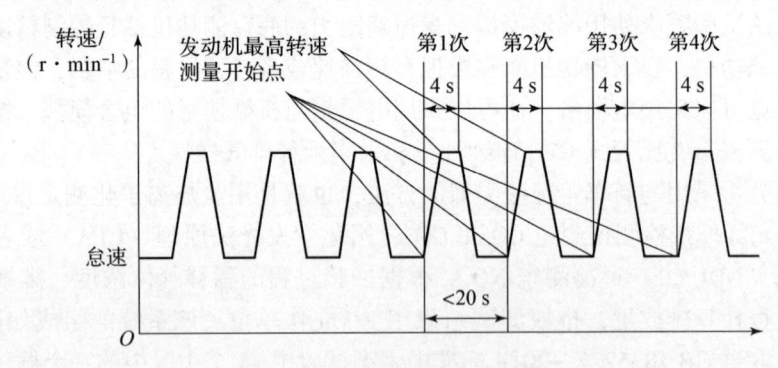

图 13-29 自由加速烟度测量

如果使用滤纸式烟度计，重复上述步骤 7 次。前 3 次用于清除排气系统中的积存物，后 4 次用于正式测量，后 3 次读数的算术平均值即为测定值，测定值需低于限值。烟度计取样泵必须在为时 4 s 的自由加速期间完成抽气动作。

对于不透光式烟度计，至少重复进行 6 次，以便吹净排气系统。烟度计读数值要连续 4 次均在 $0.25\ m^{-1}$ 的带宽范围内，并且没有连续下降的趋势，才认为读数值是稳定的。所记录的光吸收系数应为这 4 个数值的算术平均值，其值需低于限值。

2. 柴油车加载减速烟度法

柴油车加载减速烟度排放标准是 GB 3847—2005 标准的附录，该标准附录规定了柴油车加载减速烟度排放限值和测试方法，用于对在用柴油车的排气烟度检测。

根据加载减速法检测规程的规定，需要在底盘测功机上进行加载减速试验，试验过程主要分为两个阶段：功率扫描阶段和烟度检测阶段。功率扫描的主要目的是确定受检车辆的最大轮边功率，以防车主利用限油的方法降低排气烟度，达到通过烟度检验的目的，功率扫描不合格的车辆被判定为烟度检验不合格，整个功率扫描过程由计算机控制系统自动控制完成，驾驶员在整个检测过程中的唯一动作就是始终使柴油车的油门开度保持在最大。

思 考 题

1. 说明汽车发动机中有害排放物的种类及对人体与自然界的危害。
2. 说明汽油机中 HC、CO、NO_x 的产生原因及其主要影响因素。
3. 说明汽油机和柴油机污染物生成机理的异同。

4. 什么是废气再循环？再循环的主要目的是什么？
5. 比较柴油机与汽油机的排放特性的不同点。
6. 为什么柴油机采用增压技术能有效降低排放？
7. 汽油机排放控制的核心技术是什么？
8. 为什么柴油机不能采用和汽油机相同的措施控制污染物的排放？
9. 说明轻型汽油车排放测量系统的工作原理。

参考文献

[1] 黄英，孙业保. 车用内燃机［M］. 北京：北京理工大学出版社，2007.
[2] 孙柏刚，杜巍. 车用发动机原理［M］. 北京：北京理工大学出版社，2015.
[3] 葛蕴珊，尹航，王欣. 汽车污染物和碳排放控制［M］. 北京：人民交通出版社，2023.
[4] 史文库，姚为民. 汽车构造［M］. 北京：人民交通出版社，2015.
[5] 李明海，徐小林，张铁臣. 内燃机结构［M］. 北京：中国水利水电出版社，2010.
[6] 许兆棠，黄银娣. 汽车构造（上册）［M］. 北京：国防工业出版社，2012.
[7] 王珺，刘小斌. 汽车构造（全一册）［M］. 北京：电子工业出版社，2023.
[8] 李春明. 汽车构造［M］. 北京：机械工业出版社，2024.
[9] 陈雯，吴娜. 汽车发动机原理［M］. 北京：中国水利水电出版社，2016.
[10] 田国红，董浩存. 汽车构造［M］. 北京：北京理工大学出版社，2015.